水利工程专利创作简论

唐金忠 朱博华 著

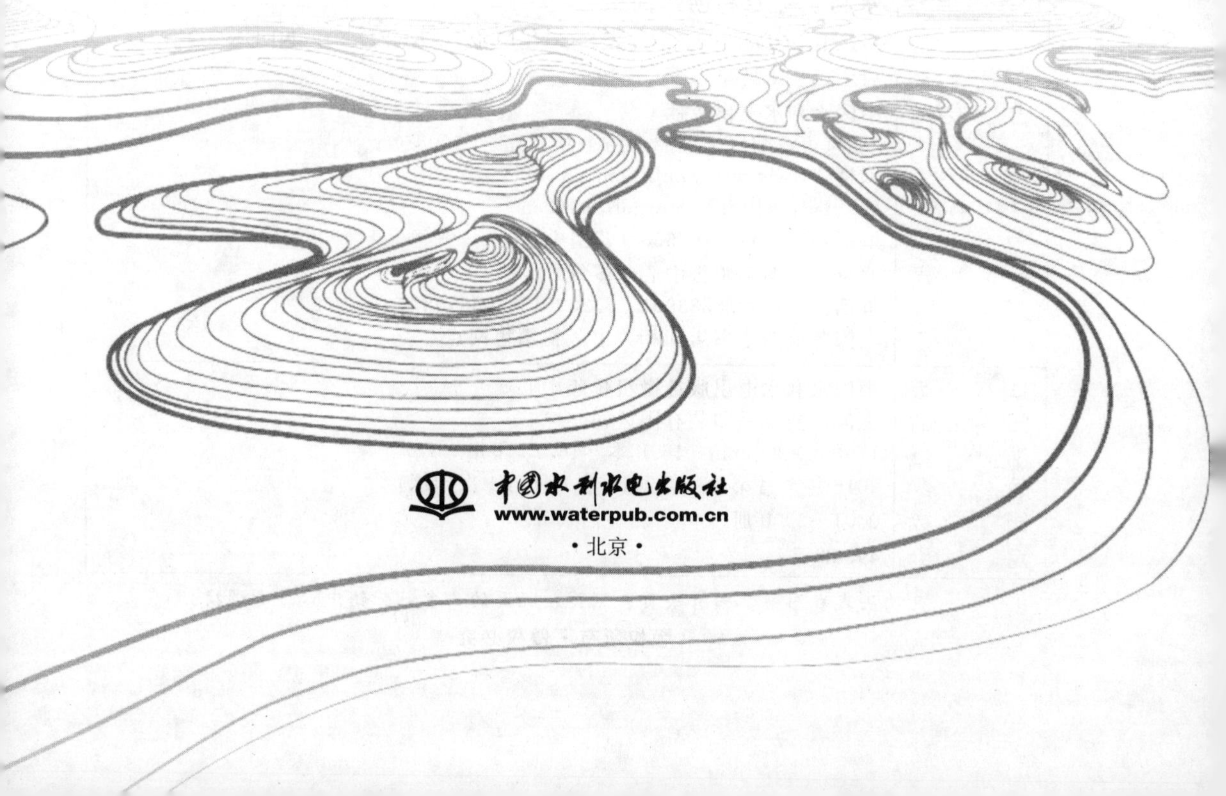

中国水利水电出版社
www.waterpub.com.cn
·北京·

内 容 提 要

本书以发明专利和实用新型专利为案例，介绍了水利工程专利创作、创新设计的过程，结合具体专利阐述了专利创作的方法和技巧等。本书的目的在于让读者读了本书之后学会运用自己的知识如何去进行专利创作及如何在科技领域内有所发明创造，多出成果。不断掌握新技术、新材料、新工艺，提高行业技术的社会服务水平，有效地为社会和人类作出贡献。

本书可作为水利工程设计人员、科研人员、大中专院校学生的参考书。

图书在版编目（CIP）数据

水利工程专利创作简论 / 唐金忠，朱博华著. -- 北京：中国水利水电出版社，2016.7
ISBN 978-7-5170-4596-0

Ⅰ. ①水… Ⅱ. ①唐… ②朱… Ⅲ. ①水利工程－专利－创作－研究 Ⅳ. ①G306②TV

中国版本图书馆CIP数据核字(2016)第181921号

书　　名	水利工程专利创作简论 SHUILI GONGCHENG ZHUANLI CHUANGZUO JIANLUN
作　　者	唐金忠　朱博华　著
出版发行	中国水利水电出版社 （北京市海淀区玉渊潭南路1号D座　100038） 网址：www.waterpub.com.cn E-mail：sales@waterpub.com.cn 电话：(010) 68367658（营销中心）
经　　售	北京科水图书销售中心（零售） 电话：(010) 88383994、63202643、68545874 全国各地新华书店和相关出版物销售网点
排　　版	中国水利水电出版社微机排版中心
印　　刷	三河市鑫金马印装有限公司
规　　格	170mm×240mm　16开本　16.25印张　310千字
版　　次	2016年7月第1版　2016年7月第1次印刷
印　　数	0001—2000册
定　　价	**49.00**元

前 言

《水利工程专利创作简论》付梓出版，旨在提供专利创作的思路和方法，让设计人员在繁重的劳作中，重拾创新的火花，激发水利工程设计人员的创造力，勇于创新、善于创新。本书以专利创作的实例为载体，以发明专利和实用新型专利为案例，完全从技术性、专业性出发，阐述了水利工程方面的专利创作。本书的主旨是：专利实例展示、创新设计演绎、设计思想诠释。

本书共分8章，各章节内容相对独立，读者可根据需要，有选择地阅读。第1章为专利创作的内涵及衍生以“一问一答”的形式，解析了部分设计者在水利工程专利创作中遇到的问题；对专利创作与创新设计进行了简单的论述。第2～8章是专利实例解析，共列举了31个专利，基本覆盖水利工程。第2章为大跨度挡潮闸概念设计。大跨度挡潮闸设计中门型选择是关键点，也是难点，通过3个不同材料、不同门型的专利创作，提供了一种解决大跨度门型的思路，可作为大跨度挡潮闸门型选择参考。第3章为水闸工程中的创新设计。本章所述是常规水闸，同样也是把门型作为创新点。创新设计就是要利用已有的相关科技成果进行创新构思，将创新理念与设计实践相结合，发挥创造性的思维，设计出具有新颖性、创造性和实用性的新产品。水闸工程创新设计可以从门型出发，赋予老产品以新的功能、新的用途；或独辟蹊径，创造出新的门型。第4章为围垦工程的新技术与新工艺。通过创新吹填模袋和自动促淤装置，提出了围垦工程中的创新设计。第5章为防浪与消浪关键技术的研究。防浪与消浪的融合，是一种新的设计思想，将过去分散的构件，分散的功能，合二为一，融为一体；在消浪的策略上，运用创新思维，利用波浪的动能，以浪消浪；这两项都是创新设计。第 6 章为城市内涝治理呼唤技术创新。城市内涝治理工程内容丰富，本章撷取 4 个专利实例予以创新设计论述；这 4 个专利都是解决内涝问题，一类是调蓄，一类是排涝。蓄和排是两种不同的解决内涝的方法，但专利创作上有一个共同点，那就是一种水工逆止阀的应用。4 个专利均采用组合原理创作，同样一种水工逆止阀用于不同的装置中，将承担不同的角色，产生不同的效果。第 7 章为水工构件和构造创新设计。水工构件和构造的作用是保证设计的实现和结构安全，构造既是设计概念的应用，也是设计经验的体现，因此，无论是作为工程设计的需要，抑或作为技术本身的发展，都需要不断丰富和创新，水利工程设计中创新无处不在，细节决定成败，水工构件和构造的创新设计，也同样需要付出心血和创造；唯有如此，才有进步。第 8 章为小型水利设施创新设计。列举了 4 个专利，都是常见的小型水利工程设施。其使用要求、作用虽然不同，但创作机理都是利用浮力，体现了水利工程设施“因水而生”“因水而兴”，在使用中充分地利用水的性质，为我所用。

专利创作的灵感需要时间去发酵，有了好的想法、构思、方案，一步步推进，让她在时间中不断发酵、不断生长。从设计角度对水利工程专利创作进行初步探讨，所述内容与工程实际相结合，机理明了；用有限的专利实例，从一个侧面论述水利工程专利创作的思维和方法，展示了如何将设计生涯的积累和沉淀转化为技术创新。

本书是工程设计的集成、思考、总结和提炼。专利创作，也需要努力拼搏，需要日积月累的水滴石穿。回过头去看看、去想想，虽然没有那么耀眼、那么光芒，但会让我们在今后的岁月中留下了刻骨铭心的美好回忆。近几年创作的 50 多个专利，不仅浓缩了作者创新的设计思想、创作激情，同时，也记录了作者水利事业中难忘的片断和岁月痕迹。

在写作的表达方式上，本书尝试了技术性专著“文学化”。专利创作是一种创新，而一种新的表达形式的确立和运用，也是对专利创新的呼应。

本书承蒙水利部太湖流域管理局原副总工程师徐萼琛教授级高级工程师审稿。值此，徐萼琛高级工程师谆谆寄语：此书以专利实例谈专利创作，言之有物；围绕水利工程论述创新设计，信息量大；专利创作紧密结合工程设计，实用性强。相信从事水利事业的读者都能从中得到启发和收获。

由于作者水平有限，本书难免存在缺点和错误，恳请读者予以批评指正。

作　者

2016年5月

目 录

前言

第 1 章 专利创作的内涵及衍生 …… 1

1.1 “一问一答”致读者 …… 2

1.2 专利创作选题与方案构思 …… 7

1.2.1 专利创作选题方法 …… 7

1.2.2 方案构思的策略 …… 12

1.3 本书所选专利综述 …… 16

1.3.1 所选用专利归纳与分类 …… 16

1.3.2 所述专利若干创作特点 …… 18

1.4 专利成果的转化 …… 21

1.4.1 转化的有益效果 …… 21

1.4.2 挖掘专利的附加值 …… 22

1.4.3 转化要求及相互关系 …… 26

第 2 章 大跨度挡潮闸概念设计 …… 28

2.1 大跨度挡潮闸的现状和未来 …… 29

2.1.1 大跨度门型现状 …… 29

2.1.2 大跨度门型展望 …… 36

2.1.3 概念设计是大跨度门型创新的灵魂 …… 37

2.1.4 大跨度门型创作中的方法 …… 38

2.2 网架结构门型方案研究 …… 39

2.2.1 方案构思 …… 40

2.2.2 网架结构门型方案设计 …… 41

2.2.3 结构分析和计算 …… 46

2.2.4 实施方法和有益效果 …… 48

2.3 柔性门型概念设计 …… 50

2.3.1 方案构思 …… 51
2.3.2 柔性门体方案设计 …… 52
2.3.3 行走、支撑与启闭设备 …… 55
2.3.4 闸室结构布置 …… 60
2.3.5 柔性门体挡潮闸力学分析 …… 63
2.3.6 实施方法和有益效果 …… 68
2.4 分节浮箱式门型创新设计 …… 70
2.4.1 方案构思 …… 70
2.4.2 方案设计内容 …… 72
2.4.3 实施方法和有益效果 …… 80
第3章 水闸工程中的创新设计 …… 83
3.1 伸缩式挡水闸门 …… 84
3.1.1 方案构思 …… 84
3.1.2 方案设计内容 …… 85
3.1.3 创新技术特点和实施方法 …… 89
3.2 人字门反向挡水装置 …… 90
3.2.1 背景技术 …… 90
3.2.2 方案设计内容 …… 91
3.2.3 实施方法及运行方式 …… 93
3.3 轻便式拱形检修闸门 …… 94
3.3.1 背景技术及方案构思 …… 94
3.3.2 方案设计内容 …… 95
3.3.3 实施方法和有益效果 …… 97
3.4 直升门转换为横向行走的方法 …… 98
3.4.1 背景技术和方案构思 …… 98
3.4.2 方案设计内容 …… 99
3.4.3 具体实施方法 …… 101
第4章 围垦工程的新技术与新工艺 …… 102
4.1 一种新型吹填模袋 …… 103
4.1.1 背景技术及方案构思 …… 103
4.1.2 创新方案内容 …… 104
4.1.3 结构分析和计算 …… 107
4.1.4 实施方法和有益效果 …… 109
4.2 门式拦阻网自动促淤装置 …… 110
4.2.1 背景技术与方案构思 …… 111

4.2.2 方案设计内容 …………………………………………………………… 112
4.2.3 实施方法、运行和有益效果………………………………………………… 115
4.3 窗式拦沙促淤装置 ……………………………………………………… 116
4.3.1 方案构思 ……………………………………………………………… 116
4.3.2 方案设计内容 …………………………………………………………… 117
4.3.3 实施方法和有益效果 ……………………………………………………… 119
第5章 防浪与消浪关键技术的研究 ……………………………………………… 121
5.1 一种消浪型防浪墙与消浪空腔 ……………………………………………… 122
5.1.1 背景技术及方案构思 ……………………………………………………… 122
5.1.2 消浪型防浪墙结构型式 …………………………………………………… 123
5.1.3 消浪空腔 ……………………………………………………………… 125
5.1.4 消浪原理和有益效果 ……………………………………………………… 127
5.1.5 消浪构件分析计算 ……………………………………………………… 128
5.2 一种消浪型护坡构件 ……………………………………………………… 130
5.2.1 背景技术 ……………………………………………………………… 130
5.2.2 方案构思 ……………………………………………………………… 131
5.2.3 实用新型内容 …………………………………………………………… 131
5.2.4 实施方法和有益效果 ……………………………………………………… 135
5.3 浮筒式消浪装置 ………………………………………………………… 135
5.3.1 背景技术 ……………………………………………………………… 135
5.3.2 方案构思 ……………………………………………………………… 136
5.3.3 实用新型内容 …………………………………………………………… 137
5.4 一种滚筒式消浪装置 ……………………………………………………… 140
5.4.1 方案构思 ……………………………………………………………… 140
5.4.2 方案设计内容 …………………………………………………………… 141
5.4.3 实施方法和有益效果 ……………………………………………………… 144
5.5 发电消浪一体机 ………………………………………………………… 145
5.5.1 背景技术 ……………………………………………………………… 145
5.5.2 方案构思 ……………………………………………………………… 146
5.5.3 实用新型内容 …………………………………………………………… 148
第6章 城市内涝治理呼唤技术创新 ……………………………………………… 156
6.1 城市内涝治理方法专利创作综述 …………………………………………… 157
6.1.1 内涝治理工程创新设计 …………………………………………………… 157
6.1.2 主要创作方法 …………………………………………………………… 158
6.2 城市绿地地下调蓄装置 …………………………………………………… 159

6.2.1 创新技术内容 …… 159
6.2.2 运行原理和有益效果 …… 164
6.2.3 蓄水层填充材料与参数 …… 166
6.2.4 蓄水层对污染物的吸附分析 …… 169
6.3 城市河道增大调蓄量装置 …… 170
6.3.1 背景技术 …… 170
6.3.2 方案设计内容 …… 171
6.3.3 排水流量计算 …… 173
6.3.4 调蓄装置结构设计 …… 175
6.4 用于排水管道出口的逆止阀 …… 178
6.4.1 背景技术 …… 178
6.4.2 方案构思 …… 178
6.4.3 实用新型内容 …… 178
6.5 小型泵站截流新装置 …… 181
6.5.1 方案构思 …… 181
6.5.2 方案设计内容 …… 181
6.5.3 实施方法和有益效果 …… 183
第7章 水工构件和构造创新设计 …… 185
7.1 本章专利创作综述 …… 186
7.1.1 构件与构造 …… 186
7.1.2 主要创作方法 …… 187
7.2 一种装配式止水结构 …… 188
7.2.1 背景技术 …… 189
7.2.2 实用新型内容 …… 189
7.2.3 具体实施方法 …… 190
7.3 一种用于调整基底应力的简支铰 …… 191
7.3.1 背景技术 …… 191
7.3.2 实用新型内容 …… 192
7.3.3 简支铰计算 …… 193
7.4 用于防震-沉降缝的弹性装置 …… 195
7.4.1 背景技术 …… 195
7.4.2 方案构思 …… 195
7.4.3 方案设计内容 …… 196
7.5 一种减小拍门撞击力的装置 …… 200
7.5.1 背景技术 …… 200
7.5.2 方案构思 …… 201

7.5.3 实用新型内容 …… 201
7.6 挡土墙排水孔防倒灌装置 …… 204
7.6.1 背景技术 …… 204
7.6.2 实用新型内容 …… 205
7.6.3 实施方法和有益效果 …… 207
7.7 一种桩头在底板内锚固的新构造 …… 208
7.7.1 问题解析 …… 208
7.7.2 实用新型内容 …… 210
7.7.3 有益效果 …… 211
7.8 挡土墙外侧花池免浇水装置 …… 211
7.8.1 背景技术 …… 211
7.8.2 方案构思 …… 211
7.8.3 实用新型内容 …… 212
7.9 反扣式流道检查孔防水盖板 …… 215
7.9.1 背景技术 …… 215
7.9.2 方案构思 …… 215
7.9.3 实用新型专利内容 …… 217
第 8 章 小型水利设施创新设计 …… 220
8.1 浮动式水文、水质监测亭 …… 221
8.1.1 背景技术 …… 222
8.1.2 实用新型内容 …… 223
8.1.3 实施方法 …… 226
8.2 一种咸潮实时监测装置 …… 228
8.2.1 背景技术 …… 228
8.2.2 实用新型内容 …… 228
8.3 一种浮动式拦阻网 …… 232
8.3.1 背景技术 …… 232
8.3.2 实用新型内容 …… 233
8.3.3 具体实施方法 …… 236
8.4 一种浮动式亲水平台 …… 236
8.4.1 背景技术 …… 237
8.4.2 实用新型内容 …… 237
8.4.3 具体实施方法 …… 242
参考文献 …… 243

第1章

专利创作的内涵及衍生

一切都会随着时光渐渐远去，我们创作的每个专利都只是一朵小小的浪花，也将随风飘去。悲哉！有时独自伫立在往昔的烟云里，颓废来袭，任惆怅蔓延、落寞。

蓦然回首，设计生涯中那些闪动的记忆，让人怜惜。切莫让智慧在碌碌无为中消逝，将工程设计中的创新诉求转化为专利创作吧！不断给自己一个向上的动力，让我们的设计人生变得更有意义。

随着设计素质在不断提升，在平凡的设计工作中，我们将不断收获感动，收获幸福；不断创造优良的设计产品，同时创作出一个个闪光的专利。

专利创作需要灵感，灵感来自于生活的沉淀。这就是专利创作法则：你喜欢挑战，创意就越来越多；你喜欢拼搏，成功就越来越多。

时间在不觉间悄悄地流逝，回首相望，在过去的岁月里，有多少个美丽的季节，就这样无声无息地消逝于指缝间。面对水利工程人员的设计人生，时间在诉说着艰辛与平凡。

专利创作与工程设计相辅相成，共同成长。专利是一种创新设计，而创新是一种责任、是一种担当，鞭策着我们砥砺前行，自觉地去承担责任、默默地耕耘。创新无疑是艰苦的，但唯有创新才能进步。自我不懈拼搏和努力、勇于责任和担当，将撬动创新中的厚积薄发；每次的创作都将是一次历练、一次升华。岁月如歌，让我们用辛勤劳动的汗水，去更替希望、守望梦想。本书是一次工程设计创新的展示，期待这些能带给读者点滴启迪和影响，不断激起创新思想的撞击和感动。

本章简单地论述了专利创作的方法，可以说是统领全书而窥视全貌，但初读难免会觉得有点空泛陈词而不着边际，因此，建议与相关章节一并阅读，以提高阅读效果。

1.1 “一问一答”致读者

以回答读者的问题开篇，致读者！

一问一答的形式，直接明了，但因篇幅所限，只能摘其一二，且将同一类“务虚”性的多个问题综合，并作了句型转换隐含在标题中，提出了作者的见解答案。技术性的问题在本章后续的各节中予以论述。所述问题都是来自于设计单位有志于专利创作的年轻人，他们激情澎湃，在漫漫的设计征程上，创意未来、书写辉煌，当然也少不了与专利相伴，与水利科技一起成长。

水利工程博大精深，创新设计更是设计的灵魂。因作者囿于学识水平，要“论”水利工程专利创作，即使是“简论”，也是底气、才气不足。但愿借此提供若干案例，传递些许信息；意在投石问路，抛砖引玉，以启示我们更好地去进行专利创作，为水利科技进步添砖加瓦。

1. 水利工程专利创作，水利人责无旁贷

水利工程方面的专利创作，需要一定的专业知识，需要了解水利行业科技，这些我们水利人拥有。由此，创作水利专利，以助力于我国水利科学的技术进步，我们应站出来，舍我其谁。

责无旁贷，职责所在，应该承担，不能推卸。职责，责任也，即分内的事，这既是一种担当，又是一种使命；既是一种能力，又是一种精神和品格。作为水利人，强化自己的责任意识，对专利创作十分必要。

我们具有丰富的专业知识，从而能为水利行业的专利创作提供技术支撑。但专利创作是一种创造性的劳动，只有热爱科技创新的人，才能获得专利创作的快乐。以下引用一段作家清心的文字，让我们带着专利创作的酸甜苦辣，在品味细腻优美的文字中得到心灵的升华。

“最美的风景，一直在路上。不管遇到什么，向前走就是了。生命的姿势，就是用喜悦的心情做营养，像那棵寿星槐一样，坚强一点，耐心一点，向上，再向上……”

“日子奔腾，岁月依旧潮涨潮落，但，你已无憾。”

2. 注重专业资料积累，为专利创作储备素材

专业资料和各类信息的收集和积累，对我们自身业务的提高是十分必要和基础的。这是一项长期不能间断的持久工作。有许多初学者在做专利时，常常会为不能获得创意而感到很苦闷，这是一种正常现象。因为，人的思维能力增强是通过不断的学习和实践获得的，人脑对某类信息接收和储存的越多，相关的思维能力也就越强。因此，初学者要想改变这种状况，首先必须要认真做好专业类资料的收集和积累。

需要特别指出，获得了资料不等于真正拥有了资料。所谓“外行看热闹，内行看门道”，要想从资料中看出“门道”，为创作水平的提高带来帮助，可以先进行表面的、泛泛的浏览，从中捕获创作灵感，看得越多，就越能寻找到专利的创作方法和规律，如此，不仅能磨炼出对创意的感觉，对设计创新也会变得有办法，而不至于在创作时一筹莫展了。

在大数据时代，面对瞬息万变、错综繁复的各种信息，我们必须学会用科学的方法对其进行归纳整理，以方便储存和应用，要及时删除过时无用的信息，捕捉最新、最有价值的信息，为我们真正使用好信息带来方便。尤其是各种非专业信息，一般并不能拿来就可以直接使用，它需要我们学会梳理、提炼、转化和升华。这些都是学习和创作能力的体现，拥有这种能力不仅让你在学习阶段得到事半功倍效果，而且在你今后漫长的职业生涯中也会受益无穷。

3. 碎片式创作做铺垫，通过积分方式打造成果

设计人员深感时间不够用，工作、加班、没有节假日，因此，专利创作更是没有时间。生活、工作告诉我们：“时间就像海绵里的水，只要愿挤总还是有的。”别只顾埋头工作，专利创作是繁重工作的润滑剂，走一段，停一停，想一想；在淡淡的日子里，不浮不躁，累了就用创作方式倾诉一下，你会收获

沉甸甸的珍宝，让你充实、让你丰富，让你更加热爱专利创作。

诚然，设计人员要完成大量的生产任务，不可能有大段的时间可以挥洒，只能利用零碎的时间去搞专利创作。首先确定选题，然后用零碎的时间去创作，一个个问题解决、一点点地推进，形成碎片式作品，当积累有一定的厚度时，再通过积分式的综合和提升，从而形成科技成果。任何的发展都应该遵循自然科学规律，不要想一蹴而就，违背自然规律的拔苗助长，注定要以失败而告终，专利创作也是如此。

创新需要努力拼搏，需要日积月累的滴水石穿。为了创新、为了追求，需要勇战寂寞和枯燥，利用碎片式的积累，浇灌出一件件创新成果。专利反映出一个单位科技和创新的水平，同时也是发明人创新思想的表现。创新紧紧围绕工程实际，站在水利科技的前沿。一般来讲，在平时的工作中，具体的设计往往是比较容易的，但要是去做一个创新设计，就需要平时的积累。这种碎片式的创作适用于设计人员，可用于专利、论文和专著创作，不积小流，无以成江河；锲而不舍，金石可镂，这就是碎片式创作的诠释。不要急躁，不要急功近利，静下心来，耐得住寂寞，专心专注地做好每一件事。

4. 休闲式激发专利创作的几个策略

当工作压力大、身心疲惫，导致创新思维僵化、处于停滞状态时，我们会茫然所从，但不要担心，也许以下一些简单的休闲策略，可以激发你创造的火花，请不妨一试。

(1) 休息一天或者几个小时，去某个可以启发创意的地方。离开办公室几个小时，最好是一整天，然后带着一个全新的视角回到办公室。你会发现精力充沛、思维清新。花时间待在一个地方，但这个地方要对于启发或安抚你来说是最佳的。对我来说，那个地方是阳台。坐在阳台上，把自己放进阳光里，什么也不想，静静地泡一杯茶，让世事山河尽蕴杯中，尘世浮烟归于纯净。如此，可能也足以提高你的创造力。

(2) 阅读。闲暇之余，读几本好书，不仅可以修身养性、陶冶情操，更可以开阔视野，学到丰富的知识。就我个人而言，通常我喜欢阅读散文，它可以随时带你走进风景秀丽的田园风光，或是感受异域风情，或是欣赏春花秋月，无论远古还是未来，都仿佛是身临其境。在风景如画中找到灵感，在令人陶醉中点燃创意的火花。

(3) 看一场电影、听一次音乐会、看一次画展。视觉、听觉会带给你全新的感受，在这个过程中，你收获了休息；同时，你既得到了美的享受或惊险刺激，又会产生思想的碰撞，从而产生创意的灵感。

作家清心在《听画》中写道："看画时，我只带着眼睛和耳朵。有时与一幅画对视良久，连眼睛都变成了辅助器官，唯有耳朵越发灵动鲜活起来。如同春风吹皱一池碧水，那么轻盈空阔，那般深远静美。”

（4）冥想或运动。冥想并不意味着我们必须成为佛教徒，它仅仅是邀请我们唤醒自身的潜能。冥想有深呼吸、身体感受、念头和情绪能量等方法，选择一种与自己相适应的方式，然后开始练习，从这些实践中获益。运动可以有类似的效果。当我们着急产生创造力时，实际上我们可能会阻止它产生。每天在任何感觉舒适的地方沉默几分钟，可以开启我们的创造力，它能减慢我们的思维并排除杂念。

总之，休闲是为了放松一下，无法保证都能直接产生灵感，只是让思维做点有氧运动。在生活中、工作中，不同的人会有不同的方法。创作经验告诉我们，要想有点创意灵感，就要找一个适合自己的休闲方法。

5. 创造能力自我培养的几点方法

在工程设计中，有利于自我创造能力培养的几条方法：

（1）培养主动学习、不断充电的习惯。当今科学技术迅速发展，我们应不断更新知识，及时“充电”；在生活、工作中，养成主动学习、勤于思考的习惯。自己发现问题，提出假设并亲自实践。

（2）发展思维的灵活性。学会从不同角度看待问题、分析和理解问题，而不墨守成规。在设计中对一些问题，我们需要辩证思维，例如，对钢筋混凝土结构设计，初学者往往认为构件尺寸越大越好，配筋越多越好，混凝土强度越高越好等，这些都是缺少系统的眼光和辩证的思维。

（3）工程设计中，经常想想这个方案如果是我该如何做，这个构件另一种型式或其他做法等。多一点“杞人忧天”，多一点“多管闲事”，思考中会碰撞出灵感的火花。我们拥有丰富的活力和想象力，那么就不能光说不练。

6. 水利人员宜按技术特征编写专利文件

从近几年的专利创作实践看，设计人员创作专利，不需要严格按照专利化文件的格式，因为有些法律上的内容，如专利权利方面有独立权利要求，也可以有从属权利要求，独立权利要求应当从整体上反映发明或者实用新型的技术方案，记载解决技术问题的必要技术特征；从属权利要求应当用附加的技术特征，对引用的权利要求作进一步限定；此外独立权利和从属权利的撰写格式也有明确的规定。这些问题水利人员可能掌握得不多，因此，专利创作重点应在创新技术方案上，在专利要求的框架下，用专业的技术语言表达即可。

目前有专利代理人可以做用于申报的专利化文件，即将设计人员做的专利文件转换为符合申报格式的文件。这样，可以减轻创作人员的劳动。

7. 新颖性、创造性和实用性是获得专利权的实质条件

有关资料表明，获得专利权的发明或实用新型专利，实质条件是应当同时

具备新颖性、创造性和实用性。

（1）新颖性，是指在申请日以前没有同样的发明或者实用新型专利没有在国内外出版物上公开发表过、在国内公开使用过或者以其他方式为公众所知，也没有同样的发明或者实用新型专利由他人向国务院专利行政部门提出过申请并且记载在申请日以后公布的专利申请文件中。

（2）创造性，是指与申请日以前已有的技术相比，该发明有突出的实质性特点和显著的进步，该实用新型有实质性特点和进步。

（3）实用性，是指该发明或者实用新型专利能够制造或者使用，并且能够产生积极效果。实用性是发明与实用新型专利获得专利权的 3 个实质条件之一，且是第一个实质条件。对于需实质审查的发明专利来说，在确定申请专利的发明是否具备获得专利权必须具备的新颖性和创造性之前，首先判断的是其是否具有实用性。实用性也叫工业实用性。实用性原想要表达的一种想法：即一项发明，为了取得专利权，就必须是能够运用于实际目的的发明。换句话说，发明不能是纯理论的，而必须是能够在实践中实施的发明。如果这项发明的目的是制造一种产品，那么这种产品就必须是能够制造的。如果这项发明是一种工艺方法，那么这种工艺方法就必须在实践中能够实施。

发明与实用新型在产业上能够“制造或者使用”，是指发明与实用新型专利符合自然法则，具有技术特征的可实施的技术方案。这些方案并非必须是机器的使用或者产品的制造，也可以是驱雾的方法、将能量由一种形式转换成另一种形式的方法等。

发明与实用新型实用性的基本要求是发明与实用新型专利要有技术性，其对技术问题的解决方案能产生技术效果，由此发明与实用新型才能在产业中应用。对科学发现和智力活动的规则和方法不授予专利权，其原因就在于科学发现与智力活动的规则和方法不具有技术性，不具有技术特性，因而不能在产业上应用。

科学发现是指对自然界中客观存在的未知物质、现象、变化过程及其特性和规律的揭示。科学理论是对自然界认识的总结，是更为广义的发现，它们都属于人们认识的延伸。这些被认识的物质、现象、过程、特性和规律不同于改造客观世界的技术方案，不是专利法意义上的发明创造，因此不能被授予专利权。

发明或者实用新型的技术方案必须是技术性的，必须有技术效果，从而该技术方案能够在产业上应用。但实用性对技术方案的技术效果的要求只是有与无的问题，而不应是多与少或积极与消极的问题。实用性只是要求技术方案具有技术性，并不要求技术方案要具有经济效果，更不应要求要具有积极的经济效果。

1.2　专利创作选题与方案构思

1.2.1　专利创作选题方法

所谓专利创作选题，顾名思义，就是选择专利创作的题目，即在创作专利前，选择确定所要研究的问题。正确而又合适的选题，对专利创作具有重要意义。通过选题，可以大体看出作者的研究方向和学术水平。提出问题是解决问题的第一步，选准了论题，可为专利创作打下坚实的基础，题目选得好，可以起到事半功倍的作用。

选择一个好的选题，通过作者多方思索、互相比较、反复推敲、精心策划的一系列的努力。题目一经选定，也就表明作者头脑里已经大致形成了专利的轮廓。在确定题目之前，作者已大量地接触、收集、整理和研究资料，从对资料的分析、选择中确定自己的研究方向，直到定下题目。在这一研究过程中，客观事物或资料中所反映的对象与作者的思维运动不断发生冲撞，产生共鸣。正是在这种对立统一的矛盾运动中，使作者产生了认识上的思想火花和飞跃。这种飞跃必然包含着合理的成分，或者是自己的独到见解，或者是对已有结论的深化，或者是对不同观点的反驳等。总之，这种飞跃和思想火花对于将要着手创作专利来讲，是重要的思想基础。

选题可以规划专利的方向、角度，也可以弥补知识储备的不足。我们在研究客观资料的过程中，随着资料的积累，思维的渐进深入，会有各种各样的想法纷至沓来，这期间所产生的思想火花和各种看法，对我们都是十分宝贵的。但它们尚处于分散的状态，还难以确定它们对专利创作是否有用和用处之大小。因此，对它们必须有一个选择、鉴别、归拢、集中的过程。

从对个别事物的粗浅认识上升到对一般事物的共性认识，从对象的具体分析中寻找彼此间的差异和联系，从输入大脑的众多信息中提炼，形成属于自己的观点，并使其确定下来。正是通过从个别到一般，分析与综合，归纳与演绎相结合的逻辑思维过程，使创作方向在作者的头脑中产生并逐渐明晰起来，专利的着眼点、论证的角度也初步有了一个轮廓。

专利创作选题也就是寻找灵感，相当于在设计中践行创新理念，使其逐渐演化和成长。以下根据有限的专利创作实践，总结了基于工程设计的 4 种专利创作的选题方法，但肯定不止这些，姑且作为启迪专利创作思路的参考。

1. 根据工程需求确定选题

设计人员进行创作专利，可以由工程需求转化而来，结合工程需求进行专利创作，一举两得。平常的工程设计蕴含着专利，抓住工程设计中的难点、关

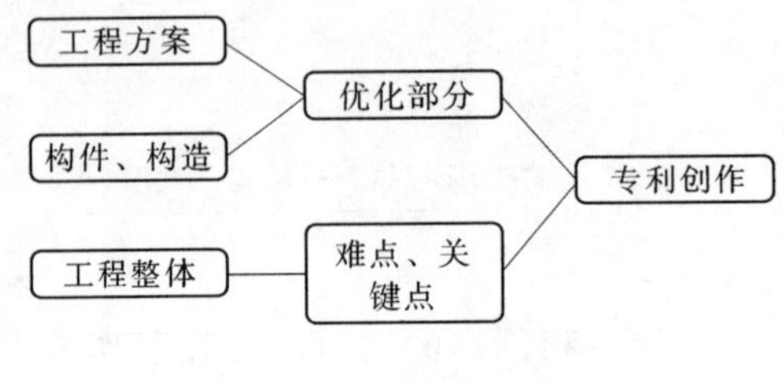

图1.1　工程设计转化为专利创作过程示意图

键点进行深入研究，抓住工程设计中的优化部分进行专利转化，如图1.1所示。我们平时要搞专利创作，目标空空，无从下手。结合工程设计的需求进行专利创作，有的放矢，能取得事半功倍的效果。

有必要指出，工程设计成果既凝结了设计者的创造性劳动，也涵盖了运用他人创造性智力成果的活动。有意转化为专利的工程设计创新点，在设计过程中就要注意技术保护，不要轻易失去新颖性。对于工程设计中的创新性成果，如果未申请专利，不仅无法受到知识产权保护，而且在后续工程实施的过程中，会使成果公开，这就为成果的失密和他人抢先申请专利造就了条件。因此必须也只能依靠专利来保护自己的成果，因为专利不讲水平而只认唯一性。

其次，工程设计不同于课题研究，工程设计不能等，对于复杂的工程问题，不可能等到彻底研究透了再设计，工程设计重在及时解决工程问题。因此，在概念清晰、技术可靠的前提下，可作为解决复杂技术问题的基本方法，这也就是专利创作的切入点。

以下是本书结合工程设计确定选题的4个案例总结，其具体内容详见相关章节。专利创作的实践表明，工程需求、设计中的问题都可以作为专利的选题。抓住工程设计中的需求创作专利，两者结合将事半功倍。

(1)"大跨度挡潮闸"选题，由入海口水闸的需求而来。传统的闸门型式已不能满足大跨度的需求，为开拓新的结构型式，除了发展结构本身的型式以外，将网架与拱、悬索等结构结合，可以组成许多在几何形状上新颖合理的结构型式，为进一步开拓网架结构、悬索结构作为闸门的应用创造了条件。大跨度门体的需求，促进了专利创作的选题。

(2)"围堤技术"选题，由深水围垦的需求而来。为应对当下或未来拟建的圈围造地工程，逐步向中低滩、深水区域发展的需求，以及砂源日趋紧缺等挑战为目的，需要开展促淤圈围工程关键技术创新与集成研究，深水筑堤、新型筑堤材料及筑堤技术研究与应用，淤泥作为筑堤材料再利用技术研究。另外，新建堤坝沉降控制技术研究，低滩圈围工程围内成陆方案研究等。由此可见，在围垦工程中有诸多需求可以作为专利创作的切入点。

(3)"消浪技术"选题，由海堤工程防护需求而来。消浪技术是海堤设计的重点，波浪冲击是危及堤防和建筑安全的主要因素，完好的防浪、消浪设施是抗御波浪冲击的有效办法。将防浪与消浪融合，将过去分散的构件，分散的功能，合二为一，融为一体。在消浪的策略上，运用创新思维，利用波浪的动能，以浪消浪；防控结合，加以利用。由工程需求引发技术创新，从而引申为专利创作。

(4)“城市内涝治理”选题，城市内涝治理呼唤创新技术。近几年层出不穷的城市内涝，正成为不断引申内涝治理的科技目标和科技创新的动力。构建城市内涝治理的体系已刻不容缓，治理内涝亟须创新技术，这种需求理所当然可以作为专利创作的选题。

2. 根据设计中难点和关键点确定选题

水利工程创新设计往往是伴随着工程现状所存在的问题，理清工程中的难点和关键点，确定解决问题的思路，围绕着难点、关键点开展工作，寻找解决的方法，这就是设计创新，其中就蕴含着专利创作。图 1.1 表明，设计中的难点和关键点均可以转化为专利创作。

为说明问题，以下列举本专著中以工程设计的难点和关键点创作的 3 个方面若干个专利。当我们以一种水利情结对待学习时，掩卷沉思，怦然心动，原来专利创作如此简单，不需要我们漫无目的去寻找专利创作的灵感，在工程设计中，掌控好设计的难点和关键点，无疑就是专利创作的开始。

(1) 挡潮闸的难点和关键点。挡潮闸跨度越大，如果采用传统的门型，则门体重量大，因此，所需要的启闭力大、启闭时间长，显而易见，挡潮闸的难点和关键点是门型，创新门型是专利创作的方向。

(2) 城市内涝治理的难点和关键点。众多城市连年内涝的现状表明，城市内涝的主要问题是降雨时雨水贮不下又排不出，因此，内涝治理的难点和关键点是雨水的蓄存和排放。

(3) 防浪、消浪的难点和关键点。防浪的关键点是拦截波浪，消浪的关键点是消除波浪动能。在实际工程中，防浪和消浪共存于一个系统中，相互关联、相互制约、相互影响。通过进一步探讨，从而引申出防浪和消浪两者如何结合，由“以夷制夷”联想到以浪消浪的新设想。至此，一个完整的防浪、消浪需要解决问题的方向已逐渐明朗，后续工作则需要寻找解决问题的方式。

3. 根据工程特点确定选题

水利工程型式多种多样，工程地质条件也是五花八门，工程本身又存在着工程技术、工程经济和所处的环境等诸多方面问题。因此，水利工程特点千变万化，有大有小。就工程整体而言，复杂性、多样性、工期长、投资大等都是工程特点。而对于工程局部则又另有特点，例如，泵站检修孔使用上的特点是需要密封防渗；钢闸门的特点是梁系和面板材料都为钢材。

简而言之，工程特点对于专利创作来说，就是专利创作的关注点和切入点。以下列举几个方面内容，都是从专利创作的视角出发、剖析工程的关注点，由此转化为专利的切入点，从而深入专利创作，获取专利成果。

(1) 化不利为有利。水的压力、渗透多数情况下对工程是不利的因素，泵站检修孔盖板就属于此类。工程设计中，对水的压力能因势利导，将“对抗”化为“利用”，即将过去常用的对抗水压力转换为利用水压力，此乃专利创作的切入点。反扣式流道检查孔防水盖板（第7.9节），就是化不利为有利的代表作。

(2) 用分解的方法。将复杂问题分解为多个简单问题，将大问题分解为多个小问题，通过逐个解决这些简单问题、小问题，最终解决复杂问题、大问题。这种解决问题的思路可以应用于大跨度挡潮闸，将大跨度门体先分解后整合，这是根据门体可分可合的特点，经分析处理后作为专利创作的选题。

(3) 围绕水做文章。水利工程与水相伴而生，随水而兴；充分利用水的浮力，围绕水做文章是专利创作不竭的源泉，化解水的负面影响，从而产生新的思想飞跃。构件做成浮箱式，可以随水位上下浮动，这一特点可作为专利创作的切入点。

(4) 改变构件的受力方式。改变工程构件的受力方式，以满足工程的特殊需求，在专利创作中不失为较专业的创作方法。例如，水闸挡水闸门大多数都是将荷载传递到闸墩，横向传递，可称为横向门体，门体决定于闸孔宽度和挡水高度。在挡水高度相同的情况下，闸孔越大，门体受力越大，如图1.2所示，门体为横向受力，受门体刚度和强度要求，因此，闸孔跨度受到限制。

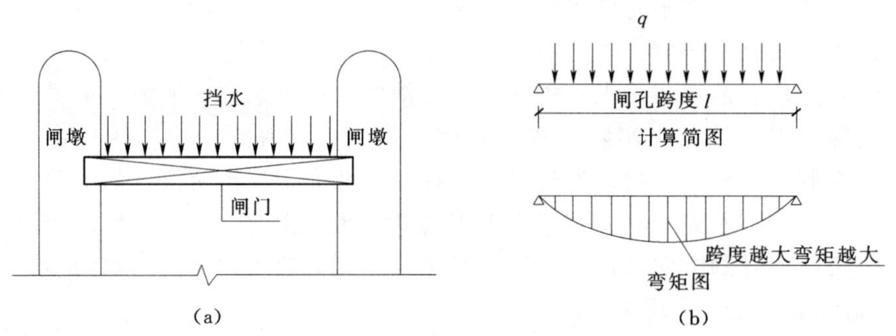

图1.2　传统闸门受力分析

(a) 闸门挡水状态平面图；(b) 受力计算示意图

如果改变闸门的荷载传递方式，将荷载分散地传递到基础，竖向传递，如图1.3所示，可称为竖向受力门体，则闸门不受跨度的限制，只受挡水高度影响。基于这个思路，再寻找解决问题的方法，创造一种不受跨度限制的闸门，即创新一种门体，应用跨度无限制，不论河道是宽还是窄，挡水闸门都可以使

用，且跨度越大越能显示其优越性。分节浮箱式挡潮闸（第 2.4 节）就是实践该思路的专利作品。

（5）改变传统的使用材料。闸门都具有面板，这是门体的特点。利用高强度塑料作为面板，轻质、耐腐蚀，高强度塑料闸门面板代替钢面板，以塑代钢，不生锈，免维修保养。塑料闸门可根据使用年限，到期可完全回收、再生，减少废弃物对环境的污染；塑料闸门强度高、韧性强、耐冲击、弹性强，不易变形，表面平滑、光洁。重量轻，便于搬运和安装。

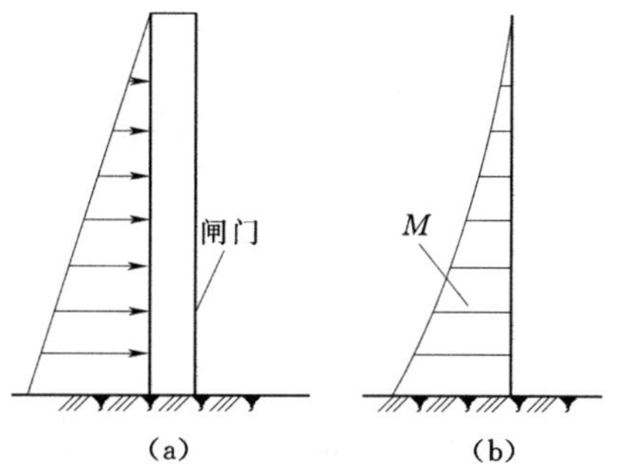

图 1.3 创新闸门受力分析

（a）闸门挡水竖向受力；（b）弯矩图

传统闸门由钢材制作，重量重，且需要定期维修保养，使用时需要采用起吊设备，工程维修不便；钢闸门造价高、结构复杂。钢闸门由于使用环境多变，如水位涨跌造成干湿交替，或受到水质污染、气体、阳光及水生物的侵蚀，还受水流、泥沙、冰凌和漂浮物的冲击摩擦等，使钢材表面快速而普遍发生锈蚀，运行几年的钢闸门都不同程度存在锈蚀现象，严重的锈蚀会导致钢闸门构件强度降低，影响钢闸门运行安全。因此，钢闸门的防腐蚀，运行维护每年要花大量经费。

上述表明传统的闸门钢面板，材料和制作费用大，维修费用高，使用不便，已难以满足工程使用要求，显示出技术落后；时代呼唤水利工程科技进步，水工闸门亟须新材料的应用，这就是专利创作的切入点。

4. 根据优化设计确定选题

创新设计无处不在，设计中的创新有一种源于设计优化，而专利创作可以借力而为，根据优化设计确定专利创作的选题，以下列举两个例子予以说明。

（1）水利枢纽工程由多座建筑物组成，在城市中，由于基坑开挖面高程众多，若采用一个大基坑，势必导致支护工程量大、难度大。此时，可以通过多种技术手段进行分析，可巧妙地采用“大坑化小坑，深坑化浅坑，整体基坑处理化局部基坑处理”的设计理念，对于不同落深采用多种类型的基坑围护型式，在确保基坑整体安全的前提下，充分利用地下空间开发的局部落差特点，简化局部落差设计施工工艺，从而降低整体基坑支挡结构材料，降低工程总体造价，节约材料。

（2）小型人字门门库两种不同的做法，门库尺寸相同，传统设计是墩墙外侧平，加厚墩墙，在门库处墩墙变薄形成门库，因此，顺水流方向墩墙厚度不一致，影响墙体配筋。创新设计采用折线型边墩，墩墙厚度一致，能满足墩墙的强度和刚度，如图1.4所示。

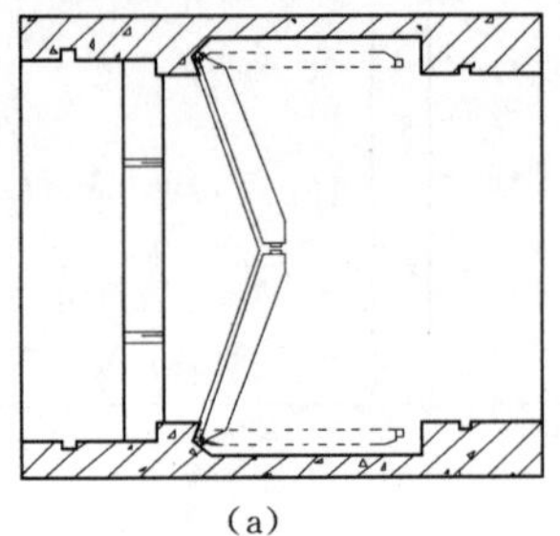
(a)

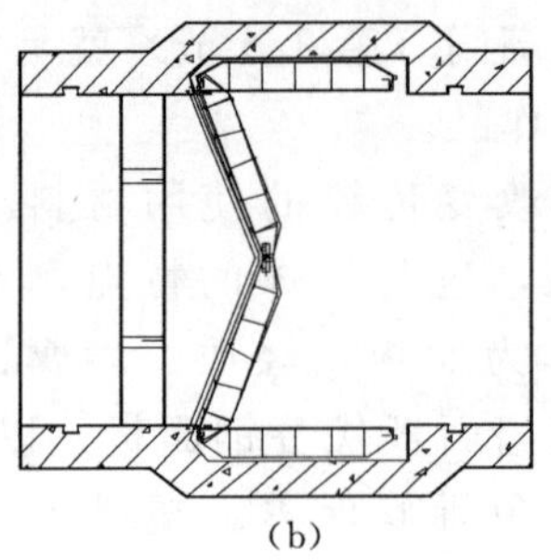
(b)

图1.4　人字门门库边墩的优化
(a) 传统门库边墩设计；(b) 创新门库边墩设计

以上所述都是围绕工程设计而展开专利创作选题，其次，专利创作也可以借助于课题研究的申报指南选题，只要我们稍加留意，政府部门或单位指南类的研究课题层出不穷，我们可以据此较快地确定专利创作方向，即你要什么、我就做什么，这样可以节省选题的时间。

在繁重的设计工作中，要见缝插针进行专利创作，“为伊消得人憔悴”，真不容易啊！当我们一筹莫展时、对着天空发呆时、大脑短路时，我们何不利用课题研究指南走走捷径。

1.2.2　方案构思的策略

对于具体的专利创作，所谓“方案构思”，就是为解决背景技术所揭示的技术问题而构建的思路，也就是利用现有的技术手段来解决技术问题的思路和想法，其具体表现为技术方案的集合。

方案构思阶段的主要任务是思考出解决问题的科技方案。任何科技方案都应满足如下条件：它必须能够满足有关科技的社会需求，它必须有一定的科学根据，它必须是在现有条件下可以实施的。

专利创作一是要能发现问题，二是要能针对问题提出新设想。专利创作是一种创新设计，通常是通过分析，综合与创造满足某种特定功能系统的一种构思活动，因此，专利创作离不开方案构思。

毋庸置疑，在创新活动中，创新原理是运用创造性思维来分析问题和解决问题的出发点，也是人们使用何种创造方法、采用何种创造手段的凭据。因此，掌握创新原理，是人们能否取得创新成果的先决条件。但创新原理不是包治百病的“灵丹妙药”，不能指望在浅涉创新原理之后，就能对创新方法了如指掌并能应用自如、就能解决创新的任何问题，只有在深入学习并深刻理解创造原理的基础上，人们才可能有效地掌握创新方法，也才有可能成功地开展专利类的创新活动。

1. 方案构思从“背景技术”开始

专利创作应重视“背景技术”分析，理解、检索、审查有用的背景技术，尽可能地引证反映这些背景技术的文件。

背景技术分析应实事求是，不能将现有技术水平描述得太低，应当尽可能进行现有技术检索，并描述所掌握的最接近的背景技术，这样有利于后续的检索、审查等程序。背景技术与发明内容应前后呼应。背景技术的描述应当与发明内容提出的所解决的技术问题、技术手段以及技术效果等前后呼应。

专利所要解决的技术问题以及解决其技术问题采用的技术方案。从设计方法论的角度来看，专利创作基于背景技术可按如下方法进行方案构思：

(1) 背景分析是一个思维发散的过程，通过背景分析找出问题，从而确定专利创作的方向。

(2) 提出方案所涉及的方式与规模。

(3) 列出方案所需要解决的问题，把这些问题形成条目。

(4) 进行方案构思设计，即提出解决问题的方法；把我们在设计分析过程当中产生的模糊的、零散的、不系统的想法，建构成完整、具体的方案。

(5) 完成方案构思，并复核条目的完成情况，作出技术评价。

方案构思依据背景分析的方法有很多，不管用什么方法，其最终目的都是完成方案构思。所以，最重要的是要灵活运用这些方法，多实践多创作。

2. 方案构思的核心是创新

作为专利的方案构思应是创新的科技构思，应有新颖性、独创性。这就要求其设想和构思至少要含有一些新的成分。这种新成分或是科技的理论基础是新的、前所未有的，或是科技实施时其所运用的手段系统是独创的，或是其构思是根据新的经验材料概括而成的。没有新意的方案构思，没有与众不同的实现科技目标的手段，是不成其为专利创新的。

专利创作是一种创新设计，是将创新设计专利化，但是在工程设计中，并非所有的创新设计都可以成为专利产品。专利创作是一种创意，一个想法、一个点子经过加工而形成专利。

创新设计是为了工程设计而作的创新，是针对某项工程，是创新理念与设计实践的结合，发挥创造性的思维，是将科学、技术、文化、艺术、社会、经济融汇在设计之中，设计出具有新颖性、创造性和实用性的新产品；设计的产品与已有的产品不同。她是充分发挥设计者的创造力，利用人类已有的相关科技成果进行创新构思，设计出具有科学性、创造性、新颖性及实用成果性的一种实践活动。

（1）创新应注重方式方法。创新最好的体现就是知识产权，就是专利。一个产品是不是有新意，是不是有生命力，就是看它是不是有创新。而创新性就体现在设计方案上，因此，方案构思是设计者设计风格和创作能力的体现。为了使设计有创新，就要培养和训练自己的创新思维和创新意识。专利创作的关键在于方案构思，构思的关键在于科学的设计分析与恰当的构思方法的运用。创造技法在设计中有广泛的运用，它直接影响方案的构思。

创新既是一个宏观的社会实践过程，又是一个微观的心理反应过程，如果没有正确的原理指导、原则规范和过程提示，创新活动有可能陷入茫无头绪的境地。学习创新原理和原则时，不仅要读书本上给你的案例，还应该自己各举一二例来加深理解。

创新的原理是依据创新思维的特点，对人们所进行的无数创新活动的经验性总结。又是对客观所反映的众多创新规律的综合性归纳。因此，它能为人们更好地认识创新活动、更好地运用创新方法、更好地为解决创新问题提供条件。

（2）创新应注重概念设计。创新尤其要注重概念设计，运用概念设计的思想，也使得专利创作的思路得到了拓宽。概念设计是展现先进设计思想的关键，例如，一个结构工程师的主要任务就是在特定的建筑空间中用整体的概念来完成结构总体方案的设计，并能有意识地处理构件与结构、结构与结构的关系。

一般认为概念设计做得好的结构工程师，随着他的不懈追求，其结构概念将随他的年龄与实践的增长而越来越丰富，设计成果也越来越创新、完善。遗憾的是，随着社会分工的细化，大部分结构工程师只会依赖规范、设计手册、计算机程序做习惯性传统设计，缺乏创新，更不愿或不敢创新，有的甚至拒绝对新技术、新工艺的采纳，害怕承担创新的责任。

3. 方案构思的切入点

刚开始搞专利创作时，往往觉得无从下手。经验告诉我们，单纯地为能取得专利而创作，可能会事半功倍；在平时的设计工作中，要练好内功，积极创新设计，不断积累、水到渠成，专利将唾手可得。专利和设计相辅相成，专利创作结合设计可以从以下几个侧重点出发：

（1）从工程需求出发，抓住工程的难点和关键点。

（2）从挖掘工程结构和构件的功能出发，拓展新的功能、新的用途。

（3）从成本设计理念出发，采用新材料、新方法、新技术，降低产品成本、提高产品质量、提高产品竞争力。

水利工程方面的专利创作，创作人员在解决问题时可以发挥自己新颖的构思和创造力，构思尽管可以新颖，但能落实到建设中。相应专利要求提出发明内容、实施方法，因此，专利创作需要有结构知识、材料知识和施工知识的综合应用。

一般来讲，平时的设计工作中，具体的工程设计往往是比较容易的，但要完成一个专利创作，就需要平时的不断积累，它要求创作者要具备工程知识和创新能力。总之，凡是工程设计做得好的设计人员，其设计概念随着年龄与实践的增加越来越丰富，设计成果也越来越创新、完美，先进的设计思想也将通过专利创作充分得以展现。或许，在很多的时候，我们都是身不由己地在感怀着，没有一点预兆，也没有一点理由。这就像是隐藏在我们的灵魂深处的一种本能一样，总是在潜移默化中，改变着我们的设计思想。

因此，进行水利工程方面的专利创作，除了需要具备必要的专业知识，更要不断积累、总结工程经验，在脑中形成一个清晰的结构概念，在专利创作中将技术知识概念化，运用人的思想和判断力，从宏观上决定结构设计中的基本问题，并以此为指导，冲破由于对问题的错觉或狭隘经验所产生的障碍和束缚，使结构设计更好地符合客观实际，创造出优秀的设计成果，并能将亮点转化为专利。

4. 方案构思从实例中寻找灵感

专利文献是创新的宝库，专利文献记录了大量科技发明的成果，相当于列举了大量创新信息，善于有效地利用科技专利文献，是新的创造发明诞生的重要源泉。正是如此，本书以专利为载体，以专利实例谈专利创作，期待读者都能从中得到启发和收获。同时通过以下论述，希望读者能掌握专利文献的阅读方法。

(1) 从阅读专利文献构思新产品。许多人想做专利创作，但往往感到无从下手，一方面他们觉得周围熟悉的东西已经比较完善了，无法进行创新；另一方面觉得周围事物缺乏创新的价值，无需创新。这是由于他们还缺乏积极的创新意识和创新手段，而阅读专利文献，往往是启迪我们创新构思的一种有效的办法。

专利文献是人类的知识宝库，现在人们的发明创造有90%以上申请专利，可以说专利是满足人们各种需要的技术的集成。但很明显，随着科技的不断发展，专利并不是各种需要的全部技术或最好的方案，也有可能这一技术没有全部揭示出其能够满足的全部需要。基于这种情况，我们通过阅读专利文献，一方面根据专利所满足的需要启发我们的创新思路，寻找更好的方法；另一方面，根据专利未曾涉及的需要和权利要求，可拓展专利的新用途。

(2) 通过检索专利文献调整创作的思考方向。当我们确定了创新课题时，一定要检索一下专利文献，因为你所从事的创作工作，或许早已由其他发明者解决了，你在不知情的情况下盲目地投入人力、物力、财力，到头来依然结不出丰收之果，白忙了一阵。

当你通过检索，未发现自己的课题有任何专利文献资料记载，这说明该课题可能是一个未开发的领域，从而可以增强你从事创新的信心。同时在检索过程中，由于已有了既定的目标，因而很容易从其他发明中找到与自己课题相关联的技术和发明，由此触发灵感，引起想象，更进一步深化自己的课题。

（3）从已有专利引申新的创作。专利都是为了满足某种需要的新的独创技术，既然是独创和首创，因此专利技术一般都具有不完备性，有进一步完善的空间，所以都可以进一步引申，使其臻于完善，创新者可以以此为思路较容易地取得创新成果。这种引申可以来自于他人的作品，也可以重新审视自己的作品获得。

本书中有3个引申专利就是针对自己的专利作品，从使用功能、结构型式等方面进行了改造或创新，从而又形成了新的专利。它们是消浪型防浪墙引申出消浪空腔，浮筒式消浪装置引申出滚筒式消浪装置，门式拦沙促淤装置引申出窗式拦沙促淤装置。

检索专利文献，使自己能迅速了解目前先进技术的发展现状，能引导自己将所学知识有意识地朝这些领域发展。在阅读专利文献的过程中，一方面我们可以了解技术结构知识；另一方面还能从别人的发明中发现思维的方式和发明的诀窍，增强自己的创造才能。

有必要指出，现代社会信息量如此之大，我们不可能细读每个专利，阅读专利文献，并不需整天埋头阅读详细的专利说明书。较好的方法是阅读专利内容摘要，往往能启发自己的创新思路，使得思路开阔，联想丰富，而详细阅读专利说明书，则会不自觉地受到所述专利技术的束缚。

1.3　本书所选专利综述

1.3.1　所选用专利归纳与分类

专利创作因人而异，没有适用于任何人的专利创作方法。本书所述是作者在专利创作中的一些体会，期望能对读者有所启示、有所帮助。本书所选用的31个专利都是作者近几年独立创作或参与创作的作品，在分个阐述之前，为了表达整体概貌，通过从个别到一般，分析与综合，归纳与演绎相结合的逻辑思维过程，按分类、创作要点及机理分析等一并综合于表1.1。

表 1.1　　所选用专利索引及创作分析

本书分类简称	专利名称	所在章节	创作要点关键词
大跨度挡潮闸（3）	网架结构门型大跨度挡潮闸	2.2	网架结构重量轻、跨度大，移植法
	柔性门体挡潮闸	2.3	悬索跨度大、重量轻，联想和类比，百叶窗帘、卷轴窗帘
	分节浮箱式挡潮闸	2.4	微分、积分，先分后合，类比，改变启闭方式
水工闸门（4）	伸缩式挡水闸门	3.1	移植、组合原理，电动伸缩门和橡胶坝
	人字门反向挡水装置	3.2	反向思维，缺点列举
	轻便式拱形检修闸门	3.3	拱有利于抗压，塑料重量轻，装配式，特性列举
	直升门转换为横向行走	3.4	直升门和横拉门，两种运行方式的组合
围垦工程（3）	一种新型吹填模袋	4.1	缺点列举，功能、材料、施工
	滩涂自动促淤装置	4.3	水动力和浮力利用，门式启闭
	一种随水位升降的拦沙促淤装置	4.4	水动力和浮力利用，联想创作，窗式启闭
防浪消浪（5）	一种新型防浪墙，消浪空腔	5.2	防浪与消浪二合一，盖帽式防浪，空腔消浪
	一种消浪型护坡构件及消浪护坡	5.3	护坡和消浪结合
	浮筒式消浪装置	5.4	以浪消浪，点式消浪，特性列举
	一种滚筒式消浪装置	5.5	以浪消浪，线式消浪，现有专利引申
	发电消浪一体装置	5.6	消浪与发电结合，浪能转化为电能，专利引申、发明
城市防洪（4）	一种用于城市中小型河道的调蓄装置	6.2	自动蓄排，联想、组合
	一种用于城市景观绿地蓄水排水装置	6.3	自动蓄排，联想、组合
	排水管道出口防倒灌装置	6.4	自动排放，组合原理
	小型泵站截流新装置	6.5	自动截流，组合原理
水工构件、构造（8）	一种装配式止水结构	7.2	装配式，更换方便，缺点列举
	一种用于调整基底应力的简支铰连接结构	7.3	利用简支铰原理，缺点列举
	用于防震-沉降缝的弹性装置	7.4	利用弹簧性能，特性列举

续表

本书分类简称	专利名称	所在章节	创作要点关键词
水工构件、构造（8）	一种减小拍门撞击力的装置	7.5	利用弹簧性能，特性列举
	一种挡土墙排水口防倒灌装置	7.6	组合原理，缺点列举
	桩顶钢筋在底板内的锚固	7.7	优化构造，缺点列举
	挡土墙外侧花池免浇水装置	7.8	自动吸水，缺点列举
	反扣式流道检查孔防水盖板	7.9	反向思维、缺点列举
小型水利设施（4）	浮动式水文、水质监测亭	8.1	利用水的浮力，缺点列举
	一种咸潮实时监测的装置	8.2	利用水的浮力，缺点列举
	一种浮动式小型泵站	8.3	利用水的浮力，已有专利引申
	一种浮动式亲水平台	8.4	利用水的浮力，缺点列举

1.3.2　所述专利若干创作特点

专利创作思维的方法很多，且有关创作方法尚在持续不断地创新和发展中，但不管是已有的，还是将来总结出来的，在实际的专利创作中只能根据实际情况运用创作方法，而不能事前主观地规定解决某一问题必须用某一种方法，这样是与创造性思维的特性相悖的。所以，对于创造性思维的方法，我们也要创造性地加以运用。

掌握必要的创作方法，对专利创作肯定有一定的帮助，但并不是说只要掌握了常用的创作方法，就能出专利作品。实践告诉我们，光有方法没有实践只能是纸上谈兵，只有不断实践才是取得专利的法宝。

本书所选用的水利工程专利案例，各具特色，难以准确地归类总结以概括全貌，因此仅综合归纳了以下3个方面特点。同时，学习创新原理和方法时，不仅要读书上给你的案例，还应该自己各举一两个题目来加深理解。为此，书中也给出了若干创作参考题，供参考。

1. 同一选题可创作不同的专利

选题相当于论题，但论题不同于题目，题目是指专利的名称，它的研究范围一般比论题要小。因此，同一选题可创作不同的专利。例如，“消浪”选题，可以选择很多具体题目来创作专利。本专著所选专利有：浮筒式消浪装置（第5.3节）；滚筒式消浪装置（第5.4节）；发电消浪一体机（第5.5节）。

“消浪”这一选题还可以创作专利：分梯级消浪，浮排消浪，滚筒式消浪与发电等。

本专著中“促淤”选题，所选专利有：门式拦阻网自动促淤装置（第 4.2 节）；窗式拦沙促淤装置（第 4.3 节）。

为提高创作能力，“促淤”选题还可以创作专利：芦苇排拦沙促淤，草帘拦沙促淤等。

2. 同一机理可创作不同的专利

利用同一个原理，用于不同的领域或专业，可以创作不同的专利。

（1）利用水动力。利用水动力，所选用的专利有：门式拦阻网自动促淤装置（第 4.2 节）、窗式拦沙促淤装置（第 4.3 节）、浮筒式消浪装置（第 5.3 节）、滚筒式消浪装置（第 5.4 节）、发电消浪一体机（第 5.5 节）。所述专利都是利用水的动能，利用潮涨潮落的动能自动促淤，利用波浪的动能以浪消浪，利用波浪的动能并作有效转换以实现消浪与发电相结合。

据此，我们还可以寻找新的创作题目，例如可创作新专利：用于泵站的水动力清污装置。并作以下大致的背景技术分析和方案构思。

各类泵站在进水侧均设有拦污栅，对于保证泵站的正常运行起到了重要作用。泵站的清污通常都是采用机械清污机，利用泵站工作时的水流动力，推动设在水中的大转盘转动，通过转盘与齿轮转换，带动拦污栅转动，从而将水中的污物清除。借助流动的水为动力的清污装置，具有独特的适用性和针对性。其创作目标为：

1）泵站清污，无须动力。泵站开机时，河道水体流动，就需要清污；水动力清污装置，利用泵站的水流作动力进行清污，泵站开机自动清污，泵站停机同时停止工作。无须另外设置动力设备，与常规机械清污机相比，节省工程投资。

2）打造泵站的动态风景，为水利工程增色。流水潺潺，水车转动，绿树扶苏；泵房是静态的音乐，水车是动态的使者；有动有静，交相辉映；泵站工程展现出一幅动态的水墨风景画。

同样利用水动力原理，还可以尝试创新题目：利用船行水流发电，利用泵站水流自动冷却电机等。

（2）利用水的浮力。利用水的浮力，所采用专利有：浮动式水文、水质监测亭（第 8.1 节），一种咸潮实时监测装置（第 8.2 节），浮动式拦阻网（第 8.3 节），浮式亲水平台（第 8.4 节），所述专利都是利用水的浮力，水利设施都是随水位升降。

同样利用水的浮力，还可以有创新题目：浮式水位标尺、浮式小码头、浮式拦污清污装置等。

（3）利用弹簧特性。利用弹簧特性有：用于防震-沉降缝的弹性装置（第

7.4 节)；一种减小拍门撞击力的装置（第 7.5 节）。其创作机理都是利用弹簧的特性，在荷载作用下产生变形，卸载时释放能量恢复原形，加载变形遵循一定的规律。其作用有：保证动力和缓冲作用。

同样根据弹簧的特性，还可以另有专利创作题目。

3. 同一构件可组合不同的专利

组合原理，就是将两种或两种以上的学说、技术、产品的一部分或全部进行适当叠加和组合，用以形成新学说、新技术、新产品的创新原理。组合既可以是自然组合，也可以是人工组合。在自然界和人类社会中，组合现象是非常普遍的。

应用组合原理，将自主研究的水工逆止阀、套筒用于其他项目中，从而形成新技术的专利产品。

(1) 水工逆止阀。水工逆止阀不同于传统的逆止阀，它是一种简易的、利用水的浮力和水位差的压力来控制启闭，从而防止水体倒流的工具。作为一个控制水流的构件，与其他项目进行适当叠加和组合可以形成新的创新设计。在本专著中所用专利有 5 个：城市河道增大调蓄量装置（第 6.3 节），城市绿地地下调蓄装置（第 6.2 节），小型泵站截流新装置（第 6.5 节），挡土墙排水孔防倒灌装置（第 7.6 节）。

水工逆止阀的灵活运用，是对创作对象的理解，而不是简单的叠加。其作用有防止倒灌、控制排水、截流，有时一项专利中具有多种功能。

(2) 套筒。套筒为上下行走的构件，且作为其他构件的支座。本专著中运用该技术的专利有 9 个：分节浮箱式门型（第 2.4 节），门式拦阻网自动促淤装置（第 4.2 节），窗式拦沙促淤装置（第 4.3 节），浮筒式消浪装置（第 5.3 节），滚筒式消浪装置（第 5.4 节），发电消浪一体（第 5.5 节），浮动式水文、水质监测亭（第 8.1 节），一种咸潮实时监测装置（第 8.2 节），一种浮动式亲水平台（第 8.4 节）。

上下运动构件尚有比选方案，橡胶块和滚轮。具体为套筒中的圆形桩轴改为方形桩轴，滚珠改为橡胶块或滚轮，且可以直接安装于浮箱等构件上。显而易见，套筒可以做成深井式，作为其他构件的支座时，在受力不平衡状态下能保持稳定；套筒可以上下运动，还可以转动，内装滚珠可将滑动摩擦转化为滚动摩擦，大大减小了摩擦力。橡胶块、滚轮方案，滑动摩擦阻力较大，只能上下滑动，不能转动。

(3) 浮箱。浮箱既是功能需要的承载体，又为承载体提供浮力。本书中运用该技术的专利有 8 个：分节浮箱式门型（第 2.4 节），浮筒式消浪装置（第 5.3 节），滚筒式消浪装置（第 5.4 节），发电消浪一体机（第 5.5 节），浮动式水文、水质监测亭（第 8.1 节），一种咸潮实时监测装置

（第 8.2 节），一种浮动式拦阻网（第 8.3 节），一种浮动式亲水平台（第 8.4 节）。

浮箱的应用，利用水的浮力，改变了传统的构件都是固定式；随水位升降，给运用和管理带来了极大的方便。

1.4 专利成果的转化

本节所述专利成果转化为知识产权范畴内的衍生，并非转化为生产力。显然专利技术只有走向市场，形成产业，才能真正实现其价值。然而，我国专利转化情况并不理想，诸多国内专利成果处于休眠状态，科技资源浪费十分严重。对此，本书难以在本节进行分析和探讨。

水利工程是科学和技术的载体，是人类改造自然并与自然和谐共生的目标载体。在当今科学技术迅速发展的今天，设计人员应不断更新知识，用所掌握的科学技术去调整自己的认知、态度和职业责任，掌握新技术、新材料、新工艺，提高行业技术的社会服务水平。而这一行动最强劲的推动力，就是不断地进行专利创作。

作为水利工程设计人员，为了晋升职称，抑或为了充实自己，一生都将伴随着论文创作、专利创作和课题研究，但多数人都是被动地在进行这些劳动创作。有时我们因为不了解一些常识，不知不觉中，我们丧失了应有的一些知识权利，错失了一次次机会。为此，本节就专利转化为论文或课题研究，提高专利的附加值，从设计人员的视角进行初步探讨。

1.4.1 转化的有益效果

对于设计人员，科技成果有专著、论文、专利和设计作品，这些科技成果之间可相互转化，每次转化都是一次提高、一次升华。科技成果之间相互转化做得好的，一般个人成果就越多，拥有知识产权就越多。专利转化越多，成果越多，专利的附加值就越大。知识的积累、转化、再创作，转化创作的联动性，这是设计人员的优势。

专利可以转化为论文、专著和研究课题，转化需要学习，在转化过程中既能获取新的知识，又有助于催生新创意和改进行为方式。对于创作者，专利转化的有益效果有：

(1) 转化是一次知识再吸收的过程。知识吸收是指对已获取的知识进行理解和消化的过程。可以说，转化是一种动力，新知识必须经过消化吸收，才能应用于科技成果转化的实践之中，并增加个人知识积累，即形成知识学习→消化吸收→知识积累的循环机制。

（2）转化是知识深化的过程。知识深化是科技成果转化知识学习的升华过程，是指将固化的新知识进行应用、反馈、加工、提炼后，升华为智慧，其实质是知识的再学习过程。知识深化机理的目标是将新知识真正融入学习者自身的知识体系。

消化、吸收并非知识学习的终点，应在知识应用的实践中对其进行时时调整，使之适应科技成果转化情况。这种转化获得了科技成果，并且知识的更新和获得又为下一次的创新储备了动能。

（3）专利转化可增加研究能力的培养。科学研究要以专业知识为基础，但专业知识的丰富并不一定表明人的研究能力很强。有的人书读得不少，可是忽视研究能力的培养，结果，仍然写不出一篇像样的论文来。可见，知识并不等于能力，研究能力不会自发产生，必须在使用知识的实践中，在科学研究的实践中，自觉地加以培养和锻炼才能获得和提高。

专利转化是研究工作实践的第一步，转化需要积极思考，需要具备一定的研究能力，在转化的过程中，从事学术研究的各种能力都可以得到初步的锻炼提高。转化前，需要对专利所属学科的专业知识下一番钻研的功夫，需要学会收集、整理、查阅资料等项研究工作的方法。转化中，要对已学的专业知识反复认真地思考，并从一个角度、一个侧面深化对问题的认识，从而使自己的归纳和演绎、分析和综合、判断和推理、联想和发挥等方面的思维能力和研究能力得到锻炼和提高。

1.4.2　挖掘专利的附加值

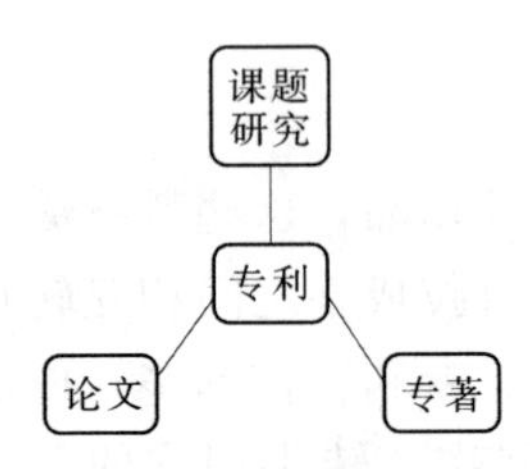

图1.5　专利附加值示意图

挖掘专利的附加值，专利转化是一种有效的手段，这种附加值的体现，就是以专利为母体，生产出的论文、研究课题和专著，如图1.5所示。

科技成果转化中也具有双向作用，由专利可以转化为其他成果，同样论文、课题和专著中的亮点，通过再创作也可以转化为专利。这方面请读者自我发掘，引申新成果。

1. 由专利到科技论文

由于专利和论文要求有所不同，由专利到科技论文不是简单地改头换面，科技论文写作要有格式和技巧。逻辑性——这是文章的结构特点。它要求科技论文脉络清晰、结构严谨、前提完备、演算正确、符号规范，文字通顺、图表精制、推断合理、前呼后应、自成系统。

（1）按照论文格式进行转化。科技论文的格式与专利的格式不同，一篇完整的科技论文应包括标题、摘要、关键词、论文的内容和参考文献。对比专利文件，论文的摘要、关键词和参考文献需要补充。

（2）专利和论文的对比和转换。以下从5个方面予以对比分析，专利转化为论文时，应对应着转换和补充。

1）专利名称和论文题目。专利名称应采用所属技术领域通用的技术术语；应清楚、简明地反映要求保护的发明或者实用新型技术方案的主题和类型（产品或者方法）；应该全面地反映一件申请中包含的各种发明类型；一般不得超过25个字；不得使用人名、地名、商标、型号或者商品名称等，也不得使用商业性宣传用语。

论文题目是科技论文的必要组成部分。它要求用简洁、恰当的词组反映文章的特定内容，论文的主题明白无误地告诉读者，并且使之具有画龙点睛，启迪读者兴趣的功能。一般情况下，题目中应包括文章的主要关键词。题目名像一条标签，切忌用较长的主、谓、宾语结构的完整语句逐点描述论文的内容，以保证达到“简洁”的要求；而“恰当”的要求应反映在用词的中肯、醒目、好读好记上。当然，也要避免过分笼统或哗众取宠的所谓简洁，缺乏可检索性，以至于名实不符或无法反映出每篇文章应有的特色。题目名应简短，不应太长，一般不宜超过20个汉字。

根据以上对比可知，专利名称稍加修改即可作为论文题目。

2）专利背景技术和论文引言。专利背景技术应写明对发明或者实用新型的理解、检索、审查有用的背景技术；尽可能地，并引证反映这些背景技术的文件。应当尽可能进行现有技术检索，并描述所掌握的最接近的背景技术，这样有利于后续的检索、审查等程序。应当与发明所解决的技术问题、技术手段以及技术效果等前后呼应。

论文引言（前言、序言、概述）经常作为科技论文的开端，简明介绍科技论文的背景、相关领域的前人研究历史与现状，有时亦称这部分为文献综述，以及作者的意图与分析依据，包括科技论文的追求目标、研究范围和理论、技术方案的选取等。引言应言简意赅，不要等同于文摘，或成为文摘的注释。

以上对比表明，两者的核心都是提出问题，因此，专利的背景技术基本可以作为论文的引言。

3）专利发明内容和论文正文。专利的发明内容是专利主体部分，写明发明或者实用新型所要解决的技术问题以及解决其技术问题采用的技术方案，并对照现有技术写明发明或者实用新型的有益效果。

论文正文是科技论文的核心组成部分，应充分阐明科技论文的观点、原理、方法及具体达到预期目标的整个过程，并且突出一个“新”字，以反映科技论文具有的首创性。根据需要，论文可以分层深入，逐层剖析，按层设层次标题。

科技论文的层次标题是指除题名之外的各个级别的标题。通常将其分为章、节、条、款几个层次。层次标题在结构形式上可使整篇内容层次分明；内容上是对每章、每节中心内容的概括。层次标题的写作要求与总题名相同，即用简单得体的语词表述本章、节中的特定内容。

科技论文写作不要求文字华丽，但要求思路清晰，合乎逻辑，用语简洁准确、明快流畅；内容务求客观、科学、完备，要尽量让事实和数据说话；凡用简要的文字能够说清楚的，应用文字陈述，用文字不容易说明白或说起来比较繁琐的，应由表或图来陈述。物理量和单位应采用法定计量单位。

上述表明，专利和论文在主体部分，相同点都是提出要解决的技术问题，以及解决问题的技术方案。所不同的是，专利只提出解决问题的技术方案，只谈怎样做，而无需加以论证；论文既需要谈怎样做，又要回答为什么，这就是论证，因此，专利的发明内容需要通过加工、补充论证内容后才能用于论文。

4）专利有益效果、权利要求和论文结论。专利的有益效果表明该专利与已有技术相比，在技术、经济等方面的效果。专利的权利要求书应当记载发明或者实用新型的技术特征。结论是论文的最后总结，应该以正文中的试验或考察中得到的现象、数据和阐述分析作为依据，由此完整、准确、简洁地指出：一是由研究对象进行考察或实验得到的结果所揭示的原理及其普遍性；二是研究中有无发现例外或本论文尚难以解释或解决的问题；三是与先前已经发表过的研究工作的异同；四是本论文在理论上与实用上的意义与价值；五是对进一步深入研究本课题的建议。

以上对比表明，专利中的有益效果和权利要求两部分的内容综合后，可以形成论文的结论。

5）参考文献。专利文件中无需列出参考文献，在论文中一定要列出参考文献，它是反映文稿的科学依据和作者尊重他人研究成果，向读者提供文中引用有关资料的出处，或为了节约篇幅和叙述方便，提供在论文中提及而没有展开的有关内容的详尽文本。被列入的论文参考文献应该只限于那些作者亲自阅读过及论文中引用过，而且正式发表的出版物，或其他有关档案资料，包括专利等文献。

2. 由专利到课题研究

课题就是指我们需要研究、解决的问题。由专利到课题研究就是以专利为课题研究目标的切入点，由专利到课题研究实际上是一种逆向运作，专利可以作为课题研究的成果。

（1）课题研究相关要求。专利应先行于课题研究，课题研究在申请立项过程中，应对国内外知识产权状况应当进行调查分析，以此作为确定研究开发路线和知识产权工作重点的依据，避免研究开发的盲目性和低水平重复。同时，明确课题研究拟达到的知识产权目标，包括通过研究开发所能获取的知识产权的类型、数量及其获得的阶段。当以专利的获得作为立项目标和验收指标时，在立项前及项目执行过程中都要进行国内外知识产权状况的调研和分析，提出跨过专利壁垒的途径。

课题研究应和知识产权挂钩，引入知识产权理念。专利要求绝对的创新性，获得专利后再进行课题研究，这样既可以保护课题研究的知识产权，又可以对专利进行机理分析，为工程应用提供技术基础。

（2）课题研究的技术内容。课题研究的技术内容有总体目标和创新点，主要内容及所需要解决的技术关键以及开展的技术路线，专利技术二次开发专项申请项目要求着重描述如何通过创新形成新的专利技术。具体的成果定性、定量考核指标；成果的表达形式，能否申请并获得专利。课题研究要求各行业都不相同，主要包括：

1）趋势判断和需求分析。国内外现状、水平和发展趋势（含知识产权状况和技术标准状况）；经济建设和社会发展需求；科学技术价值、特色和创新点。

2）研究内容和技术关键。项目研究的总体目标和创新点，主要内容及所需要解决的技术关键以及开展的技术路线（技术路线图），专利技术二次开发专项申请项目要求着重描述如何通过创新形成新的专利技术。

3）执行年限和计划进度。按季度、年度列出计划进度和关键的、必须实现的节点目标。

4）工作条件和环境保障。已经具备的研究基础；项目组织机制设计；产学研结合加快工作进展的设想。

5）成果形式和考核指标。具体的成果定性、定量考核指标；成果的表达形式，能否申请并获得专利。包括：①主要技术指标、形成的专利（申请不同类别专利数和可望授权专利数）、标准（标准草案和形成的技术标准水平）、新技术、新产品、新装置、论文专著及其数量、指标和水平等；②项目实施中形成的实验室、研发中心、示范基地、中试线、生产线及其规模等；③经济考核指标；④人才培养情况。

6）绩效考核目标、预期效果和风险分析。项目成果对社会发展所起的作用；经济效益和产业化前景（预计年产值、年利润、年节汇、年创汇、年节能等）；对环境影响程度及资源综合利用情况；可能的技术风险；可能的市场风险。

7）主要研究人员情况。项目责任人和主要成员简历（学历、工作经历、论著、近几年重要成果及获奖情况等）。

8）经费预算。从上述课题研究的主要技术内容可以看出，课题研究申报类似于可行性研究报告，而专利文件比较简单，类似于一般的说明书，其容量相差较大、格式要求不同，因此，需要以专利为基础进行扩写，增加研究范围，并通过二次开发引申新的专利和论文。

1.4.3 转化要求及相互关系

1. 转化要求

以上简单地论述了专利与论文的转化，但有必要指出，在专利未受理时，请不要急于发表论文，取得专利后再进行论文编写、专著出版。一般在获得专利申请号后，就可以发表论文、出版专著，取得著作权。如果在专利申请前发表论文或专著，对专利申请有直接的负面影响，破坏了随后申请专利的新颖性。通过论文、专著创作，进一步提高专利的附加值。由专利到论文不是简单的文字转换，而需要按照论文要求创作，将专利中没有表述的问题予以论述，例如，结构的受力分析，有关计算等。借助于专利的创新性，由专利到论文、专著，可以保证论文专著的创新性。

对设计人员来说，劳动成果的有效保护只有著作权和专利权。发表论文、出版专著，这是取得著作权。而对发明的保护，只能通过专利权的取得。为保护自己的利益和知识产权，申请专利是唯一出路。在科技创新过程中，必然伴随着发明创造的产生，这些发明创造将是重要的无形资产；这些无形资产若不加以保护，就会使设计者花费大量心血得到的发明创造付之东流，从而失去在科技市场的竞争力，损失许多应有的社会效益和经济效益。

同时，我们要了解工程设计中的创新性成果，如果未申请专利，不仅无法受到知识产权保护，而且在后续工程实施的过程中，会使成果公开，这就为成果的失密和他人抢先申请专利造就了条件。因此必须也只能依靠专利保护自己的成果，因为专利不讲水平而只认唯一性。

2. 相互关系

综上所述，专利、论文和课题研究共同点是都需要创新，不同点是发表的先后次序有要求，技术内容有所不同，综合分析详见表1.2。

表1.2　　专利、论文、课题研究的要求和相互关系

比较要素 \ 知识产权形式	专　利	论　文	课题研究
基本要求	科学发明的公开，往往是以专利形式体现的，对发明的保护，是专利权的取得；专利不讲水平而只认唯一性	科学发现的公开，是发表论文、出版专著，取得著作权；获得专利后，再发表论文和专著	研究未动，专利先行；应以专利和论文的获得作为立项目标和验收指标之一

续表

比较要素 \ 知识产权形式	专　利	论　文	课题研究
技术内容	发明，是指对产品、方法或其改进所提出的新的技术方案 实用新型，是指对产品的形状、构造或其结合所提出的适于实用的新的技术方案	科技论文应该具有科学性、首创性、逻辑性和有效性，这也就构成了科技论文的基本特征	(1) 项目的意义和必要性； (2) 研究内容和技术关键； (3) 计划进度及研究成果； (4) 预期研究成果推广应用的前景
关键词	只谈怎样做，不提为什么	既谈怎样做，又论为什么	以获得专利、论文为课题研究目标

第2章
大跨度挡潮闸概念设计

大跨度挡潮闸设计，门型选择是关键点，也是难点，通过对现阶段门型结构的分析，提出3种挡潮闸门型创新方案。

网架结构门型、柔性门型、分节浮箱式门型，结构型式不同，启闭方式不同；彰显创新概念设计，探讨大跨度挡潮闸的未来。

有必要指出，3种创新门型的提出，仍处于概念设计阶段，不可能马上走向市场，但独特的设计创意将带给人们启迪，激起设计思想的撞击和感动，会不断促进门型受力体系的创新。在大跨度挡潮闸的设计进程中，我们将会看到一个设计理念是如何逐渐演化和成长的。

挡潮闸是一种新的类型水闸，主要功能是挡潮，多数需要考虑通航，因此，要求有较大的跨度。大跨度闸门尺寸大、重量大，传统的水闸设计已难以适用，期待创新设计。设计必须要突破传统型式，需要改变门体结构型式、改变运行方式，在大跨度挡潮闸的设计中，展现新技术、新材料、新工艺的应用，体现出水利工程设计的科学技术含量。

大跨度挡潮闸设计，其关键点和难点在于门体跨度、启闭方式、启闭时间，这就要求我们不能"墨守成规"，需要应用思维的力量，打破常规设计，创造性地构思。本章列举了"网架结构门型""柔性门型"和"分节浮箱式门型"，3 种完全不同的大跨度门型，受力体系、制作材料、运行方式都不相同。与常规的水闸相比较，有所突破、有所创新，提供了一种解决大跨度挡潮闸的思路，可作为大跨度挡潮闸门型选择参考。

2.1 大跨度挡潮闸的现状和未来

大跨度挡潮闸工程涉及水工建筑、土力学、结构力学、金属结构、机械、电气、工程地质和施工技术等，是一项综合性很强的工程。需要在使用功能确定的情况下，用整体的概念来完成结构总体方案设计，并能有意识地处理构件与结构、结构与结构、结构与设备的关系。此时运用概念设计的思想，能使得方案设计的思路进一步得到拓宽，更能从全局分析问题和解决问题。可以说，挡潮闸工程设计中运用概念设计的思想，将会使设计思路得到拓宽和升华，是展现先进设计思想的关键。

创新理念与设计实践的结合，发挥创造性的思维，设计出具有新颖性、创造性和实用性的新产品。从挡潮闸的功能需要出发，采用新材料、新方法、新技术，设计出具有新颖性、创造性和实用性的新产品。

创新就是"思维超常"和"构思独特"，创新贵在超常，创新也需要独特。在创新设计中，关于创新对象的构思是否独特，可以从创新构思的新颖性、开创性和特色性 3 个方面来考察。

2.1.1 大跨度门型现状

大跨度门型不仅用于挡潮闸，同样，防洪闸也有应用，其功能和作用不完全一致，但主要特点相同。本节摘录的两座大跨度防洪闸，因其外貌与荷兰的两座挡潮闸相同，因而带来"窃窃私语"的争议。作者认为，门型外貌虽然相同，但引进后其内涵都有重大的创新，不是简单地抄袭。从创新的角度审视这两件作品，还是有可圈可点之处。

1. 大跨度挡潮闸

我国拥有1.8万多km的海岸线，分布着大大小小约1800多个入海河口。风暴潮对入海河流的影响甚大，为能有效地防止风暴潮，唯一的办法就是在河口建挡潮闸，将风暴潮挡在河口以外。

挡潮闸给水闸设计带来许多创新的思路，国内外在河口建挡潮闸较多，遍布世界各地，仅荷兰三角洲就有十余座，如图2.1所示，荷兰的围海造地、海堤、挡潮闸建设为水利工作者提供了丰富的教材。以下对世界上现有挡潮闸中的具有不同特色的挡潮闸予以综述，便于对挡潮闸有个概略的认识，从中激发创新设计灵感，从而进行专利创作。

现有的挡潮闸门型多种多样，有直升门、弧形门、三角门和卧倒门等，但门体受力体系均是钢结构的主次梁或桁架；门型虽然有所不同，而门体均为钢闸门；由于挡潮闸跨度需要很大，为了满足闸门的刚度和强度，闸门需要的尺寸大、重量也大。如荷兰鹿特丹新水道挡潮闸横卧在宽360m、深17m的新水道上，为空腹式弧形闸门，单扇门体重达1.5万t，其支臂与固定在河道的球形联轴就重达600t；如此大重量的门体，也使整个土建结构相应增大；门体重导致启闭力大，启闭时间长，一般需1h以上。在涨潮的过程中关闭闸门，启闭时间无疑会影响挡潮效果。

针对现状大跨度挡潮闸门型存在的不足，研究表明对于大跨度挡潮闸，减小闸门自重和降低闸门启闭力是关键；为此，门型结构的受力体系需要"脱胎换骨"。挡潮闸门型是世界性的难题，尽管门型在不断创新，但还是不尽如人意，目前挡潮闸的门型存在着诸多问题，尺寸大、门体重，启闭设备大、启闭时间长等。现有的挡潮闸门型已不能满足工程需要，水利建设需要科技进步，需要创新门型。

（1）苏州河河口水闸。该闸位于苏州河与黄浦江交界的苏州河口，采用单跨100m底轴驱动翻板水下卧倒闸门，防御黄浦江千年一遇高潮位，规模为国际同类型水闸之最。工程提出了特大跨度底轴驱动翻板闸门门型作为水闸挡水结构，实现双向挡水、启闭灵活、无碍防汛和通航、协调环境等功能；提出了"分体制作、现场集成、整体协调"总体布置技术路线和结构方案，解决了城市狭小空间建设水利枢纽与文化景观、生态环境及重要建筑物保护和不断航不断流施工难题。

苏州河河口水闸采用新型底轴驱动式翻板闸门的方案，使闸门受力结构从

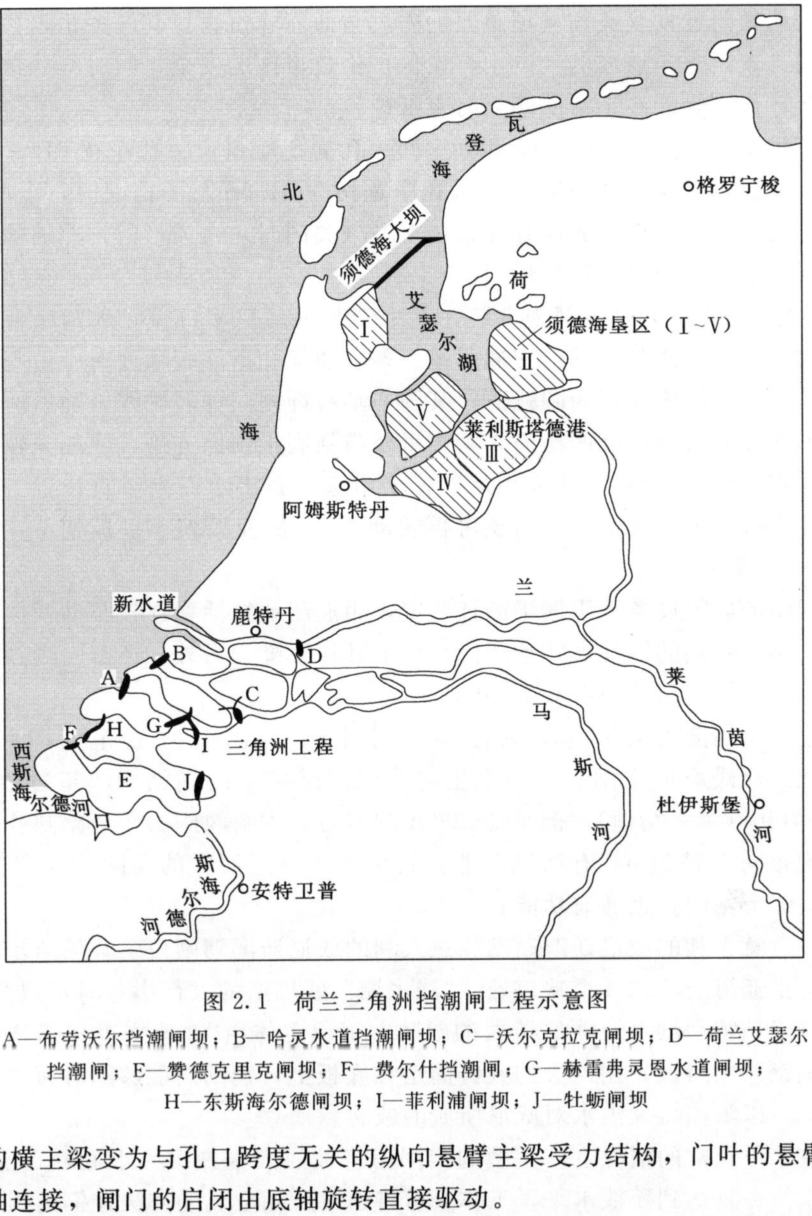

图 2.1 荷兰三角洲挡潮闸工程示意图

A—布劳沃尔挡潮闸坝；B—哈灵水道挡潮闸坝；C—沃尔克拉克闸坝；D—荷兰艾瑟尔挡潮闸；E—赞德克里克闸坝；F—费尔什挡潮闸；G—赫雷弗灵恩水道闸坝；H—东斯海尔德闸坝；I—菲利浦闸坝；J—牡蛎闸坝

常规的横主梁变为与孔口跨度无关的纵向悬臂主梁受力结构，门叶的悬臂固端与底轴连接，闸门的启闭由底轴旋转直接驱动。

水闸基础为3个钢壳浮式沉井加钢管桩支承的闸墩，闸墩兼作启闭机房，闸底板采用空箱薄壁混凝土结构，闸门底轴安装在底板上，通过启闭机房内的液压设备驱动。除启闭机室、水闸底板支承墩及上下游护坦需现场施工外，其余均采用预制构件，在厂内或船坞内制造完毕后，经黄浦江浮运至现场沉放，保证施工期间河道不断流、航道不断航。

(2) 英国伦敦泰晤士河防潮闸。该闸位于英国泰晤士河伦敦桥下游 14km

的锡尔弗敦附近，是英国一项重要的防洪与通航建筑物。其任务是阻拦北海风暴潮涌进泰晤士河造成的大洪水，以保护伦敦市区的安全，同时维持该河的正常航运，使海轮能在正常涨潮之时直抵伦敦。

该闸全长578m，共分10孔，中间4孔为主航道，每孔净宽61m；南岸2孔为副航道，北岸4孔不通航，每孔净宽均为31.5m。不挡潮时，全闸10孔可适应河水正常通过。通航各孔采用上升（关门时）式弧形门；非通航各孔采用普通下落（关门时）式弧形门。

中墩厚7～10m，内部为空腔，其中安装闸门启闭机械。水闸底板为预制的空腔结构，两侧各有圆形交通廊道一条。通航孔道底板顶面有一道与闸轴线平行的凹槽，凹槽底面为圆弧面，其圆心轴线即闸门的转轴线。通航时，闸门的弧形面板滑入闸底板凹槽内，闸门里板与闸底板顶面齐平，使船只畅行；挡潮时，将闸门上转90°，使面板从凹槽中滑起，露出水面到竖直位置。这种闸门设计合理，工作灵活。闸门还可再转动90°，使面板朝上里板朝下，以便于检修。

闸门的启闭设备采用摆梁链杆装置，用液压油缸活塞连杆驱动摆梁，然后通过与闸门销接的链杆来转动闸门，以上升和下降。另外，还有一套锁定装置固定闸门，使闸门关闭有双重保险。

泰晤士挡潮闸宽520m，共有10个闸门，9个闸墩。有4个宽61m，有通航功能的浮式扇形主闸孔。每个主闸孔闸门是中空的钢结构，超过20m高，重达3700t（带平衡锤），能承受9000t的压力。主闸两侧的2个副闸孔和主闸孔结构相同，宽31m，有通航功能。其余4个靠近河岸的副闸孔为宽31m的升降式弧形闸门，无通航功能。

（3）意大利的威尼斯潟湖闸。意大利的威尼斯潟湖闸位于威尼斯水域潟湖与亚得里亚海交汇的3个缺口处。“涨水期”威尼斯的大街小巷时常遭受水淹，该闸可阻挡特大洪水对威尼斯城的威胁。工程主体由79座宽度、高度都为约20m的钢闸门组成，用巨大的铰链固定在底板上，钢闸门能够随着海水水位进行升降，以阻挡特大洪水对威尼斯城的威胁。

在水位正常的情况下，大型的钢闸门将被注满水并沉入水底，在涨潮时，海水水位一旦达到警戒水平，工作人员将通过压缩空气的方法让钢闸门完成排水，届时钢闸门将升起并挡住海水流入泻湖。在整个工程彻底完成后，由78块钢闸门组成的堤坝将把泻湖地区的3个入口全部封死。整个工程预计在2016年之前顺利完工。

（4）荷兰东谢尔德闸。举世闻名的荷兰三角洲工程位于荷兰西南部的沿海地区，莱茵河、马斯河与谢尔德河三条大河在这里入海，形成了口门众多、河网交错的河口三角洲。

东谢尔德河口筑坝工程则是三角洲工程中技术难度最大的工程。东谢尔德河口宽 8km，最大水深 40m，主汊道宽约 2km 的强潮河口，同时还有北海强劲风浪袭击的恶劣条件，设计和建造一个能随时启闭的挡潮闸，其工程难度在世界上也是罕见的。

新的三角洲方案批准实施时，东谢尔德河口尚剩下总宽约 3km 的 3 个汊道，其中哈门汊道宽 1265m，拟建闸长 675m；东谢尔德挡潮闸位于东斯海尔德河口。该河口宽 8500m，最大水深 40m。原计划采用建坝方式进行封堵，后因生态保护的呼声日益高涨，要求开敞使潮水能进能出，故为了既能保持原有自然生态环境，又能保证人民生命安全，修改了原方案，采用了修建开敞式挡潮闸的方案；即平时闸孔敞开，风暴时将闸门关闭挡潮。这座闸建在该河口的 3 个深槽部位，总长 3000m，共 65 个预制钢筋混凝土闸墩，62 孔闸门（两边孔无门，用堆石体挡潮），每孔宽 45m。闸门采用液压启闭，并配备有自动控制操作及监测系统。闸门枢纽的其余部分则为在执行原筑坝封堵方案时已修建在浅滩上的坝和人工岛，后变成了闸体与两岸的连接体。

该工程的难点之一是地基处理，因为地基的任何过量变形都将影响到闸门的启闭。

（5）荷兰马斯兰特闸。新沃特伟赫河阻浪闸的投资兴建有极其重要的经济价值，每年有约 8 万艘船只在新沃特伟赫河道来往运行。船只的装卸速度日益重要。所以该阻浪闸的设计和实施的一个重要前提是，在整个施工工程中，这条深 17m、宽 360m 的运河正常航运不受影响。阻浪闸系统包括活动钢架结构、闸坞和庞大的自动推进装置。每个可活动的闸门由一个高 22m 的滑力墙和横架梁组成，横架梁把闸门连接于直径 10m 的球冠接头。

马斯兰特工程承建联合集团独特的设计方案还兼顾了鹿特丹港的水路通畅，一般情况下阻浪闸停置于岸上的闸坞即使对整个闸系统进行维护和保养时航运也不受影响。

阻浪闸适用于抵御特大洪水。水泥灌注而成的地基犹如巨大的缓冲垫，当洪水来临时坚固庞大的地基可以充分承受洪峰对闸门的冲击力。

在闸门下沉至正确位置之前，水流产生强大的冲击力，冲刷闸门底部以清除河流淤积物。为了防止水流冲击力对河床的破坏，闸门下沉至混凝土制成的站台。

（6）荷兰鹿特丹新水道挡潮闸。该闸位于鹿特丹新水道河口，是保护三角洲地区不受北海风暴潮袭击的大规模防潮工程的最后一部分，于 1996 年竣工。该闸设计新颖、技术先进，横卧在宽 360m、深 17m 的新水道上，由两个庞大的支臂组成，在支臂顶端各装有一扇高 22m，内设压载水箱的空腹式弧形闸门。两支臂与固定在河道两端的两个各重600t的球形联轴节相连，并以其为中心转动。当两支臂在河心合龙时，即可将河道封闭，将海潮阻挡在闸门以外。该闸闸体平时停靠在河道两岸的泊坞内，需要关闭时随着其支臂的合龙，先将闸体浮移主河道就位，然后再向其内压载水箱充水，使其沉至建造在河床上的闸门底槛上。开闸时，先将闸体内的水排出，使其浮起，然后随着其支臂的移动再将其浮移回原停靠位置。该闸可抵御高至70万kW的潮水冲击力，即相当于可抵御万年一遇风暴潮的袭击。它的建成在三角洲地区形成了防御北海风暴潮的一个完整的封闭圈，减轻了当地防潮洪压力，足以保证该地区长远可持续发展的需要。

2. 大跨度防洪闸

大跨度门型防洪闸也有应用，以下仅摘录两座大跨度防洪闸。

(1) 南京三汊河口闸。该闸位于江苏省南京市秦淮河东支流三汊口长江入口处，具有城市防洪、排涝、调水等综合功能。双孔护镜门，单孔净宽40m。单扇门为半圆三铰拱钢结构，门高6.5m，拱内圆半径为21.2m，拱外圆半径为22.8m。圆拱两端通过球铰支撑在闸墩上，挡水时为受压拱。三铰拱结构减小了门体的断面尺寸，因此，减小了闸门自重和启闭力，同时也减小了闸门制作和安装误差以及温度变化对门体产生的影响。

护镜门为双吊点，吊点间距为42m，采用2×1500kN盘香式启闭机操作。

【点评】上述护镜门，门体为两端绕拱脚处的支铰装置轴转动的圆弧拱形门体。南京市三汊河口闸双孔护镜门，门型设计参考了荷兰护镜门的外观，在具体布置和具体结构设计上有许多突破和创新。门体为三铰拱，可节省结构设备的工程量，同时降低了设备的制造难度；支承传力装置为支铰装置，门体操作设备为盘香式启闭机操作等。

(2) 江苏常州钟楼防洪闸。钟楼防洪控制工程位于江苏省常州市钟楼区京杭运河改线后的新京杭运河上，主要控制太湖流域湖西地区的高水南下，防洪与航运以常州市钟楼防洪控制工程的平面弧形双开闸门为背景开展模型试验研究。该工程内运河宽90.0m，采用平面弧形双开闸门，该闸门采用半径为60m的对称双扇弧形门，单侧闸门面板弧长58.357m，闸门孔口净宽90m，闸室段长37.0m。

平面轨道弧形对拉门是一种圆弧形新门型，国际上虽有类似工程，但结构构造形式不同，启闭方式亦不同。该工程在水闸体型上充分吸收国外先进理念，结合我国实际，采用具有创新特征的平面轨道对拉式闸门，为我国大型水闸设计走出了一条新路。

平面弧形双开闸门型式具有新颖、跨度大、运行方式独特等特点，同时具有弧形闸门和横拉门的特点，对于大跨度低水头的城市防洪工程具有重要的应用价值。该闸门型式显然改善了水利工程的运行、航运等工作条件。

荷兰马斯兰特挡潮闸与常州钟楼防洪控制工程均是在具有通航功能的河道上兴建的大单孔钢结构节制闸，在其外形特征上具有较强的相似性，但工程运行方式、启闭设备、清淤方式、支铰结构等结构型式及使用功能等，两座闸有着诸多不同点。

钟楼防洪控制工程所采用的门型，更像是融合了三角门与横拉门优点的一种创新门型，其独特的运行方式、简单而可靠的新型启闭装置、有效的主动清淤型式等一系列新技术、新方法，造就了一套具有创新特色的大跨度新型闸门结构型式，详见表2.1。

【点评】钟楼防洪闸对组成工程的主要系统进行分解，然后针对各个局部加以改进，提出问题，找出缺陷，再从材料、结构、功能等方面加以改进，这也是一种创新。

从专利角度看，该防洪闸的构造、技术方案或制造方法都是一种专有的，有创造性的，因此，基本是一种新创造。

表2.1　常州钟楼防洪闸对比分析及创新点

比较项 工程名称	门体结构	运行方式	启闭设备	清淤方式	支铰结构
常州钟楼防洪闸	双扇弧形门，钢结构	底轨上滑行	绳鼓启闭机	门底“刀”型结构，使闸门在行进过程中清除淤泥和杂物	自润滑球关节轴承，支铰轴向平面旋转
马斯兰特挡潮闸	双扇弧形门，钢结构	先浮运，后充水下沉，排水浮运	自动推进器	利用闸门前后所形成的水头差，让闸门下的高速水流冲刷底板沉积物	球冠接头，支铰需要平行运动和上下较大范围运动
点评	门型结构相同	运行方式可靠、可控	结构简单、操作简便、控制灵活，而且易于保养和维护	①主动式清淤；②被动式清淤，效果难以保证	便于现场安装，操作方便

3. 大跨度门型综合

综上所述，大跨度闸门形式多样，随工程对象、所处位置和功能要求而变化。现状大跨度门型主要有直升门、弧形门和三角门，跨度大的采用弧形门较多，所用门型的共同点是门体均为钢结构。使用功能有挡潮、防洪，大多数有通航要求，少数不通航，详见表2.2。

表2.2　大跨度门型应用实例

名　称	闸孔宽度（孔径/m×孔数）	门　型	通航状态	启闭设备/kN
上海苏州河河口水闸	100×1	单扇底轴翻板门	通航	液压启闭 2×2×6300
浙江曹娥江大闸	20×28	直升门	通航	液压启闭
英国伦敦泰晤士挡潮闸	61×4	旋转扇形门	通航	1×15260
意大利威尼斯潟湖挡潮闸	20×20	浮箱卧倒门	通航	沉浮旋转
荷兰马斯兰特挡潮闸	360×1	双扇弧形门	通航	浮运，推进器
荷兰哈灵水道挡潮闸	58×17	弧形门	通航	自动推进器
俄罗斯涅瓦河口挡潮闸	200×1	双扇浮箱扇形门	通航	推进器
江苏三洋港挡潮闸	15×33	直升门	不通航	卷扬机
江苏常州钟楼防洪闸	90×1	双扇三角闸门	通航	绳鼓启闭机
南京市三汊河口闸	40×2	护镜门（弧形门）	不通航	盘香式启闭机 2×1500

2.1.2　大跨度门型展望

大跨度挡潮闸（防洪闸）的关键技术在于门型，基于对关键技术的理解，从创新设计的角度出发，对大跨度门型作出时代展望。探讨大跨度挡潮闸门型的研究方向，提出如何将新思维有效地转化为专利技术。

1. 大跨度挡潮闸的特点

挡潮闸挡潮时间短，且基本都有通航要求，因此，跨度要求大；施工不方便，要考虑不断航施工，年运行次数较少等特点。

大跨度挡潮闸跨度大，设计的主要功能是挡潮，其关键点、难点为：①门体跨度大，如果采用传统的钢结构，为满足刚度和强度要求，厚度必然大，自重也大；②大门体需要的启闭力大，启闭时间长。

背景技术分析表明，要解决大跨度门体的结构问题，首先必须突破常规的闸门跨度对闸门结构的制约，寻求一种能适用于大跨度的新型闸门。

2. 大跨度挡潮闸的发展方向

(1) 门体材料期待不断改进。传统的门体材料有钢材、混凝土，重量大、钢材易腐蚀、施工难度大、启闭力大、运行成本高；大跨度门体材料是一个突破口，需要高强轻质材料，例如，复合材料、碳纤维、有机材料和塑料等非金属。

(2) 寻求合适的门体结构形态。目前，传统的门体结构主要有平面门、弧形门，对于大跨度挡潮闸，传统的门体结构形态已难以满足要求，需要开发新的结构形态，如悬索结构、网架结构、拱形结构、多种体系混合结构等。

总而言之，大跨度门型的关键技术在于：材料强度充分发挥作用，闸室结构简单，施工方便、安装过程简单，结构艺术性强，需要形成景观效果。抓住了这些问题，明确了方向，也就会有创作的选题。

2.1.3 概念设计是大跨度门型创新的灵魂

德国学者 G. Pahl 和 W. Beitz 指出，在确定设计任务之后，通过抽象化，拟定功能结构，寻求适当的作用原理及其组合等，确定出基本求解途径，得出求解方案，这一部分的工作叫做概念设计。

概念设计是整个项目设计的灵魂，设计师在这一阶段所形成的构思创意，往往决定着整个项目综合矛盾的解决方向和主导思路。概念设计的思想将贯穿设计的全过程，并且随着项目向纵深方向发展而不断得到完善。

设计是从无到有的创造性过程，一般来说，先有构思然后再付诸实际。对于大跨度门型设计，同样应该先有一个总体的设想，再进行具体结构和细部的设计。在背景技术分析的基础之上，结合大跨度门型的特有属性，从设计定位到方案初拟，再通过不断的方案优化，直到比选得出最终方案的概念设计。

概念设计在工业领域应用较多，对新的时尚、技术和功能的探索往往首先通过概念设计来完成。可以认为，概念设计已经成为产品创新的核心。

概念设计的关键在于创新。但概念设计并非胡思乱想，应该同时具备创新性、先进性、协调性和可行性 4 大特点：

(1) 创新性。指门型结构体系和造型设计的独创性和原创性。当然，这不是说不能使用业已存在的门型结构体系，而是必须以新的手法、新的视角加以运用，赋予门型新的生命。

(2) 先进性。概念设计要求设计师立足于时代最先进性的技术和社会意识，有足够的勇气去尝试新的东西，新技术、新材料、新工艺的应用，凝聚先进的技术成果，使其处于时代的前端，否则就谈不上是“概念设计”。

(3) 协调性。指大跨度水闸与自然或人工环境、人文环境等的协调一致，也包括水闸结构本身各个部分的协调。

(4) 可行性。概念设计在实现了结构体系和造型的创新，满足了材料、工艺的先进性的基础之上，还要考虑所做设计是否经济合理、是否符合国家政策和行业标准、是否满足功能要求、是否安全可行以及是否能由工程实现，否则概念设计只能是纸上谈兵。

合理的门型会使得结构本身不仅能够满足使用要求，还能在不做或少做装饰的情况下呈现出力感和美感，给人以精神上的享受。反之，一旦门型选型不合理，造型不当，建成后虽然能够满足使用功能，但或因投资过大而造成浪费，或因其杂乱无章、呆板单调、与环境格格不入的外在形象而遭诟病。

优秀的门型设计，在应用上，要充分满足功能的需求；在安全上，要符合承载和耐久的需要；在技术上，要体现科技和工程的新发展；在造型上，要与建筑艺术融为一体；在建造上，要合理用材并与施工实际相结合。

2.1.4　大跨度门型创作中的方法

本章所述 3 个大跨度挡潮闸的创新设计，就方法而言，主要可以归纳为列举法。在创新设计中，通过列举法寻找创新的起点，由此，我们也就找到了专利创作的选题。列举法有特性列举法、缺点列举法和希望点列举法，我们只需大致了解，在背景技术分析中即可应用。

1. 列举法

(1) 特性列举法。特性列举法是美国布拉斯大学教授 R. 克劳福特发明的一种创造方法。克劳福特认为每个事物都是从另外的事物中产生发展而来的。一般的创造都是旧物改造的结果，所改造的主要方面是事物的特性。此法就是通过对须革新改进的对象进行观察分析，列举该事物的各种不同的特征或属性，然后确定需改善的方向及如何实施。

一般来说，要解决的问题越小则越简单。特征列举法就容易获得成功。例如，要革新一辆汽车，若从整体着手，往往一时难以得出新的设想，因为它涉及面广，很难一下子把握住。为此可对组成汽车的主要系统进行分解，然后针对各个局部加以改进。

(2) 缺点列举法。任一产品或商品，都不可能是十全十美的，或多或少有这样或那样的缺点。然而，对于习惯了的事物，人们往往不容易，甚至不愿意去发现它的缺点。相反，如果对产品“吹毛求疵”，有意去找毛病，然后用新的技术加以改革，这样就会创造出需要的新产品。

缺点列举法是抓住事物的缺点进行分解，以确定创新目的的创造方法。此法与特性列举法相比，有其独到之处。特性列举法列出的特性很多，逐个分析需要花很多时间。缺点列举法的特点是直接从社会需要的功能、审美、经济等角度出发，研究对象的缺陷，提出改进方案，简便易行。此法主要是围绕着原事物的缺陷加以改进，一般不改变原事物的本质与总体，属于被动型的方法。它一方面可用于老产品的改造，也可用在对不成熟的新设想、新产品作完善工作，另外还可用于企业管理方面等。

（3）希望点列举法。希望点列举法是通过提出的种种希望，经过归纳，确定发明目标的创造方法。希望点列举法是从发明者的意愿提出各种新设想，它可以不受原有物品的束缚，所以是一种积极主动的创造方法。

2. 实施步骤

应用列举法对挡潮闸的背景技术进行分析，现有大跨度挡潮闸有以下问题：

（1）门体重量大。

（2）需要启闭力大。

（3）需要启闭时间长。

（4）运行费用大。

（5）门体制作难度大。

（6）不断航的进行施工，施工难度大。

针对所列缺点逐条分析，研究其改进方案或能否缺点逆用、化弊为利；有时一个项目，问题很多，难以全部解决，可以选取一两个关键点。根据门型所满足的需要启发我们的创新思路，寻找更好的方法；根据列举的因素，可拓展创新设计。

在形成概念方案的过程中，我们应该清楚地知道，一个专利有1～2个亮点即可，想要方案构思及表达的各个方面都出众，十全十美，是很困难的。一个专利只要有1～2处出彩的地方就可以达到脱颖而出的目的，就能获得专利成果，概念设计也是如此。

综上所述，列举法是本章3个专利创作的主要方法，详见表2.3。对于其中具体的一个专利，也还蕴含着其他方法和机理，这一点在方案构思中予以阐述。

表2.3　　大跨度挡潮闸专利创作方法简析

专利简称	基本方法	构思原理	分析要素
网架结构门型	缺点列举法	移植原理	门体重量、启闭时间
柔性结构门型	希望点列举法	移植原理	跨度大、重量轻
分节浮箱门型	缺点列举法、希望点列举法	微积分原理、移植原理	列举缺点，改变启闭方式

2.2 网架结构门型方案研究

通过对现状门型结构分析，提出网架结构门型创新方案；在跨度方向采用拱形网架结构作为门体受力体系，塑料面板，以塑代钢、不生锈，免维修保养；充分利用网架结构的特点，大跨度、重量轻；同时，创新采用圆弧形凹形槽作为行走和支撑轨道，使门体的支撑和行走合二为一，合理地解决了大跨度门页的支撑和行走机构；网架结构门型，设计方案新颖、论证充分；进行了结构分析，并阐述了实施方法。

2.2.1　方案构思

对于具体的专利创作，所谓“方案构思”，就是为解决所存在的技术问题而构建完成的思路，也就是利用现有的技术手段来解决技术问题的思路和想法，其具体体现为技术方案的集合。

专利创作一是要能发现问题，二是要能针对问题提出新设想。

1. 发现问题

发现问题是创新的起点，对培养创新思维是至关重要的。有了发现问题的能力，才能有创新成果。

专利创作一般可以从背景技术分析入手，采用列举法，从分析中发现问题，从而确定创新的方向。发现问题是创新的起点，对培养创新思维是至关重要的。有了发现问题的能力，才能有创新的冲动。

背景技术是对发明或者实用新型专利的理解、检索有用的背景技术；有可能地引证反映这些背景技术的文件，应当尽可能进行现有技术检索，并描述所掌握的最接近的背景技术。背景技术的描述应当与发明内容提出的所解决的技术问题、技术手段以及技术效果等前后呼应。

背景技术表明，风暴潮对入海河流的影响甚大，为能有效地防止风暴潮，唯一的办法就是在河口建挡潮闸，将风暴潮挡在河口以外。现有的挡潮闸门型多种多样，有直升门、弧形门、三角门和卧倒门等，但门体受力体系均是钢结构的主次梁或桁架；门型虽然有所不同，而门体均为钢闸门；由于挡潮闸跨度需要很大，为了满足闸门的刚度和强度，闸门需要的尺寸大、重量也大。如荷兰鹿特丹新水道挡潮闸横卧在宽 360m、深 17m 的新水道上，为空腹式弧形闸门，单扇门体重达 1.5 万 t，其支臂与固定在河道的球形联轴就重达 600t；如此大重量的门体，也使整个土建结构相应增大。门体重还导致启闭力大，启闭时间长，一般开启、关闭均需要 1h 左右。在涨潮的过程中关闭闸门，启闭时间无疑会影响挡潮效果。

简而言之，现有大跨度挡潮闸存在的主要问题有两个方面：①门体重量大；②启闭时间长。

2. 提出新设想及创新方法

(1) 提出新设想。发现问题是创新的起点，提出新设想则是解决问题的关键。

针对现状大跨度挡潮闸门型存在的不足，研究表明对于大跨度挡潮闸，减小闸门自重和降低闸门启闭力是关键；为此，门型结构的受力体系需要“脱胎换骨”。通过对门型结构分析，提出一种网架结构门型创新方案，以网架结构代替传统的主次梁或桁架结构。

(2) 创新方法。事物间的联系是普遍存在的。正是这种联系，我们的思维得以从已知引向未知，变陌生的为熟悉的。这时，我们脑海中发生的联想和类比过程可以看做是事物间的普遍联系在思维中的一种体现。联想和类比法则是这类思维形式在人的创造活动中经验的总结。

所谓移植法是将某个领域的原理、技术、方法，引用或渗透到其他领域，用以改造和创造新的事物。从思维角度看，移植法可以说是一种侧向思维方法。它通过相似联想、相似类比，力求从表面上看来仿佛是毫不相关的两个事物或现象之间，发现它们的联系。

网架结构门型正是移植法的应用。网架是比较普遍的一种大跨度结构，这种结构整体性强，稳定性好，空间刚度大，防震性能好。网架的高度（或称为厚度）较小，能利用较小杆形构件拼装成大跨度的建筑。

网架结构移植到闸门的门体结构中，这是门型受力体系一次理想变革。利用网架结构的特性增大跨度，同时也可以减小门体重量，可节省大量门体结构工程量，采用塑料面板代替传统的钢板，这样既可以增大挡潮闸跨度，也可以减小门叶重量和启闭机械的容量。降低了结构的制造难度，同时也相应减少了土建工程量，减少了施工难度。

采用网架结构门型以一跨或多跨建设挡潮闸，能适应不同的闸址、不同的河口跨度，方便应用。例如，上海市黄浦江长航锚地闸址，采用网架结构门型时，可以为三跨（100m＋150m＋100m）跨越。

2.2.2 网架结构门型方案设计

挡潮闸采用网架结构门型，以实现大跨度跨越河道。本方案以单孔闸为例进行方案设计，多孔闸可在此基础上稍作变通，单孔网架结构门型的主要内容分为构件组成和作用，运行方式两个部分阐述。

1. 构件组成和作用

网架结构门型挡潮闸根据河道宽度确定闸孔数，每孔由闸室结构、门体结构和启闭设备组成，闸室结构由弧形混凝土框架、混凝土圆形塔体和底板组成；门体由网架结构门页、行走构件和支撑构件组成；启闭设备可选择常规的卷扬机。

(1) 整体支撑体系。与常规的水闸闸墩不同，网架结构门体的支撑为两个竖向构件，挡潮侧为一个弧形钢筋混凝土构件，作为门体的支撑和运行轨道；内河侧为一个垂直向筒体，作为闸室的竖向交通，如图2.2所示；两个竖向构件形成前弧后竖，其上部相交处设置启闭机室，为了增加闸室结构的整体性，减少不均匀沉降，宜采用桩筏基础，即两个构件下采用一整块底板，按刚度调平原则进行桩基布置。

整体支撑体系受力合理、传力明确、外形流畅、简洁明快，建筑造型能突出水利景点；启闭机房布置在圆形筒体的顶部，其上部设置观潮、听潮层，通过设在内部的螺旋楼梯实现上下交通，并设置观光电梯。

弧形钢筋混凝土构件采用框架结构，弧线方向为框架柱（梁）作为滚轮行走的轨道，这样可以使滚轮在任何状态下，具有一个向心力，在启闭设备的牵引下紧贴着轨道运行，两端分别固结于底板和圆形筒体。

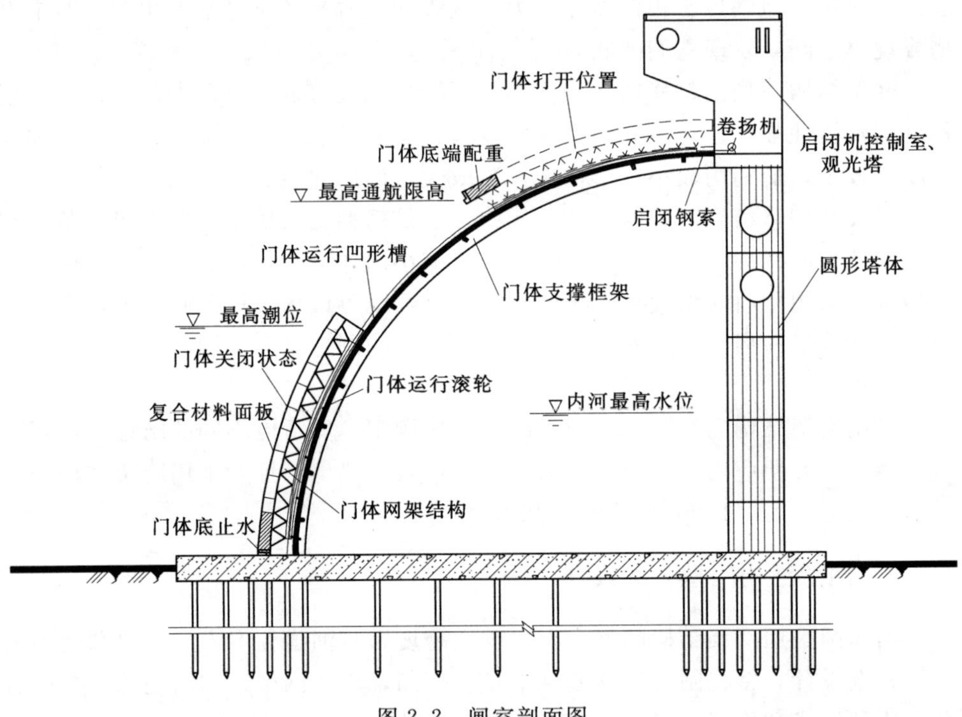

图2.2 闸室剖面图

(2) 网架结构门页。网架结构门页是本创新方案的主要亮点，网架结构是门页的主要受力体系，网架的杆件和节点的形状尺寸大都相同，因而可做成标准构件在工厂生产；这样制作加工方便，还可以提高效率，而且可降低材料消耗，改进节点构造，确保产品质量，并能减少大量现场工作量，提高网架结构门页的制作质量。

1) 门页形状。网架结构门页在垂直水流方向为拱形，其矢高 f 与跨距 L

之比一般为 1/15～1/20，这样可以充分利用材料的抗压性能，节省材料，受力也更加合理；支座处顺水流方向为圆弧形，且支撑框架结构为同心圆。

根据河道断面形状，门页底板可以是水平状，也可以是折线形，可根据河道宽度和断面形状确定，折线形底板与河道形状结合较好。

2）门页面板及锚固。传统闸门多为钢面板，为了减轻网架结构门页重量，本创新方案采用一种高强度塑料面板；采用塑料轻质面板，以塑代钢，不生锈，免维修保养。

为配合塑料面板的使用，网架结构的网格尺寸不宜太大，一般可以采用 2～4m，以便为采用轻型面板提供有利的支撑条件；分块面板的尺寸与网架上弦网格尺寸相同，面板通过螺栓与网架连接，两者间采用橡胶止水；面板直接搁在网架上弦网格节点的支托及梁上，且要求每块面板 4 个角点和边，与网架上弦节点的支托和支托间的连梁采用螺栓连接；螺栓间距按照需要确定，如图 2.3 所示。

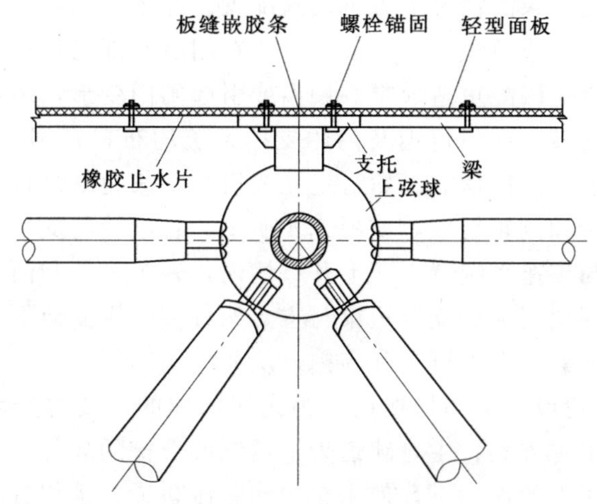

图 2.3 面板与网架的连接示意图

3）门页支撑。网架结构的门页可以采用边支撑网架，也可以采用点支撑网架；因为边支撑网架受力比较均匀，而挡潮闸一般跨度较大，因此，门页宜采用边支撑网架。

门页在不同的工作状态存在着不同的支撑方式，不同的支撑方式有着不同的受力形式。闸门打开时，门页为两边支撑两边开口；闸门关闭（挡水）时，门页为三边支撑一边开口。

由于闸门功能的要求，需要在两对边上开口，因而使网架仅在两对边上支撑，另两对边为自由边。在运用中，闸门打开时，门页为两边支撑两边开口状态。当闸门关闭挡水时，门体与底板简支，门页在原两边支撑情况下，增加了底边支撑，形成三边支撑，一边开口。

上下两个自由边的存在对网架的受力是不利的，为此应对自由边作出特殊处理，一般可在自由边附近增加网架层数或在自由边加设托梁或托架；亦可采用增加网架高度或局部加大杆件截面的办法予以加强。

门页的对边支撑构件可以采用槽形钢梁，门页加上钢梁后组成一个矩形网架结构的门体，槽形钢梁与嵌在凹形槽中的主支架有效连接，以便于将网架的荷载传递给框架支撑结构，再传递于基础。

4）门页配重。卷扬式启闭机对闸门不产生闭门力，门页底端通过计算可以适当配重，增大门体下滑力，以满足关闭闸门时，门体能沿着弧形轨道自行滑动，并且满足关门的时间要求。

在闸门结构、卷扬机功率以及支撑的框架结构都能够满足的情况下，按所需的最大闭门力，计算闸门应具有的重量，以其与闸门实有重量之差作为应增配的重量进行配重。配重增加闸门闭门力，同时亦增加了启门力，因而同样需经验算，在应满足要求的情况下方可实施配置。配重材料可选择比重较大、易于安装施工的混凝土或铸铁材料。配重物应在门页底部对称设置，其重心应在闸门重心线上，避免因配重造成重心偏离或引起闸门变形，影响启闭。

（3）行走与支撑。闸门行走及门体支撑系统均布置在闸室的弧形框架上，在启闭机的驱动下，门体依靠滚轮行走完成启闭。滚轮既是行走设备也是支撑构件，滚轮由主轮和侧轮组成，如图 2.4 所示，各滚轮与支架一起组成门体的支撑系统。行走与支撑系统置于凹形开口槽内，一个主轮和两个侧轮通过支架连接组成一组，网架门页的支撑边梁与主支架焊接，主支架下按需要设置若干组滚轮装置，共同提供上下行走和支撑，从而启闭闸门。

1）主轮。主轮设置于凹形槽内，为网架门体的主要行走和支撑装置，其轴两端上方支撑于主支架；主轮轨道为不锈钢凹形槽的底部，为圆弧形，门体在自身重力或水压力的作用下，使主轮始终紧压轨道，承担着网架门体的垂直荷载，并且在启闭设备提供的动力作用下滚动，启闭闸门。

2）侧轮。侧轮同样设置于凹形槽内，布置于主轮两侧，其轴由侧支架支撑，而侧支架又与主支架（主轮轴）连接；侧轮沿着凹形槽侧壁行走，主要承担网架结构的水平力，并将水平荷载传递于凹形槽侧壁；两侧的侧轮相向设置，有效地提供水平力的平衡，保证了网架门体的支撑和行走。

3）凹形开口槽。凹形开口槽预埋于弧形的混凝土框架上，其纵向与框架同长、同弧度，横剖面为对称形；槽内对称布置主轮和两个侧轮，并通过 3 个支架将 3 个滚轮连接为一组；凹形槽的宽度和深度主要由滚轮的大小决定，槽上方的开口宽度稍大于网架支撑边梁的宽度。

凹形开口槽主要作为滚轮的行走和支撑，实质为网架结构门体的弧形门槽，且具有锁口作用，防止滚轮脱离轨道，并将闸门荷载传递给混凝土框架结构。

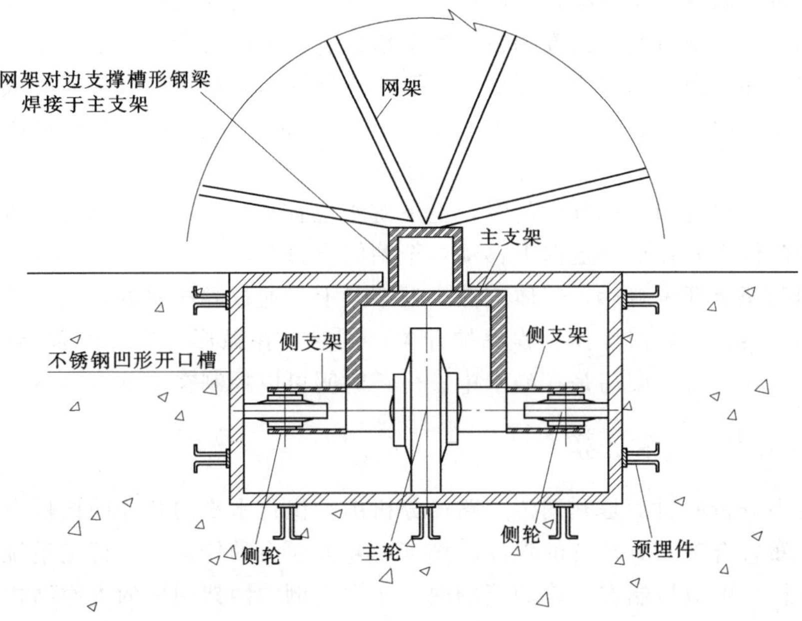

图 2.4 行走与支撑节点详图

4）支架。主支架为U形钢梁，其长度与闸门高相等，宽度大于槽口宽度，并满足主轮的安装尺寸；既是主轮的支撑，又是网架边梁的支撑梁，与网架边梁一起共同承担网架荷载；支撑边梁分为两个U形结构，目的是便于网架门体和行走支撑系统的安装。

侧支架为侧轮的支撑，为一个U形构件，与主轮轴对接；侧支架主要承担网架门体的水平荷载，并通过侧轮将荷载传递于混凝土框架结构。

（4）启闭设备及连接方式。网架结构门体的启闭可采用卷扬机驱动，门体两个支撑边各设一个吊点，两台卷扬机布置在启闭机房内；每台卷扬机引出一根钢丝绳，钢丝绳置于凹形槽内与主支架端头铰接。

闸门启闭时，两台卷扬机应同步运行；卷扬机的同步采用电气变频同步系统，以保证卷扬机转速的同步；通过安装在电动机上的测速仪，由PLC控制变频器，使变频器变频改变电动机的频率，达到纠偏同步的目的，从而使两台卷扬机的转速保持同步。

2. 运行方式

运行方式应根据挡潮闸的运行要求设计。入海河口挡潮闸的运行要求基本相同，一般为涨潮前或涨潮过程中涨至某一特定高潮位时，关闭闸门挡潮；落潮过程中当闸门内外水位齐平时，打开闸门泄水、通航。

（1）关闭闸门。关闭闸门是通过门体自重关闭。闸门于全开位置状态，启动卷扬机逐渐放松钢丝绳，在门体的重力作用下，门体沿弧形轨道自动向下滑行，钢丝绳逐渐打开，由卷扬机控制下滑速度，闸门慢慢向下滑行；弧形轨道导致门体逐渐向下、重力逐渐加大，有效克服浮力，落至闸底板后完成关闭闸门。关闭闸门时间较短，可以控制在 20min 以内，由门体自重和卷扬机转速确定。

(2) 开启闸门。打开闸门时，上下游水位宜基本持平。启动卷扬机，钢丝绳拉动门体沿着弧形轨道向上移动，至闸门全打开。

闸门至全开位置后，门体支撑于框架梁上，通过卷扬机的锁定装置锁定闸门；锁定装置设防误操作行程保护开关；同时，在弧形轨道上设置结构锁定，做到双保险。打开闸门是在静水中进行，时间可以控制在 20min 以内。

2.2.3　结构分析和计算

受力分析的目的是利用传力路径分析图，优化水平向和竖向构件布置；做到构件布置合理，有足够的强度和刚度，并方便力的传递，使行走系统运用自如，结构变形应控制在允许的范围内。在本实例中网架门体的支撑结构为主轮和侧轮，通过受力分析，确定行走装置及支撑结构的合理性。以下仅对几个关键问题予以讨论，以提供一些解决问题的思路。

1. 门体结构分析

网架结构门型在跨度方向采用拱形结构，如图 2.5 所示，其矢高 f 与跨距 L 之比一般为 1/15～1/20。拱形网架结构与常规的网架结构有所不同，既要考虑在跨度方向上的受力，也应考虑门体垂直方向上的结构稳定。跨度方向上可以按照常规网架结构计算，同时应计算垂直方向上网架结构的受力。利用拱的力学特性，使拱形闸门承受均匀水压力。

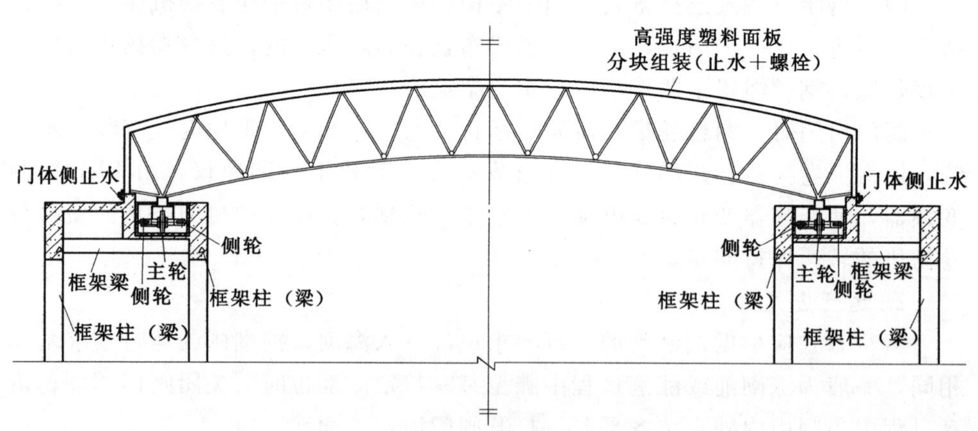

图 2.5　网架结构门型平剖面图

拱形结构在竖向荷载的作用下，在拱脚处将产生水平推力，这是拱结构所具有的一个特点。拱形的网架结构门体在水压力的作用下，同样在拱脚处将产生水平推力；采用主轮和侧轮组合，结构简单，受力明确；保证了将闸门荷载传递于框架，可以有效地化解拱脚水平推力对门体变位的影响。

网架结构门体拱脚采用两个侧轮对撑，结构稳定，不易变形，构造简单，传力明确而直接，有效地将门体所受水压力、自重等荷载传递到框架。凹形槽两个侧向支撑面，互为约束，提高了支撑的稳定性。

门体在开启状态时，悬架于闸室框架的顶端，风荷载、地震作用都比较复杂，需要进行三维有限元分析计算；有条件时，宜进行模型试验。

2. 行走和支撑受力分析

受力分析的目的是利用传力路径分析图，优化水平向和竖向构件布置；做到构件布置合理，有足够的强度和刚度，并方便力的传递，使行走系统运用自如，结构变形应控制在允许的范围内。主轮和侧轮既是支撑结构，也是行走装置；通过受力分析，确定受力的合理性。

网架结构门型为静定空间网架结构。挡水时，闸门承受的水压力由网架传递到支架上，再由支架传递到钢筋混凝土框架；运行十分轻便，结构受力合理。

创新采用凹形槽圆弧形行走轨道，使门体的支撑和行走合二为一；门体两端各有一组行走系统，由主轮和侧轮组成，在为门体提供支撑和行走过程中，主要是通过滚轮组织力的传递，通过主轮和侧轮汇集并完成力的传递。

侧轮的轴支撑通过支架与主轮轴连接，侧轮平行于门体，支撑于凹形槽的侧壁，且在侧壁上行走，为主轮提供水平向的支承力，以抵抗门体的水平荷载。作为支撑体系的滚轮在外荷载和轨道反力的作用下，必须满足静力平衡条件。

3. 门体配重计算

网架结构门体行走于弧形的轨道上，在自重的作用下，必然会产生一个压力和下滑力，如图 2.6 所示；简化计算时可将门体自重和配重各简化为一个质点，分别计算下滑力后叠加。

由图 2.6 可以看出，某一质点 i 在重力作用下产生下滑，其下滑力 F_i 为：

$$F_i = G_i\cos\alpha_i = G_i\cos\frac{L_i}{\pi R} \tag{2.1}$$

式中 F_i——质点 i 的下滑力，kN；

G_i——质点 i（门体或配重）的重量，kN；

α_i——质点 i 的位置与水平线的圆心角，(°)；

L_i——对于圆心角 α_i 的弦长，m；

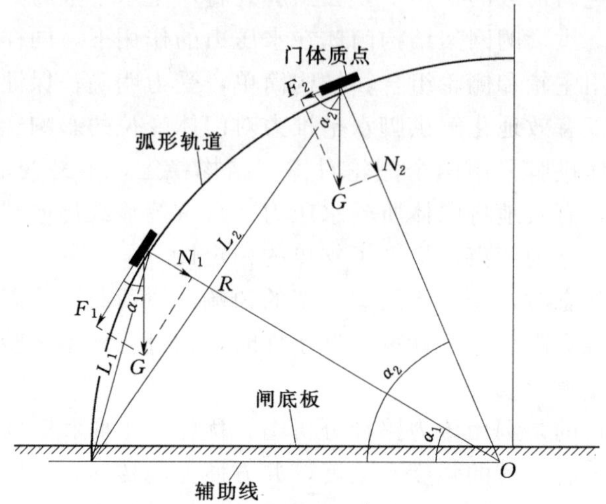

图 2.6　门体配重计算示意图

R ——弧形轨道半径，m。

由式（2.1）和图 2.6 可知，在同一个弧形轨道上，同一质点在弧形轨道上的位置越高，其圆心角越大，则下滑力越小；而同一高度下同一质点，弧形轨道半径 R 越大，则下滑力越大。门体位于闸底板时，下滑力最大；门体打开位置时，下滑力最小；网架结构一般自重较小，为了保证门体在自重作用下，放松卷扬机拉索后能自动下滑，就需要有足够的配重。

在闸门闭落过程中，随着闸门的下落，闸门受到摩擦力和浮力逐渐增大，闸门必须克服这些阻力才能顺利闭落。对于卷扬式启闭机，由于卷扬式启闭机对闸门不产生闭门力，只能靠闸门自重产生；在闸门自重不能满足闭门需要时，门体需要增加配重；配重物一般设置于门体下部顶端，配置的重量按式（2.2）计算：

$$\Delta G \geqslant (\sum F_i - Kf - P)/\cos\alpha_i \tag{2.2}$$

式中　ΔG ——闸门增重，kN；

K ——摩阻力安全系数，一般采用 1.10；

f ——摩阻力，kN；

P ——门体浮力与 f 平行的分力，kN。

2.2.4　实施方法和有益效果

1. 实施方法

闸室为钢筋混凝土结构，由两组竖向构件和底板组成，竖向构件比较集中，可采用钢围堰施工，也可以采用沉井施工；底板为分离式空箱结构，空

箱底板分段先在工厂预制，基础底应先进行冲淤至设计高程，空箱底板分节浮运至现场，灌水后下沉就位，支撑结构和底板不做过多地论述，本实用新型的主要亮点是网架结构门体，因此，以下对网架结构门体的实施作重点阐述。

目前网架结构连接节点的加工技术已很完善，整个网架宜分段制作，现场船上拼接安装，其施工已有成熟的经验可以借鉴，因此，以下从设计的角度简述其具体实施方法的要点。有必要指出，制作安装的工艺多种多样，施工顺序不同，施工的方法也就不同，以下所述只是其中的一种方法。

（1）闸门支撑结构的施工。门体支撑为钢筋混凝土结构，施工过程中应该严格对构件的外形尺寸（特别是曲线形构件中心线位置）以及各点标高进行计算和测量，务必满足设计精度要求。

弧形钢筋混凝土框架结构施工时，应做好凹形槽的预埋。

（2）门页网架结构和面板制作。网架的杆件和节点布置对称，形状尺寸大都相同，因而可做成标准构件在工厂生产；这样制作加工方便，还可以提高效率，而且可降低材料消耗；改进节点构造，确保产品质量，并能减少大量现场工作量，提高网架的工程质量。网架结构门页可以委托专业公司，按设计要求分段制作。

面板采用塑料，按照网架的网格尺寸分块制作，并预留好螺栓孔；按面板支撑长度制作橡胶片，并预留螺栓孔。

（3）行走和支撑装置制作与安装。

1）凹形开口槽。凹形槽为弧形，与弧形框架梁为同心圆；应采用不锈钢分段制作，现场焊接于弧形框架梁的预埋件上，接缝处抛光。

2）滚轮和支架。一组滚轮由一个主轮和两个侧轮组成，由一个主支架和两个侧支架，将一组滚轮组成一套行走和支撑装置；主支架纵向为弧形、截面为U形的不锈钢梁，与凹形槽和门页边梁为同心圆，与门页边梁同弧度、同长；一个主支架下设置若干组滚轮，在工厂内将支架和滚轮进行焊接组装成一套装置，从凹形槽的一端（未封口前）插入；或凹形槽上方两侧挡板先不焊接，行走与支撑装置从凹形槽上方放入槽内，在门页网架安装完成后，再焊接凹形槽上方挡板。

（4）门页网架结构和面板安装。制作好的分段门页运至现场后，先将两个端头门页段与行走支撑装置焊接（或采用螺栓连接），在船上再完成其他段门页网架整体拼接；将拼接好的门页网架运置于闸门开启位置，最后进行面板安装，闸门底止水和侧止水安装。

（5）启闭设备安装。卷扬机按常规要求进行安装，为了保证两侧卷扬机同步，首先要保证闸门吊点同步。当两吊点钢丝绳启闭同步时，卷扬机出绳点到闸门吊点的行程应相等，即钢丝绳的长度相等，这样就能保证闸门两端同步运行。除此之外，同时还应设置电子监测，如安装一套旋转编码器，当转速差超过设定值而同步系统没有纠偏时，系统将停机并发出警报信号。监测、纠偏装置将在自动监控系统设计中论述。

2. 有益效果

网架结构门型方案，创新闸门受力体系，彰显设计概念创新；该门型特别适用于大跨度，且应用灵活；根据河口宽度，可以设计为单孔或多孔组成开敞式挡潮闸，平时闸孔敞开，风暴时将闸门关闭挡潮。

（1）创新方案以网架结构为闸门的主要受力体系，闸门挡潮面为拱形，将拱与网架组合，开拓出新的闸门结构形式，使受力更加合理，满足大跨度门体的需要；充分利用网架结构的特性，增大闸门跨度，同时可以大大减轻门页结构的自重，从而能经济地跨越很大的河道。

（2）采用塑料面板，以塑代钢，不生锈，免维修保养；面板的尺寸与网架上弦网格尺寸相同，面板直接搁在网架上弦网格的支撑梁上，两者间采用橡胶止水片，每块面板四个角点和边，分别与网架上弦节点的支撑和梁采用螺栓连接，施工方便。

（3）创新闸门行走和支撑技术，巧妙地将支撑和行走合二为一，行走的滚轮既可按闸门启闭需要而上下行走，又是门页的支座。主轮和侧轮通过支架有效组合，合理的承担网架门体的水平荷载和垂直荷载，构成了力的平衡，保证了闸门支座受力合理。

（4）采用两个侧轮对撑技术，保证滚轮行走无摆动；通过支架组合，门页两个对边滚轮设置无同轴的精度要求，方便施工安装。

（5）创新弧形门槽技术，采用弧形凹形槽轨道，集轨道、支撑于一体，能有效地防止滚轮脱开，且具有较好的导向性。创新弧形轨道，与混凝土支撑结构同弧度，使行走和支撑结构始终能有一个紧贴轨道的力，受力更加合理。

2.3　柔性门型概念设计

基于背景技术分析，研究表明大跨度挡潮闸设计，应用柔性结构具有跨度大、重量轻的显著特点，将门型创新采用悬索结构，这样既可大跨度飞越河口，也可以大大减轻门体重量，从而减小启闭力，缩短闸门启闭时间和土建工程量；针对大跨度门页的支撑和行走机构的难点，创新采用圆弧形行走轨道，使门体的支撑和行走合二为一；柔性门型概念方案，设计新颖、论证充分，同时进行了结构分析，以便为大跨度挡潮闸门型选择提供参考。

2.3.1 方案构思

第 2.2.1 小节背景技术分析表明，现有大跨度挡潮闸存在的不足和问题是：①门体重量大；②启闭时间长。要解决这方面问题有多种技术构思，从而构成不同的设计方案。

创新方法论告诉我们，事物间的联系是普遍存在的。正是这种联系，我们的思维得以从已知引向未知，变陌生的为熟悉的。这时，我们脑海内发生的联想和类比过程，可以看做是事物间的普遍联系在思维中的一种体现。联想和类比法则是这类思维形式在人的创造活动中经验的总结。

柔性门型就是应用联想和类比而创作的。生活中常见的百叶窗帘、卷轴窗帘，都可以上下启闭。这些给予我们某些启示，从而创新设计柔性门型。

柔性门型是指门叶均由柔性材料组成，如索膜结构、橡胶结构、纳米材料结构等。柔性门体不同于刚性门体，后者是指门体材料均为刚性材料，如钢闸门、混凝土闸门等。同时，柔性门型也不同于混合结构门体，后者是指框架结构为刚性材料，面板为柔性材料，如常规的钢闸门面板改为柔性材料（如橡胶），或为塑料面板等，从而形成混合结构门体。不同材料门体差异较大，应根据不同的使用要求选用，如图 2.7 所示。

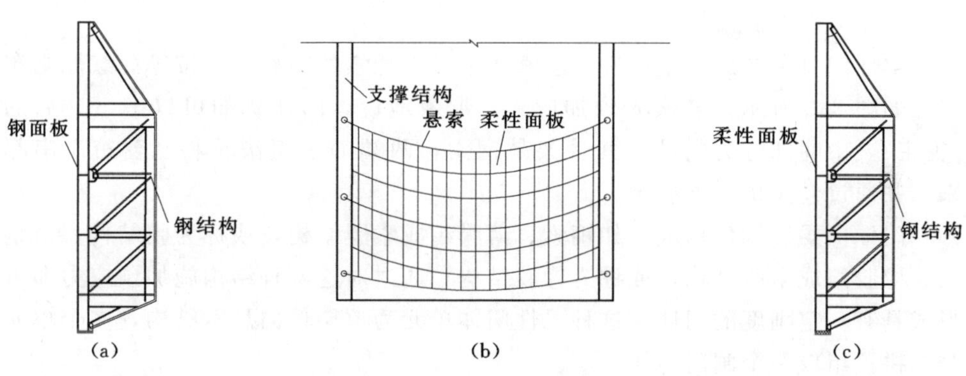

图 2.7　不同门体示意图

(a) 刚性门体剖面；(b) 柔性门体立面；(c) 混合门体剖面

挡潮闸的主要功能是挡潮，且多数需要满足通航要求，一般闸门的跨度很大。门体跨度大，如果采用传统的钢闸门，为满足刚度和强度要求，厚度必然大，自重也大；其次大跨度的门体，需要启闭力很大，且启闭时间长。目前，世界范围内现有的挡潮闸门型主要有直升门、弧形门和三角门等，其共同点是门体受力体系均为钢结构的主次梁或桁架，同样存在门体重量大等问题。

经过对现状门型和相关结构分析，在诸多的结构体系中，柔性结构具有跨度大、重量轻的显著优势。于是有了一个大胆的、崭新的创意，闸门的门页采用柔性结构；这样既可以大跨度飞越河口，也可以大大减轻门体重量，从而减小启闭力，缩短闸门启闭时间。

这种悬索结构门体是通过索的轴向拉伸来抵抗外荷载的作用，结构中不出现弯矩和剪力效应，因此其可充分利用钢材的强度；可以大大减轻结构的自重，安装不需要大型起重设备，故可较为经济地跨越很大的空间。目前悬索结构连接节点的加工技术和锚固系统已很完善，张拉工艺及控制技术也非常成熟，因此，悬索结构的加工、制作和施工都比较方便。

2.3.2　柔性门体方案设计

本创新技术其目的是提出一种新型挡潮闸门型，以实现大跨度跨越河道。其主要内容，分组成作用和运行方式两个部分阐述。

1. 门体组成和作用

(1) 柔性门体。柔性门体由悬索橡胶组成的门页、行走和支撑等组成。门页采用单向单层悬索结构，可以采用张拉橡胶结构或膜结构，由彩色橡胶(膜)、钢索及混凝土支撑结构构成，利用钢索与支撑的框架结构，在柔性材料中导入张力以形成柔性门页。

柔性门页主要的承重构件是悬索，上、下悬索的距离一般按等荷载原则布置，如图 2.8 所示，悬索先预加应力。形象地说，门体犹如可以上下开启的"窗帘"，中间部分为门叶，其骨架是钢索，两端的多组滚轮将"窗帘"串起来，并通过卷扬机上下启闭。

门体由柔性构件构成，如钢索、薄膜组成索膜结构，或称为膜结构；由钢索、橡胶组成索胶结构，或称为橡胶结构；通过对这两种结构施加预应力即可形成具有一定刚度的门体。这种柔性门体单元为单层单向悬索结构，多个单元竖向拼接组成一个闸门整体。

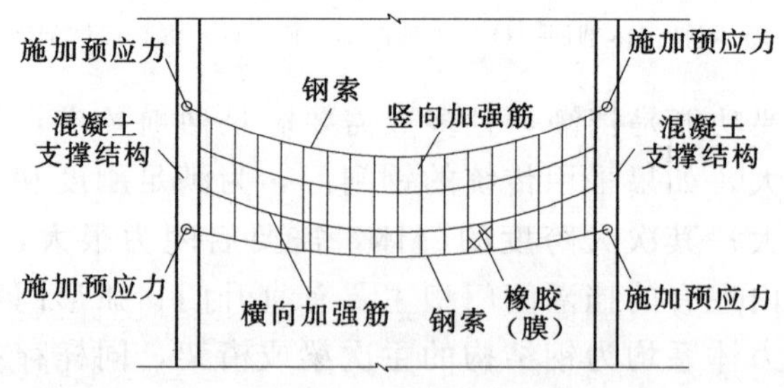

图 2.8　柔性门体单元构成

柔性门体也可以称为悬索门体，其结构由钢索、橡胶（膜）作为面板和下部支承构件3个部分组成；例如，沿挡水高度方向，每隔3～5m设置一根直径2.5～5.0cm的钢索，悬挂在左右两排的混凝土结构上，在悬索上铺设橡胶或膜组成柔性门体，彩色橡胶或膜丰富多彩，门体造型轻盈明快。

门页底部形状可与基础形状一致，即与河道断面形状一致；门底可以是平底，也可以是折线形，对于梯形或者V形河道断面，宜采用折线形，以便于较好地与河道结合，如图2.9所示。

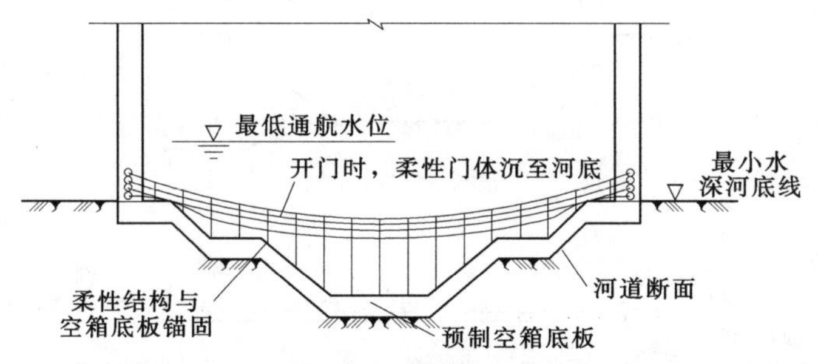

图2.9 门页底部形状示意图

（2）钢索组成及防腐。

1）钢索的组成。用于悬索结构的钢索可采用由高强度钢丝组成的平行钢丝束、钢绞线或钢缆绳等。钢索的制作包括下料、编束和预张拉3道工序。

2）钢索的防腐。为了保证钢索的长期使用，必须做好钢索的防护。钢索的防护有以下做法：①黄油裹布；②多层塑料涂层，该涂层材料浸以玻璃加筋的丙烯树脂；③多层液体氯丁橡胶，并在表层覆以油漆；④塑料套管内灌液体氯丁橡胶。

（3）门页的面板和加筋。门页的面板可以采用彩色橡胶制作，也可以采用膜，其比重要稍大于水的比重，以便于下沉时能克服浮力。

上下悬索之间需加筋，作为竖向连接索，以提高柔性材料的抗拉；当上下悬索距离较大时，宜设置平行于悬索的加筋，加筋材料可以采用面板相同的材料。

门页与基础的连接，将钢索嵌于底板外侧的U形槽内，钢索转折处分别设置定滑轮，钢索两端由卷扬机拉紧后锁定，如图2.10所示。

2. 闸门运行方式

挡潮闸的调度方式为：涨潮过程中涨至某一特定高潮位时关闭闸门挡潮，落潮过程中当闸门内外水位齐平时，打开闸门泄水、通航，恢复至河道原貌。

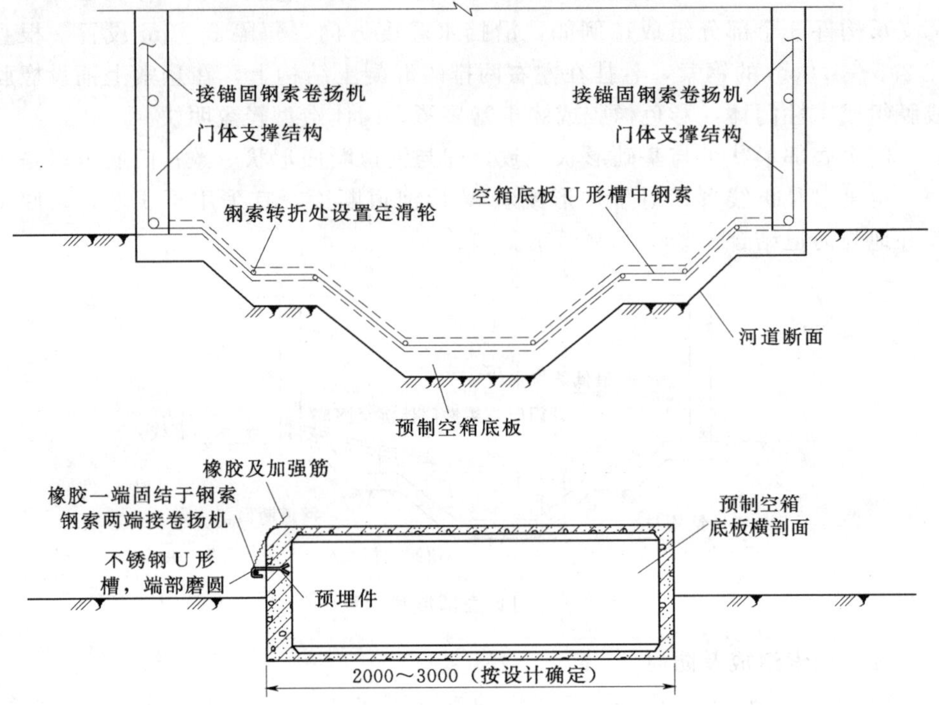

图 2.10　面板橡胶与底板连接示意图（单位：mm）

（1）闭门设备及运行方式。关闭闸门前，先检查底部锚固钢索是否松弛，启动锚固钢索卷扬机予以拉紧到位。

关闭闸门是通过运行钢索拉动滚轮，由滚轮带动门体钢索将门体逐渐打开。运行钢索将最上一个主轮与卷扬机连接，主轮间则以链条连接；关门挡水时，潮位开始逐渐上升，启动卷扬机拉动主轮，第一组滚轮在运行钢索的牵引下开始行走，并带动两个主轮间的连接链条，随后链条又牵引第二组滚轮行走，如此循环动作，门体向上逐渐打开；并在卷扬机提供动力的作用下，通过拉紧链条带动各单根悬索，从而在竖向逐渐张拉柔性面板，最终形成挡潮的门体；闸门关闭后，锁定卷扬机。同时，在水压力的作用下，张拉后的柔性面板与闸室弧形支撑框架的表面压紧而止水。关闭闸门时间较短，可以控制在 10min 以内，由卷扬机转速确定。

（2）开门设备及运行方式。开门运行钢索于反钩一侧将最上一个主轮与最下的转向定滑轮连接，为了防止钢索缠绕，开门钢索在各主轮下同一位置处设置的套环内穿越；钢索于转向定滑轮转向后与卷扬机连接，其途中设置若干支撑定滑轮。

打开闸门时，上下游水位基本持平。启动卷扬机，开门钢索拉动最上一个主轮向下滑移，至第二个主轮前，固定于滚轮上的接驳器首先对接，避免了滚轮直接对接而影响滚动；对接并传力，推动下一个滚轮，滚轮依然保持滚动运行；在拉力作用下，滚轮继续向下运行，后续接驳器对接，如此动作至最后一个滚轮。门体如同向下开启的百叶窗，一层层从上往下叠加，此时，门体已打开，门体在重力作用下而下沉，再由卷扬机拉紧钢索压紧柔性门体至河底，以保证最低通航水深；有必要指出，设计时通航水深应留有一定的富裕度。

利用该方法，打开闸门时间可以控制在20min以内。

(3) 门体检修。门体应选择常水位或低水位时检修。其步骤为：

1) 潜水员下潜至门体底部，解除门页与底板的连接。

2) 检修行走与支撑系统时，启动卷扬机将叠合状态的门体拉至通航高程，以便河道通航，在闸室框架上进行检修；如果是检修门页，则将叠合状态的门体拉出水面即可，采用船在水中对悬挂的门叶检修，此时，河道需要短时断航。

3) 检修完毕，门体拉至河底，潜水员下水将门页底部钢索锚入底板U形槽内。

2.3.3 行走、支撑与启闭设备

1. 滚轮行走与支撑

滚轮及支撑系统均布置在闸室的支撑框架结构上，在启闭机的驱动下，门体依靠滚轮行走完成启闭。滚轮既是行走系统也是支撑系统，滚轮有主轮、副轮和侧轮组成，如图2.11所示，各滚轮与反钩一起组成门体的支撑系统。主轮、副轮、侧轮、反钩通过支架连接组成一组，钢索两端各一组，与钢索一起组成一套。若干套装置共同提供上下行走。

(1) 主轮。主轮的轴由副轮和反钩支撑，轴心的水平度可通过副轮高度进行调整；轴心开设通孔，钢索穿过主轮轴心孔，预加应力后于主轮外侧由索锚具锁定，且应力松弛后可适时调整；主轮轴的内侧端与侧轮支架连接，并于上下侧连接拉接链条，主轮轴的外侧端与反钩连接，并由反钩支撑。

(2) 侧轮。侧轮的轴支撑通过支架与主轮轴连接，侧轮平行于钢索，支撑于框架主梁的侧边，且在侧边上行走，为主轮提供支承力。

侧轮的轴由支架支撑，并与主轮的轴连接在一起，与主轮、副轮和反钩，组成沿着轨道运行的一套装置。侧轮的设置非常巧妙，是能行走的抵抗悬索水平拉力的主要装置，在混凝土支撑结构的侧壁上与主轮、副轮同步行走。

为了克服侧轮支架变形的影响，其轴下可以另设一个副轮与支架连接，为侧轮提供一个向上的支撑力，如图2.12所示。

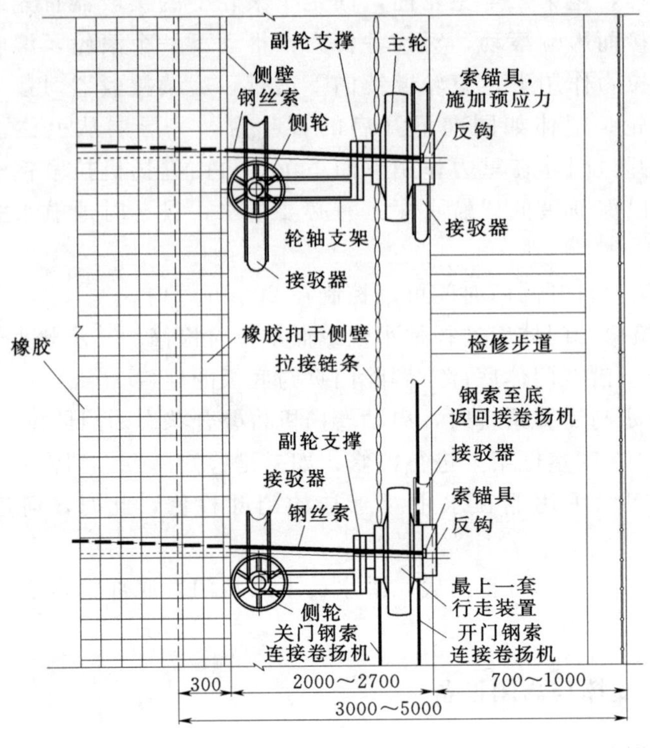

(a)

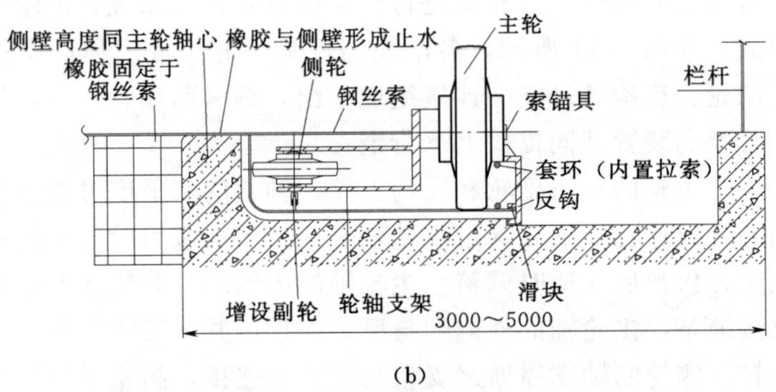

(b)

图 2.11 门体行走机构组成系统图（单位：mm）

(a) 门体行走组成系统平面图；(b) 门体行走支撑系统横剖面

(3) 副轮。副轮的轴由支架连接于主轮，且所述副轮支架的高度可以调整；副轮的主要作用是与反钩一起形成对主轮的支撑，并与主轮同时行走，副轮的支架与轨道同一弧度，其强度、刚度要满足设计要求。为了克服侧轮支架

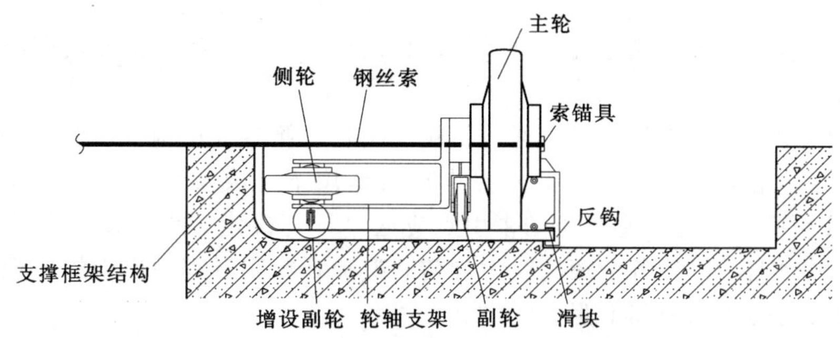

图 2.12 侧轮下设置副轮

变形的影响，其轴下可以另设一副轮与支架连接，为侧轮提供一个向上的支撑力。

（4）反钩。反钩设在主轮轨道的外侧，为一侧卧 U 形槽结构，横向卡在悬挑板端，槽口的上侧设置滑块，可沿轨道水平滑动，并利用悬臂板卡位和导向，使门体在行走机构的驱动下顺利启闭。反钩连接件与主轮轴连接，形成对主轮的支撑，在特殊工况时，如侧轮反力减小，则反钩能提供反向拉力；也就是说，在通常情况下，反钩不宜按承担水平力设计，悬索的水平力应完全由侧轮承担，在侧轮提供的反力达不到设计状态时，反钩能及时补缺。

2. 辅助构件

（1）接驳器。接驳器为辅助构件，是安装在主轮和侧轮轴上，如图 2.13 所示，其作用是防止主轮碰撞，在门体打开时，接驳器先于主轮对接；安装于主轮和侧轮，保证了对接平衡。一对接驳器，分别为一个凹形和一个凸形接口，按在同一位置对接确定其长短。接驳器在长度方向为一弧形，并与轨道支撑结构同一弧度；每对接驳器均为标准件，长度、弧度均相同，便于制作、安装。接驳器的作用是防止滚轮碰撞，并传递作用力；在门体打开时，接驳器先于主轮对接。

（2）限位器。支撑框架与底板相交处设置主轮和侧轮限位器，滚轮运行至限位器则停止运行。所述限位器就是一块挡板。

（3）卡位槽。卡位槽设置在支撑的框架上，其作用是闸门关闭时，将每根悬索予以限位的槽形口，该槽口下部圆滑，以便于开门时能方便从槽中退出，如图 2.14 所示。

3. 启闭设备及启闭方式

门体支撑结构为钢筋混凝土框架结构，整体形状采用弧形，即滚轮行走的轨道为弧形，如图 2.15（a）所示，这样可以使滚轮在任何状态下，具有一个向心力，紧贴着轨道运行。其次，柔性门体两端支撑在弧形支撑结构，使得门体形成拱形，受力更加合理；且柔性面板两端于弧形支撑结构面紧密结合，便于止水。

启闭设备主要为卷扬机，通过主轮、副轮、侧轮、反钩、接驳器、拉接链条、钢索、定滑轮等，在卷扬机提供动力作用下完成柔性门体的启闭，如图 2.15（b）所示。连接卷扬机的牵引点应通过计算确定，设在侧轮和副轮重心所在的平面上，以使各个滚轮受力均匀，避免在启闭过程中出现蛇形现象，从而增大反钩的作用力和卡阻。

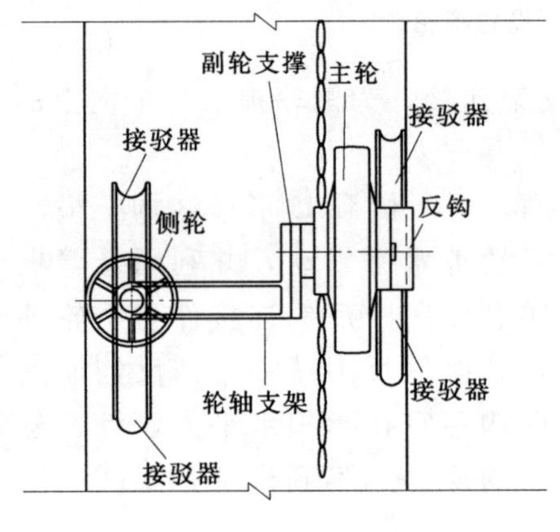

图 2.13　单件接驳器示意图

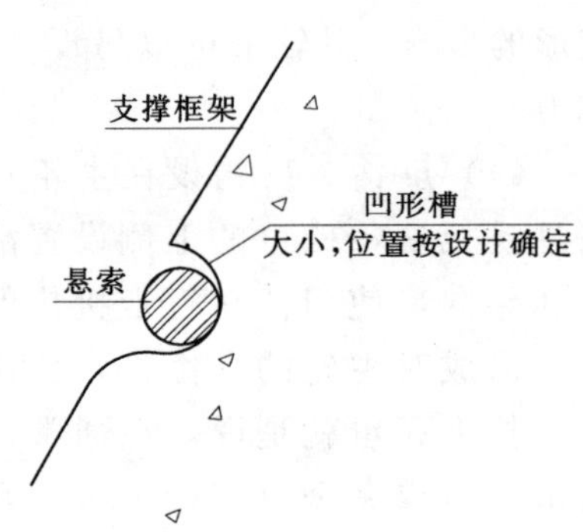

图 2.14　卡位槽剖面图

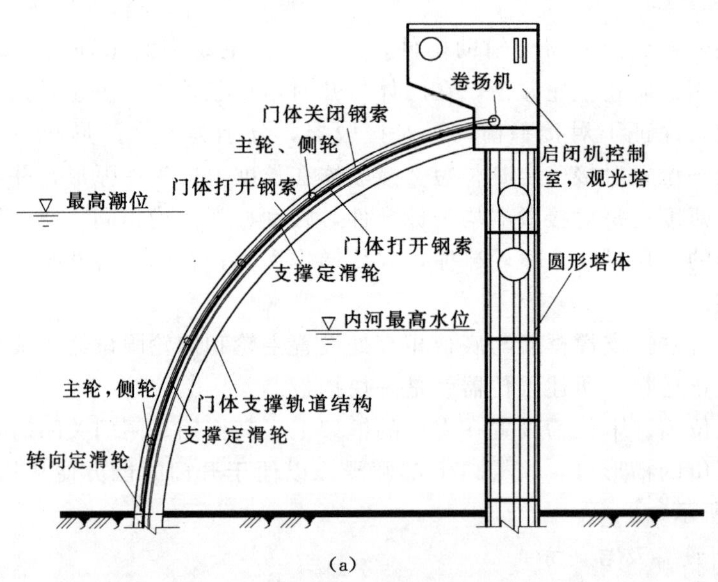

图 2.15（一）　启闭系统示意图

(a) 闸室剖面图

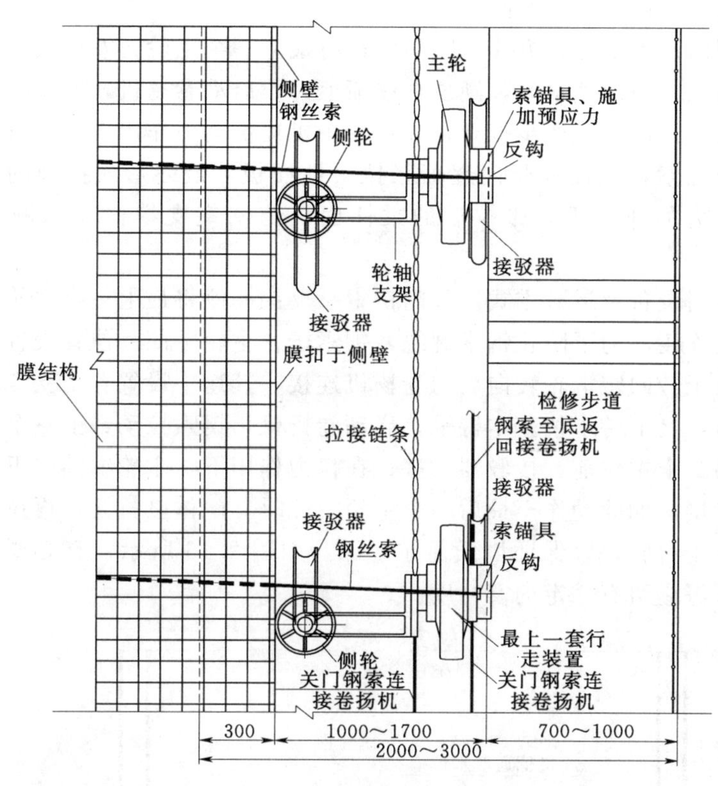

(b)

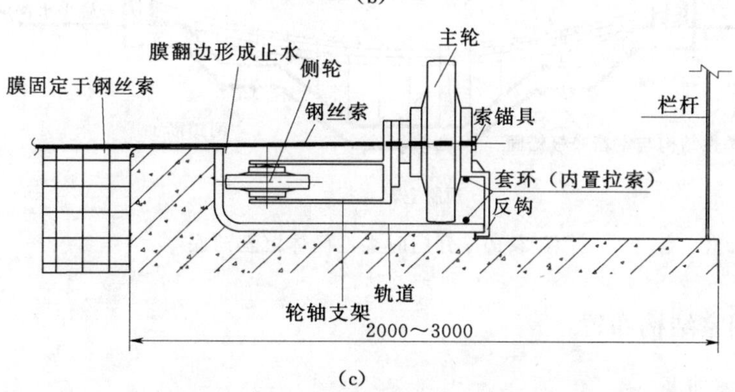

(c)

图 2.15（二） 启闭系统示意图（单位：mm）

(b) 门体组成计算平面；(c) 门体组成结构横剖面

较为理想的调度方式为当闸址处水流方向朝上游时关闸挡潮，当落潮过程闸内外两侧水位齐平时开闸泄水。

水闸的调度方式为：涨潮过程中涨至某一特定高潮位时关闸挡潮，落潮过程中当闸内外水位齐平时开闸泄水。

(1) 闭门设备及运行方式。闭门钢索将最上一个主轮与卷扬机连接，主轮间以链条连接；闭门挡水时，潮位在逐渐上升，启动卷扬机，滚轮在动力作用下开始行走，门体向上逐步打开；并在卷扬机提供动力作用下，通过拉紧链条带动各单根悬索，从而在竖向逐渐张拉柔性面板，最终形成挡潮的门体；同时，在水压力的作用下，张拉后的柔性面板与闸室支撑框架的侧壁压紧而止水。

(2) 开门设备及运行方式。开门钢索于反钩一侧将最上一个主轮与最下的转向定滑轮连接，为了防止钢索缠绕，钢索于各主轮下同一位置设置的套管内穿越；钢索于转向定滑轮转向后与卷扬机连接，其途中设置若干支撑定滑轮。

开门时，上下游水位基本持平；启动卷扬机，钢索拉动最上一个主轮向下滑移，至第二个主轮前，接驳器对接；在拉力作用下，主轮继续向下滑移，后续接驳器对接，如此动作至最后一个主轮。此时，门体已打开，再拉紧钢索压紧柔性门体于河底，以保证最低通航水深，如图 2.16 所示；有必要指出，设计时通航水深应留有一定的富裕度。

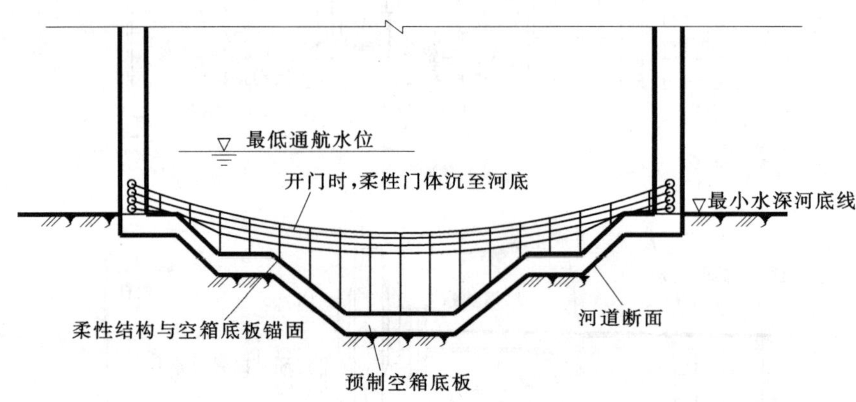

图 2.16　开门时柔性门体沉至河底

2.3.4　闸室结构布置

1. 闸室布置

(1) 闸墩和启闭机房。闸室实际上由两个竖向构件和底板组成，如图 2.17 (a) 所示，挡潮侧为一个弧形钢筋混凝土构件，作为柔性门体的支撑；内河侧为一个垂直向筒体，作为闸室的竖向交通；两个竖向构件形成前弧后竖，其上部相交处设置启闭机室，为了增加闸室结构的整体性，减少不均匀沉降，采用桩筏基础，即两个构件下采用一块整底板，桩基处理。

弧形钢筋混凝土构件采用框架结构，弧线方向为框架柱（梁），两端分别固定于底板和圆形筒体。门体支撑结构两侧为框架柱（梁），其间设置若干框架梁，组成梁板结构如图 2.17（b）所示。

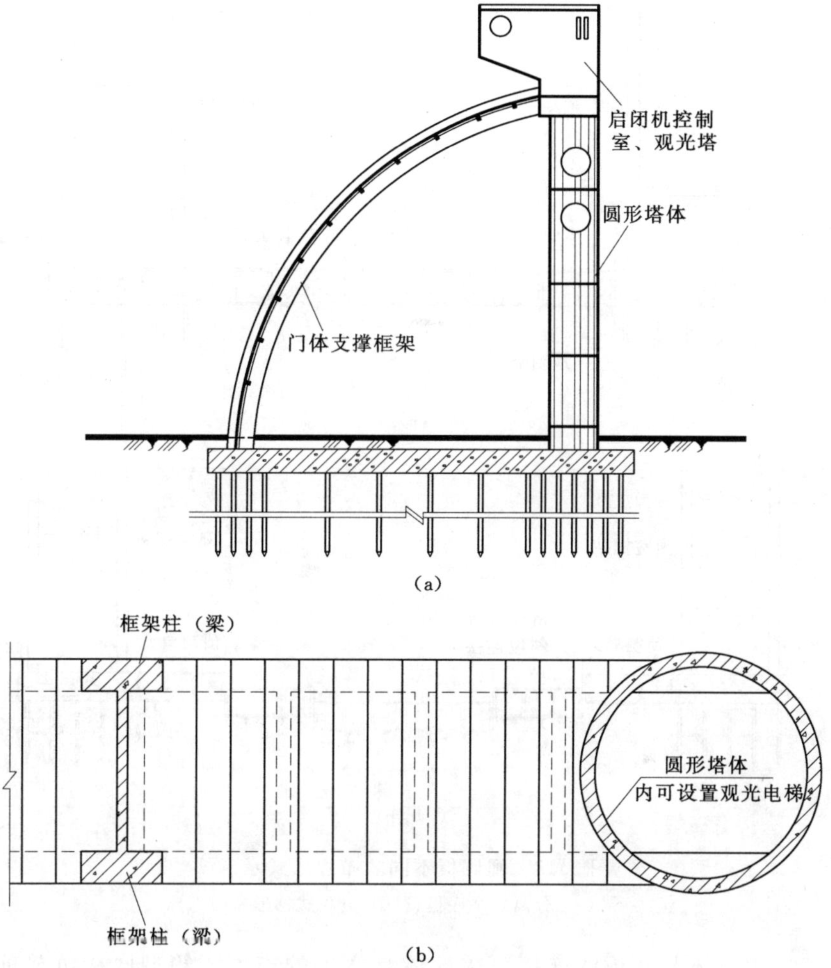

启闭机控制室、观光塔

圆形塔体

门体支撑框架

(a)

框架柱（梁）

圆形塔体

内可设置观光电梯

框架柱（梁）

(b)

图 2.17 闸室结构示意图

(a) 闸室剖面图；(b) 横剖面图

(2) 闸底板。挡潮闸位于河口，一般闸孔跨度大，不宜断航施工。采用柔性门体，考虑到闸门对变形控制没有严格要求，因此，闸底板可采用分离式；底板根据河道宽度，可采用分离式平底板，如图 2.18（a）所示；底板也可以采用分离式梯形断面，如图 2.18（b）所示。

分离式闸墩和底板是用缝分开的，闸室上部结构重量及荷载直接由闸墩传给地基。分离式底板采用预制空箱式，分为若干段预制，浮运至现场，河底冲淤泥至设计高程后，沉放预制箱型底板，采用桩基协同抗滑；柔性门体锚固于底板后，逐段拼装而成。

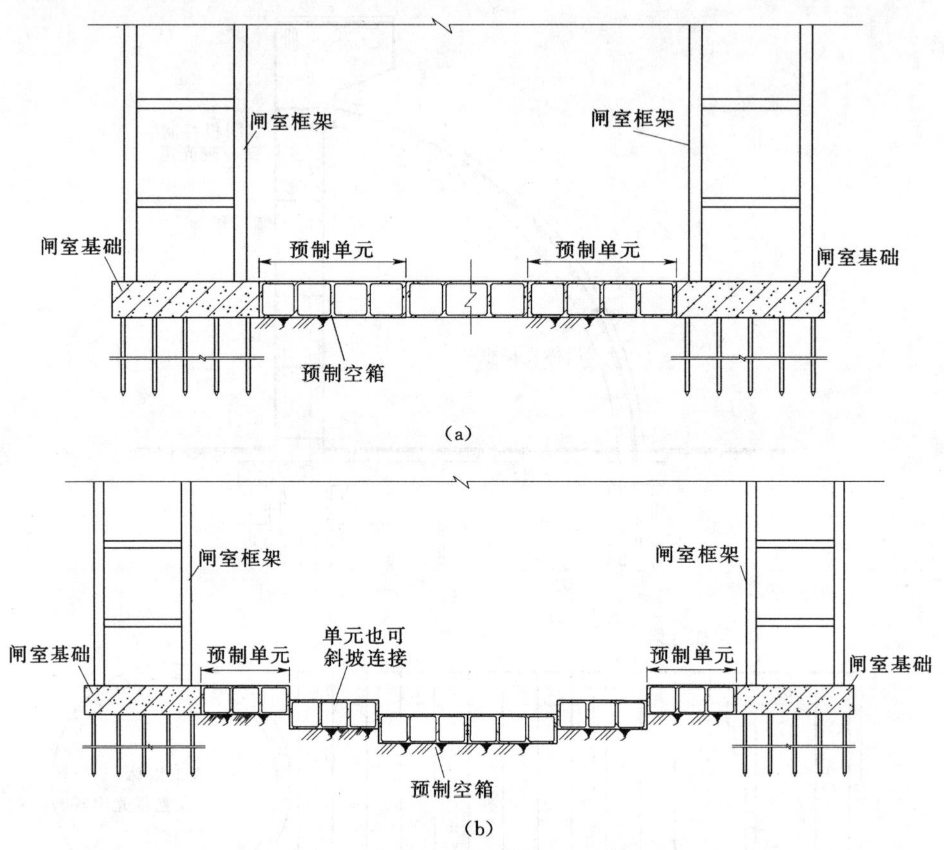

图 2.18 闸底板不同的布置形式示意图

(a) 分离式平底板；(b) 分离式梯形断面

(3) 柔性体与底板的连接。柔性体与底板的连接于箱型底板沉放前装好，箱型底板横断面（顺水流方向），如图 2.19 所示，箱型底板尺寸按设计要求确定。

柔性材料先固定于钢索上，再装于 U 形槽内，整个底板沉放到位后，拉紧钢索，并铰支于闸墩的框架梁柱上。柔性材料展开后，在钢索的拉压和水压力的作用下形成止水。

2. 建筑设计

挡潮闸要成为水利工程亮点，在门型方案设计的同时就要注重建筑设计；本方案两个竖向构件和启闭机房的组合，给建筑造型留下了丰富的创作空间，建筑造型有多种方案可供选择；在空旷的河口，矗立刚毅的闸室，优美的曲

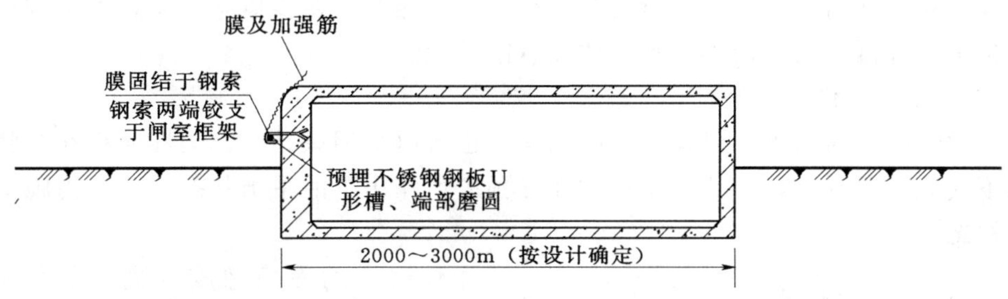

图 2.19　箱型底板剖面示意图

线，挺拔的圆形筒塔，像灯塔迎接旭日东升、送别夕阳西下，像卫士守卫着河口的安宁。建筑设计配合河口环境，使其具有独特造型，丰富视觉，优美景色，较强的观赏性和新颖感，将成为河口一个标志性的建筑。

两个竖向构件、启闭机房的组合，给建筑造型留下了丰富的创作空间，建筑造型设计具有多样性，如图 2.20 所示。

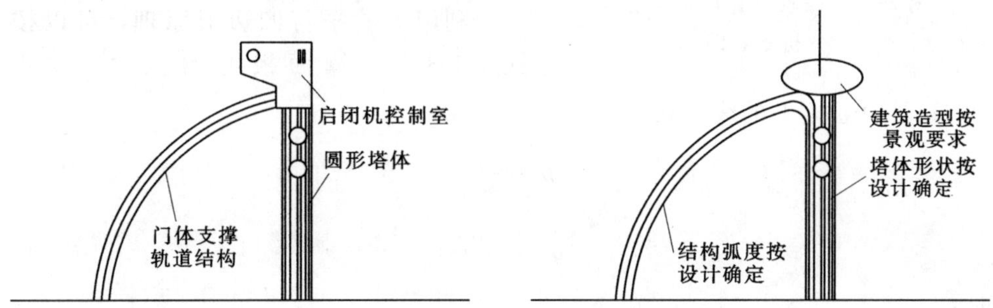

图 2.20　建筑造型多样性

采用柔性门体的挡潮闸，结构布置比较简单；两个竖向构件受力合理、传力明确、外形流畅、简洁明快。启闭机房布置在圆形筒体的顶部，其上部设置观潮、听潮层，通过设在内部的螺旋楼梯实现上下交通，并设置观光电梯。

景观设计作为河口挡潮闸的一部分融入其中，成为城市公共空间。在闸室的观赏层上可一览大海的波澜壮阔、内河两岸风景秀丽，打造为河口一个标志性的建筑，为城市增加新的风采，充分展现城市风貌，加强与大海的对话，延伸河口的历史与渊源。

2.3.5　柔性门体挡潮闸力学分析

任何结构的力学分析，首先都必须理清受力系统和传力路径，这些与整个结构设计都密切相关，互有联系。设计时可利用结构传力路径分析图，在计算荷载的同时，还可以利用它优化水平向和竖向构件的布置。以下从静力学概念出发，对柔性门体挡潮闸进行力学分析，以便能有个初步概念，而悬索结构较为精确的分析方法，请参见解析法和有限单元法。

1. 面板结构受力分析

柔性门体的面板可以采用橡胶结构，也可以采用膜结构；柔性面板在零状态下安装在悬索上，零状态是结构在无预应力作用下的平衡状态，也称为施工放样态。

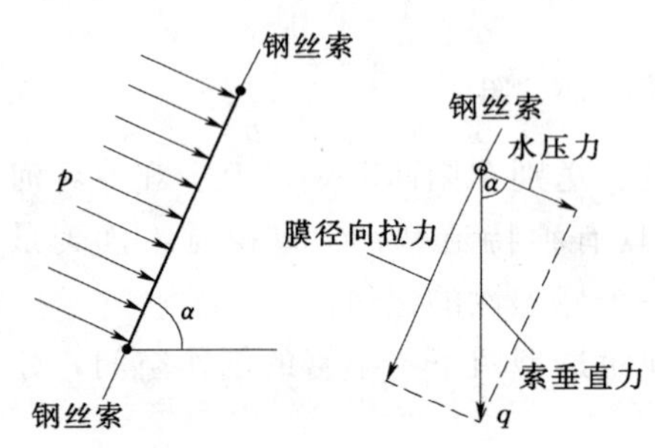

图2.21　橡胶（膜）面板受力分析示意图

柔性门体的面板橡胶（膜）是在零状态下安装于悬索上，面板在悬索预加应力后张拉，门体处于初始态，即结构施加预应力后所维持的平衡状态，也称为预应力态；在水压力作用下为荷载态，即某个荷载工况作用于结构初始态上所最终达到的一个平衡状态。面板单元受力，如图2.21所示。

利用力的平行四边形原理，可以按式（2.3）计算面板上的拉力，按式（2.4）计算悬索上的线荷载

$$p_l = \frac{p}{\sin\alpha} \tag{2.3}$$

$$q = \frac{p}{\cos\alpha} \tag{2.4}$$

式中　p_l——面板承受的拉力，kN/m；

q——悬索上线荷载，kN/m；

p——面板上的水压力和风压力，kPa；水压力实际为梯形分布，可取平均值计算；

α——面板初始态时的水平夹角，(°)。

2. 跨度与高程计算

以上所述柔性门体挡潮闸是采用悬索结构，因此，大跨度是其优势，但跨度越大，其悬索中间的挠度也越大，为了满足门体的挡潮高度，门体需要越高，闸室的支撑框架相应也要越高；初拟跨度时，可按挠度为$l/200$计算，l为跨度，如图2.22所示。

门体需要完全挡潮时，悬索中部顶高程应按设计洪水位或设计高潮位加堤顶超高确定，设计洪水位按国家现行有关标准的规定计算，设计高潮位应按《堤防工程设计规范》（GB 50286—2013）计算，悬索超高应按式（2.5）计算确定，即：

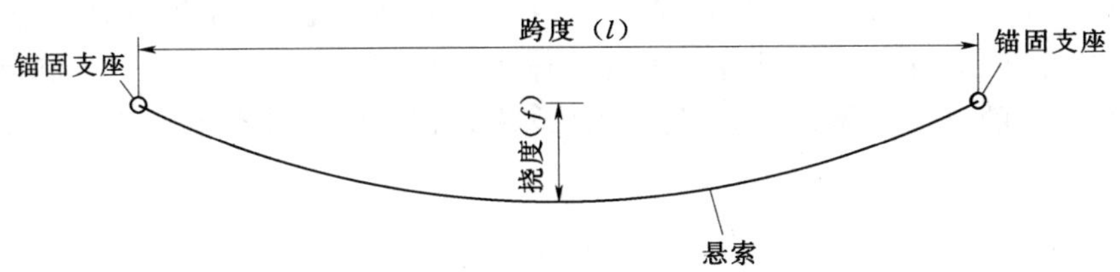

图 2.22 悬索跨度与挠度示意图

$$Y = R + e + A + f \tag{2.5}$$

式中 Y ——悬索中部超高，m；

R ——设计波浪爬高，可按规范参照斜坡的规定计算确定，m；

e ——设计风壅增水高度，m；可按《堤防工程设计规范》（GB 50286—2013）的要求计算确定，对于海堤设计高潮位中包括风壅增水高度时，不另计；

A ——安全加高，m，按《堤防工程设计规范》（GB 50286—2013）的规定选取；

f ——悬索中部挠度，m，按挠度计算确定。

当跨度非常大时，门体可以部分越浪，悬索中部高程可以降低，但要通过计算越浪量确定，其越浪量由挡潮闸内河道水位的允许增高值确定。

常规水闸是根据闸孔总净宽，闸孔孔径是根据闸的地基条件、运用要求、闸门的结构型式、启闭机容量，以及闸门制作、运输、安装等因素，进行综合分析确定。先按常规要求大致确定闸孔孔径，再确定孔数。而对于大跨度挡潮闸，其孔径主要由通航要求确定，当采用柔性门体时，跨度一般可取 100～200m，宜采用单孔或 3 孔。

3. 悬索受力分析

门体挡水时可以简化为平面问题进行分析，挡水时，悬索受力情况可按沿弦线方向均匀分布，即自重和作用水压力、风压力沿两支点连线的直线方向均匀分布，单位索长的作用荷载相等。

（1）悬索结构的受力特点。

1）悬索结构组成的柔性门体仍然属于不稳定的几何可变体系，因此必须对其施加预应力以确保其成为一个稳定的受力体系。

2）悬索结构的竖向刚度主要来自于预应力所提供的几何刚度，为了使结构具备相当的刚度以保证在外荷载作用下不发生较大的变形，必须合理进行预应力大小的取值。

3）悬索结构的受力特点是仅通过索的轴向拉伸来抵抗外荷载的作用，结构中不出现弯矩和剪力效应，因此可以充分利用钢材的强度。当采用高强度钢材时，更可以大大减轻结构的自重，较为经济地跨越很大的空间。

(2) 悬索的支座反力计算。柔性门体中，悬索水平力是通过行走和支撑构件传至闸室的支撑框架，主轮是悬索的支座；挡水时在荷载的作用下，单根悬索支座反力可按图 2.23 计算。

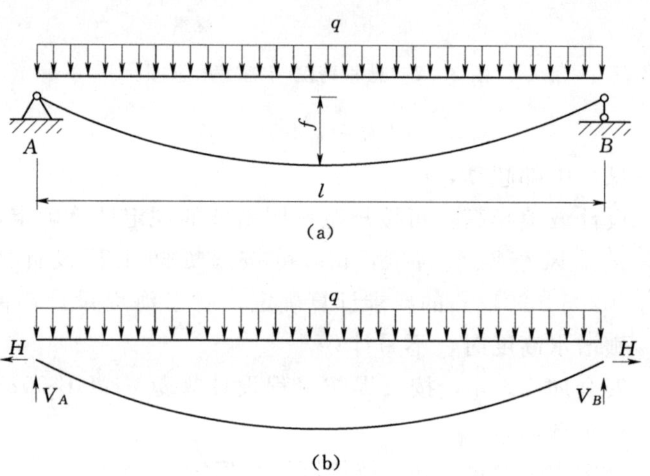

图 2.23　悬索结构支座反力计算简图

(a) 计算简图；(b) 受力图

由$\sum Y=0$，支座反力为

$$V_A = V_B = \frac{1}{2}ql \tag{2.6}$$

式中　V_A、V_B——支座反力，kN；

q——悬索上线荷载，kN/m；

l——悬索的计算跨度，m。

单根悬索受力为轴心受拉构件，悬索中任一截面的弯矩均为零，由$\sum M=0$，以跨中截面为矩心，则有

$$\frac{1}{8}ql^2 - Hf = 0$$

整理后可得：

$$H = \frac{ql^2}{8f} = \frac{M_0}{f} \tag{2.7}$$

式中　q——悬索上线荷载，kN/m；

l——悬索的计算跨度，m；

f——悬索的计算挠度，m；

M_0——悬索跨中弯矩，kN·m；$M_0=ql^2/8$。

(3) 悬索的拉力计算。悬索任一截面的拉力，可以采用截面法进行计算，

如图 2.24 所示，由$\sum X=0$，可得

$$N\cos\alpha = H, N = \frac{H}{\cos\alpha} \tag{2.8}$$

式中 N——拉力，kN；

H——支座的水平向力，kN；

α——拉力与水平向的夹角。

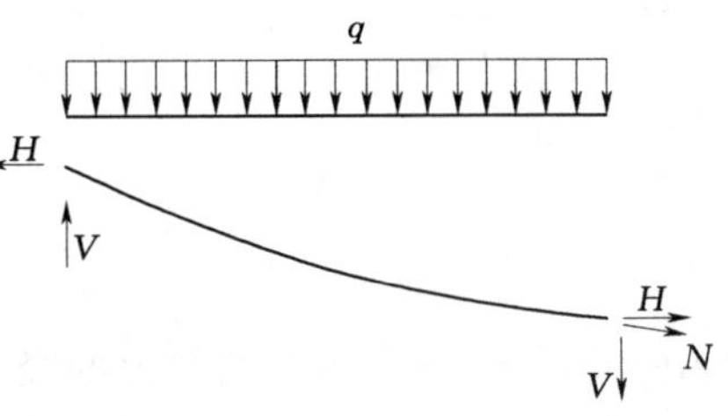

图 2.24 悬索拉力求解示意图

由式（2.8）可以看出，因为α在支座处最大，所以悬索的轴力在支座截面为最大，而在跨中α为0，则拉力为最小。

（4）钢索的强度验算。钢索强度可按以下验算公式

$$\frac{N_{max}}{A} \leqslant f_{py}(f_y) \tag{2.9}$$

式中 N_{max}——各工况下荷载设计值所求得的钢索最大拉力设计值，kN；

f_{py}、f_y——钢索材料强度的设计值，kPa。

（5）悬索挠度计算与控制。单根悬索的挠度可按式（2.10）计算

$$f = \frac{ql^2}{8H_{中}} + \frac{q^3l^4}{384H_{中}^3} \tag{2.10}$$

式中 f——悬索的计算挠度，m；

q——悬索上线荷载，kN/m；

l——悬索的计算跨度，m；

$H_{中}$——悬索中点的拉力，kN。

悬索结构变形是以挠度予以控制，对于柔性门体是以单根悬索挠度控制，单根悬索的挠度值宜控制在$l/200$，l为悬索的计算跨度。

4. 行走及支撑结构受力分析

受力分析的目的是利用传力路径分析图，优化水平向和竖向构件布置；做到构件布置合理，有足够的强度和刚度，并方便力的传递，使行走系统运用自如，结构变形应控制在允许的范围内。在本实例中悬索的支撑结构为主轮、副轮、侧轮和反钩，通过受力分析，确定行走装置及支撑结构的合理性。

（1）滚轮受力分析。一根悬索两端各有一组行走系统，由主轮、副轮、侧轮和反钩组成，在为悬索提供拉力和行走，其中主要是通过主轮组织力的传递，主轮受力如图 2.25 所示，可以看出通过主轮汇集并完成力的传递。

副轮的轴由支架连接于主轮，且所述副轮支架的高度可以调整；副轮的主要作用是与反钩一起形成对主轮的支撑，并与主轮并排行走。

侧轮的轴支撑通过支架与主轮轴连接，侧轮平行于钢索，支撑于框架柱（梁）的侧边，且在侧边上行走，为主轮提供水平向的支承力，以抵抗悬索的拉力。

（2）静力平衡条件。滚轮在外荷载和轨道反力的作用下，必须满足静力平衡条件，即：

$$\left.\begin{aligned}\sum F=0\\ \sum M=0\end{aligned}\right\} \tag{2.11}$$

式中　$\sum F$——作用在滚轮上的竖向外荷载和轨道反力之和；

$\sum M$——外荷载和轨道反力对滚轮任一点的力矩之和。

（3）反钩的导向和支撑。反钩设在主轮轨道的外侧，为一个 U 形槽结构，竖向卡在悬挑板端，槽口的上侧设置滑块，可沿轨道水平滑动，并利用悬臂板卡位和导向，使门体在行走机构的驱动下顺利启闭；反钩连接件与主轮轴连接，形成对主轮的竖向支撑；在特殊工况时，如侧轮反力减小，则反钩能提供反向拉力，如图 2.26 所示；也就是说，在通常情况下，反钩不宜按承担水平力设计，悬索的水平力应完全由侧轮承担，在侧轮提供的反力达不到设计状态时，反钩能及时补缺。

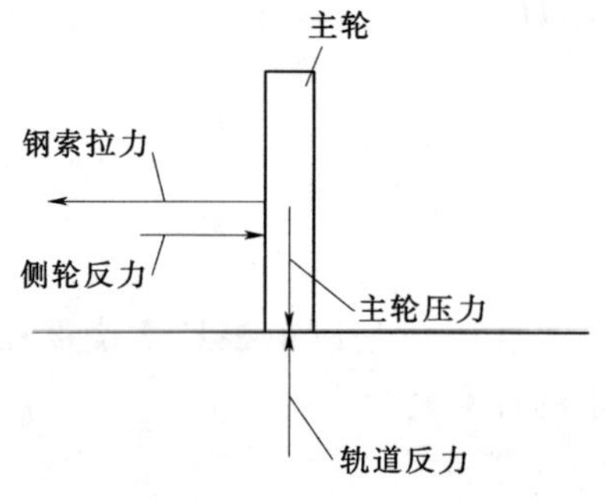

图 2.25　主轮受力分析图示

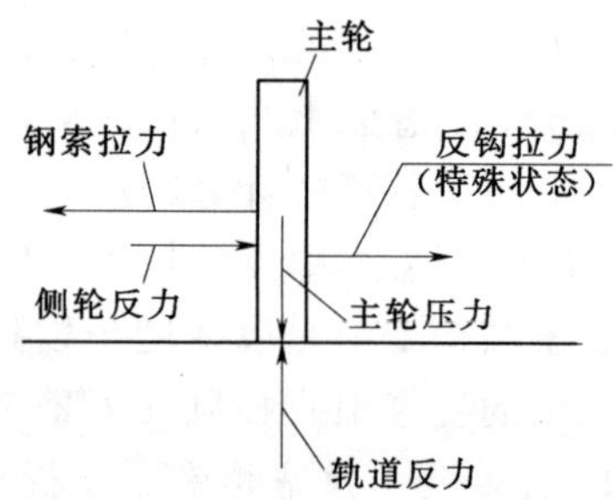

图 2.26　特殊工况下的受力示意图

2.3.6　实施方法和有益效果

1. 具体实施方法

闸室为钢筋混凝土结构，由两组竖向构件和底板组成，竖向构件布置集中，或在河道两侧，可采用钢围堰施工，也可以采用沉井施工；底板为分离式空箱结构，先在工厂预制，基础底应先进行冲淤至设计高程，或采用水下混凝土找平，空箱分节浮运至现场，灌水后下沉就位，同时在每节空箱沉放前，做好橡胶面板与基础的连接，待所有空箱沉放就位后，于基础两端拉紧基础 U 形槽中的钢索，并固定于闸室的框架上。目前悬索结构连接节点的加工技术和锚固系统已很完善，预应力张拉工艺及控制技术也非常成熟，悬索结构的加工、制作和施工也比较方便，因此，以下只简述其实施的主要内容和步骤。

(1) 柔性门体支撑构件的施工。在柔性门体构件施工过程时，应该严格对构件的外形尺寸（特别是曲线形构件中心线位置）以及各点标高进行计算和测量，同时还应严格控制预留索凹槽位置、倾斜度、直径及形状等，务必满足设计精度要求。

(2) 索的制作和安装。索的制作和安装包括钢索的制作、悬索下料长度的确定、装锚具（又称挂锚）以及吊索和穿索等施工步骤。滚轮和支撑构件安装完成后再进行悬索安装。

(3) 滚轮及支撑构件安装。每组行走与支撑系统有主轮、副轮、侧轮、反钩和支架，辅助构件有拉结链条、接驳器等。两组为一套，用于一根悬索的两端；每套先在工厂制作，运至现场后安装就位，再将悬索穿过主轮轴心，逐根安装悬索，并使其保持在零状态（施工放样状态）。

(4) 安装启闭系统。滚轮等行走和支撑构件安装完成后，随即安装定滑轮、卷扬机和牵引绳，完成动力系统的安装。

(5) 安装柔性面板。所有悬索安装完成后，在零状态下安装柔性橡胶面板，因为橡胶面板所需要的张拉尺寸与悬索张拉长度不同，因此，橡胶面板的尺寸应按张拉需要确定，裁剪后，整块蒙在悬索上并与悬索连接；当门体较大时，可以分块，橡胶与橡胶连接可以采用黏接剂进行冷接头，或者使用热硫化模具进行热接，随后采用夹具将橡胶与悬索连接。

(6) 预应力施加及门体张拉。橡胶面板安装完成后，于主轮外侧对钢索施加预应力，在钢索的张拉下，与钢索紧连的橡胶面板首先打开，随后钢索和橡胶面板同时得到张拉，预加预应力达到设计状态后，锚固钢索。在闸门关闭的过程中，柔性面板逐渐打开，在卷扬机提供拉力的作用下，完成垂直向的张拉，从而形成两个方向都得到张拉的门体。门体达到设计挡潮高程后，钢索滑入卡位槽内，由卷扬机通过牵引绳锁定滚轮。

2. 有益效果

柔性门体方案，突破了常规挡潮闸门型设计的藩篱，彰显设计概念的创新；毫无疑问，该方案还存在着一些问题有待于进一步研究，但对于水利工程科技创新、开拓思路具有积极的作用。该门型特别适用于大跨度河口，应用灵活。根据河口宽度，可以设计为单孔或多孔组成开敞式挡潮闸，平时闸孔敞开，风暴时将闸门关闭挡潮；潮水能进能出，既能保持河口的原有自然生态环境，又能保证人民生命财产安全。

(1) 为了挡潮闸大跨度跨越河口，该方案创新提出一种新型柔性门体。该门体通过索的轴向拉伸来抵抗外荷载的作用，结构中不出现弯矩和剪力效应，因此可充分利用悬索（钢材）的强度；大大减轻结构的自重，故可以较为经济地跨越很大的河道；悬索结构的加工、制作和施工都比较方便；而柔性门体色彩丰富，门体造型轻盈明快。

(2) 创新行走和支撑技术，巧妙地将支撑和行走合二为一，行走的滚轮既可按启闭需要上下移动，又是柔性门体的支座；且可以通过主轮为支点，给悬索预加应力并锚固。

(3) 主轮、副轮和侧轮的有效组合，与悬索构成了力的平衡，各轮的大小通过受力确定，以保持整个体系受力合理；而反钩的设置又为这种力系平衡提供了双重保障，且反钩又提供了限位和导向作用。

(4) 柔性门体随闸门关闭而形成。多道悬索组成了门页的柔性框架，橡胶面板采用夹具与悬索连接，橡胶面板与悬索一起预加应力，同时得到垂直水流向的张拉；在闸门关闭的过程中，柔性面板逐渐打开，在卷扬机提供拉力的作用下，得到垂直向的张拉，从而形成两个方向都得到张拉的门体，即构成一个稳定的受力体系。

2.4　分节浮箱式门型创新设计

分节浮箱式挡潮闸为平面多节钢闸门，单节门体为浮箱结构，采用简支铰将单个门体相互连接形成整体闸门。这种连接方式，能适应地基不均匀沉降和门体的温度变形。分节制作、现场集成，采用先分后合，方便制作、安装。闸门启闭采用门体自带螺旋桨驱动。挡水状态由门体自重、水重和门体底部电磁材料提供的吸力（磁性锁定）保持闸门稳定。

将传统的门体两端受力转化为竖向受力，门体类似于悬臂墙，所受的水压力以均匀分布传递于底板。常规的水闸闸门挡水荷载，都是由门体传递到两端闸墩，例如，平面直升门、横拉门等，门体都是支撑于两端的闸墩。分节浮箱式门型改变了门体支撑方式，将水平向集中传递荷载，改为竖向传递荷载，如此，门体受制于挡水高度，而不受制于闸孔跨度。一种全新的受力门型，应用跨度无限制，河道宽度越大更能显示出该门型的优越。

2.4.1　方案构思

挡潮闸跨度大，如果采用钢结构则重量大，制作、安装难度大，启闭所需动力大，启闭时间长。针对这些问题，本方案运用微积分思想和力学知识，将大跨度闸分解为若干个单体，再进行整合；整体结构为空箱，能浮于水面。利用类比方法，将大跨度闸门的启闭动力改为螺旋桨驱动，启闭方式改为船行。

1. 应用微积分原理

对于大尺寸门体，利用微分原理，可以将某一创新对象先进行科学的分解和离散，从而解决或弱化创新对象的主要问题；利用积分原理，将创新对象进行整合。

在发明创新过程中，将事物打破并分解，冲破事物原有面貌的限制，将研究对象予以先微分—分离，后积分—整合，创造出全新的概念产品。

微分原理也就是分离原理，是把某一创新对象进行科学的分解和离散，使主要问题从复杂现象中暴露出来，从而理清创造者的思路，便于抓住主要矛盾。分离原理在发明创新过程中，提倡将事物打破并分解，它鼓励人们在发明创造过程中，冲破事物原有面貌的限制，将研究对象予以分离，创造出全新的概念和全新的产品。

利用微积分原理，创新闸门分节技术（或称为分合技术），将大跨度门体分离为分节浮箱，即根据设计尺寸将闸门分为若干单节门体，再采用简支铰将单节门体相互连接形成整体闸门。这样就将大尺寸的闸门有效地分解为若干个，即运用微积分的思想，先分后合，从而有效地解决了大跨度问题。

2. 改变受力体系

针对传统闸门跨度越大、受力越大。传统的水闸闸门挡水荷载，都是由门体传递到两端闸墩，例如，平面直升门、横拉门等，门体都是支撑于两端的闸墩；显而易见，跨度越大，闸墩所受的荷载越大。对于大跨度挡潮闸，如果采用相同的门型，受力集中传递于闸墩，荷载则非常大。

创新构思改变了门体支撑方式，将水平向集中传递荷载，改为竖向传递荷载，如此，门体受制于挡水高度，而不受制于闸孔跨度。将闸门门体两端受力转化为竖向受力，门体类似于悬臂梁，所受的水压力以均匀分布传递于底板。一种全新的受力门型，应用跨度无限制，河道宽度越大更能显示出该门型的优越。

该平面钢闸门由若干节空箱式门体组成（单节一般 20～50m），单个门体间采用简支铰连接形成一个整体，门体间连接铰的设置使门体在垂直方向可以产生适量的小位移，而在水流方向不可能移动；前者可与地基沉降协调一致，且可适应温度变化；后者可保证单节门体形成整体。

3. 改变启闭方式

显而易见，采用传统的启闭方式，门体越重、需要的启闭力越大、启闭时间越长。启闭动力和启闭时间，同样是大跨度挡潮闸两个控制要素。现阶段挡潮闸的启闭都是由单独设置的启闭机启闭，本方案创新启闭方式是借力启闭。利用水的浮力，启闭动力采用螺旋桨驱动。浮箱式是指门体启闭时的状态，实质是平面钢闸门；而大跨度的钢闸门，启闭是最大难点之一。因此，启闭方式的改变，也大大减小了启闭动力。

浮箱式闸门平时停靠在河道两岸的门库内，浮于水面。需要关闭闸门时，闸门在门库内解锁、开动外侧螺旋桨、闸门环绕门柱旋转 90°。同时，打开各单个门体上闸门充水、门体就位后内外侧反钩锁定、门体端部锁定。

需要打开闸门时，打开门体底部的磁性锁定、门体端部解锁、启动泵排水、闸门浮于水面，开动内侧螺旋桨、闸门环绕门柱反旋转 90°至门库并锁定。

每节门体配置一孔进水闸门和一台排水泵，就位前打开闸门充水，门体下沉。开门前，关闭进水闸门，启动排水泵排除空箱门体内的水，闸门浮起，启动螺旋桨浮运至门库。

分节浮箱式门型方案的构思基于传统水闸设计，采用列举缺点法，再有针对性采用微积分法、模拟法等加以创新改革，详见表 2.4。

表 2.4　　　　分节浮箱式门型方案构思

难　点	常规设计		创新设计	
	方　法	优缺点	方　法	优缺点
大跨度	采用多孔以减小孔径	河道闸墩多、不利于过流、通航；施工复杂，检修困难	横向受力改为竖向受力、增大孔径	使用宽度无限制，过流、通航无影响
	大尺寸钢闸门	门体重量大，结构受力大，门体制作安装难，检修困难		
启闭方式	定点、定位	较复杂	利用浮力、浮运	简单易行
启闭设备	卷扬机、液压设备	基于门重，启闭力大	螺旋桨驱动	利用浮力，启闭动力小
启闭时间	设备启闭	启闭时间长	模拟船行	启闭时间短
运行控制	计算机	灵活、可精确控制	计算机	灵活，控制稍复杂、受波浪影响不易精确定位

2.4.2　方案设计内容

分节浮箱式门型方案，其技术目的是提供一种新型挡潮闸门型，以实现大跨度跨越河道的目标。其内容主要分平面布置、各主要构件和作用、运行方式 3 个部分予以阐述。

1. 总体布置

(1) 平面布置。闸门根据河口宽度和使用要求，可以采用一扇门，也可采用两扇门。对于特大跨度以两扇为宜，这样单扇门体尺寸较小，门体拼装方便，门库相应较短。

平面布置有两种方案，一字门方案和双扇门方案，应根据河道宽度和运用要求确定。平面布置不是本创新方案的主要内容，以下予以简述。

1) 一字门方案。一字门方案即一字形布置，一般用于河宽小于200m的挡潮闸，整个门体形成一字，以一跨跨越河道，如图2.27所示。

2) 双扇门方案。河道宽度200m以上时，宜采用双扇门方案，即挡潮闸由两扇对开门组成，如图2.28所示。

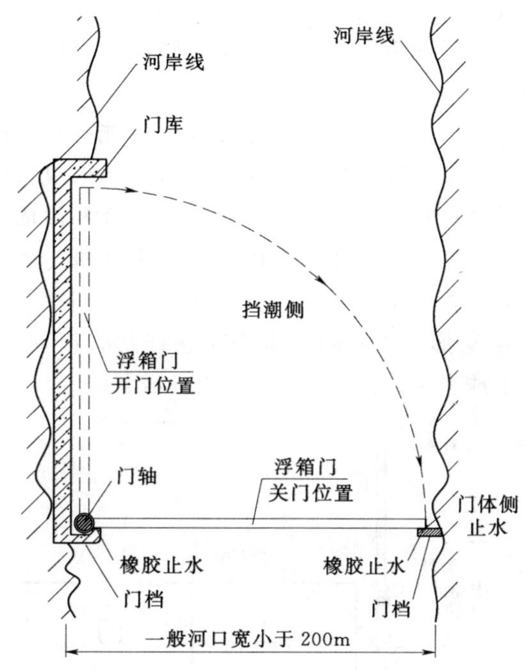

图2.27 一字门布置平面图

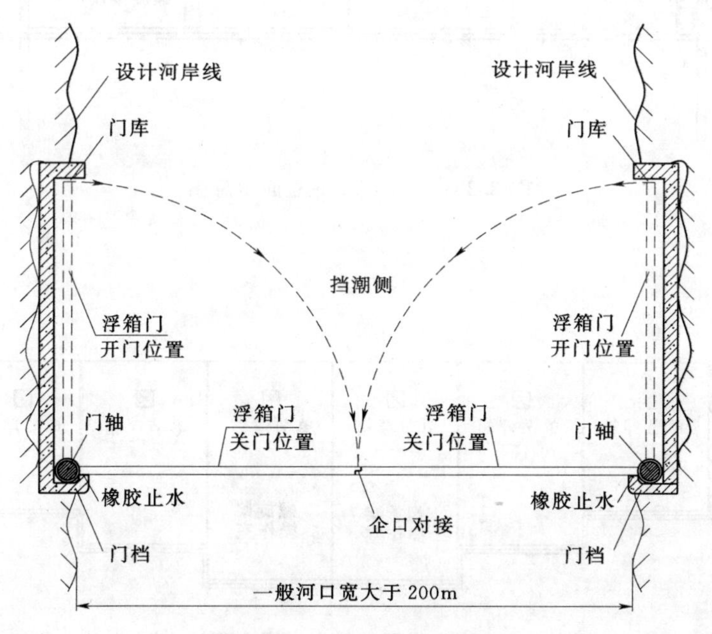

图2.28 双扇门布置平面图

（2）门体布置。分节浮箱式门型采用分节技术（或称为分合技术），根据设计尺寸将闸门分为若干节门体，采用简支铰将单节门体相互连接形成整体闸门。平面钢闸门由若干个单节门体组成，单节门体长度一般为 20～50m，门体间采用简支铰连接形成一个整体，门体间铰的设置使门体在垂直方向可以产生适量的位移，而在水流方向不可能移动；前者可与地基沉降协调一致，且可适应温度变化；后者可保证单节门体形成整体。闸门宽度大（250m 以上），采用分节铰接，以适应地基不均匀沉降和门体的温度变形。

（3）竖向布置。闸门底部形状可与河道形状一致，门底可以是平底，也可以是折线形；对于河道宽度不大，可采用平底，如图 2.29 所示；对于梯形或者 V 形河道断面，宜采用折线形，以便于较好地与河道结合，闸门可采用双扇或者一字门，如图 2.30 所示。

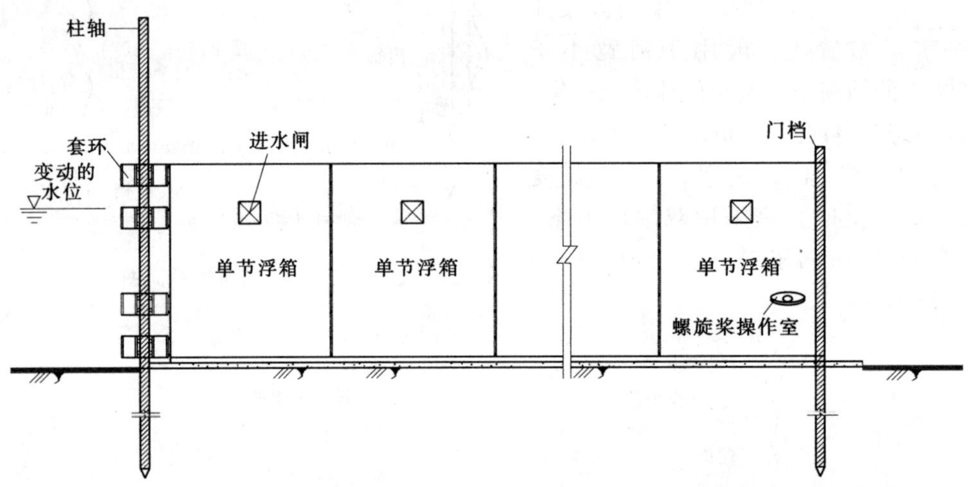

图 2.29　一字门平底立面示意图

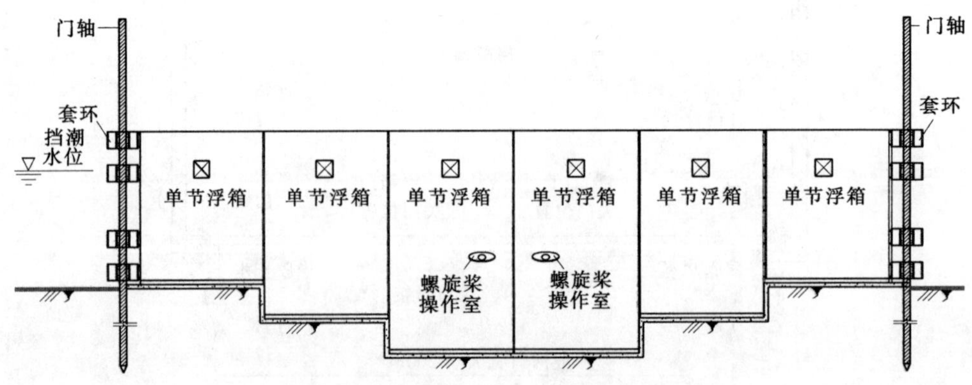

图 2.30　双扇对开门梯形河底立面示意图

2. 各主要构件和作用

(1) 门轴。可采用圆形钢桩，或采用圆形预制桩。桩径按套筒的内径确定，上部桩长按闸门高度和开门状态时的最高水位确定；入土桩长按桩受力和桩顶水平位移的限值通过计算确定。门轴的作用是作为闸门的转轴、作为浮箱闸门的铰支座。

(2) 单节浮箱。由钢材制作，为平面钢闸门的一段门体，即闸门的一节浮箱；单节浮箱为矩形空箱结构，四周为钢板围封；浮箱内部分为三层三仓：上层为操作和交通层；中层为集水仓；底层一半为排水仓，排水仓设置一个开口的进人孔；另一半为电磁仓，设置一个带密封盖板的进人孔，如图 2.31～图 2.33 所示，各层间适当位置设置钢爬梯。

设计应根据闸门跨度来划分门体单元（单节浮箱），一般可以按 10～30m 一个门体单元，两个门体面板间留有宽度不小于 20mm 的缝，单元间采用铰接，以适应门体各单元间地基不均匀沉降和温度变化。

单节浮箱的一端为承插口，另一端为承插头；一节浮箱承插口与另一节浮箱承插头相接，如图 2.34 所示；浮箱端部承插口或承插头的挡水两侧和底面为钢板，其中不分层，适当位置设置钢爬梯。与门轴套筒相连接的一端和另一端带螺旋桨的浮箱，可以不做插口或插头型。双扇对开门，其关闭的端部应做成企口。

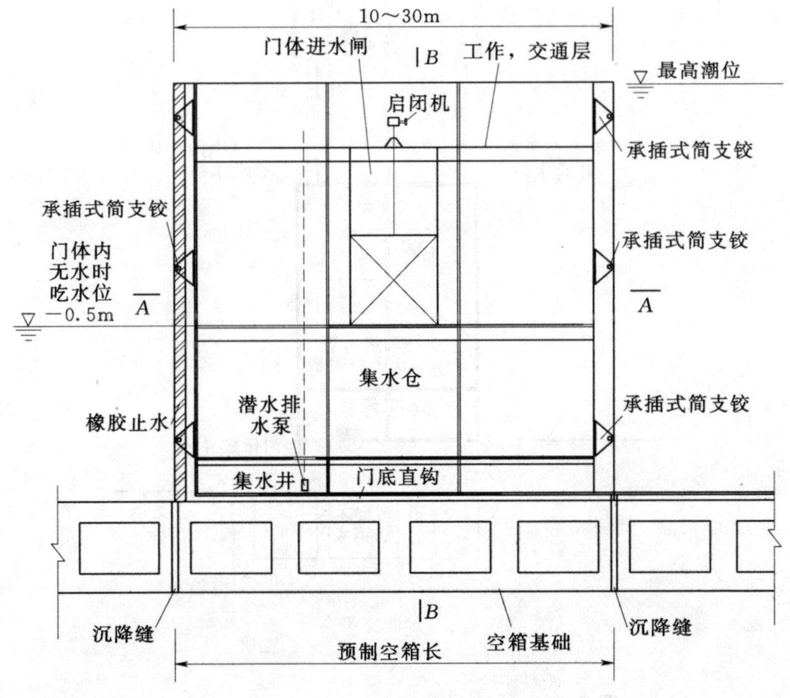

图 2.31 单节浮箱纵向剖面图

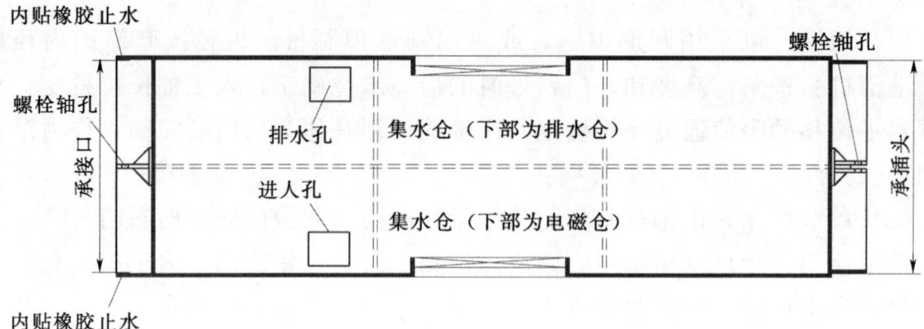

图 2.32　单节浮箱水平剖面图（A—A 剖面）

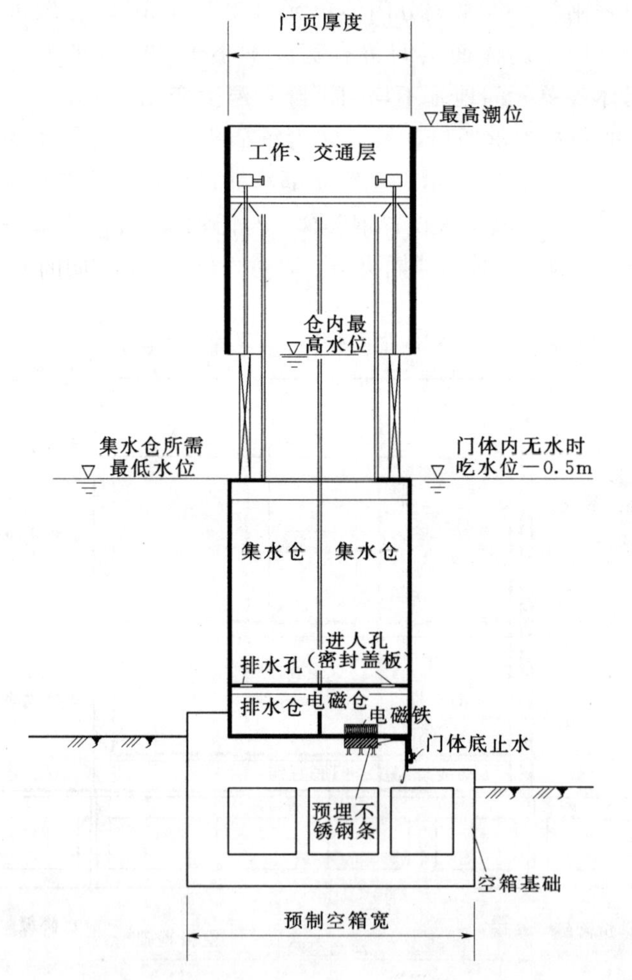

图 2.33　单节浮箱横剖面图（B—B 剖面）

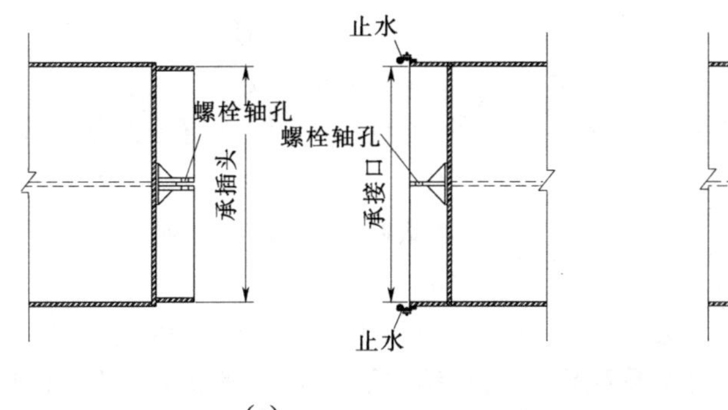

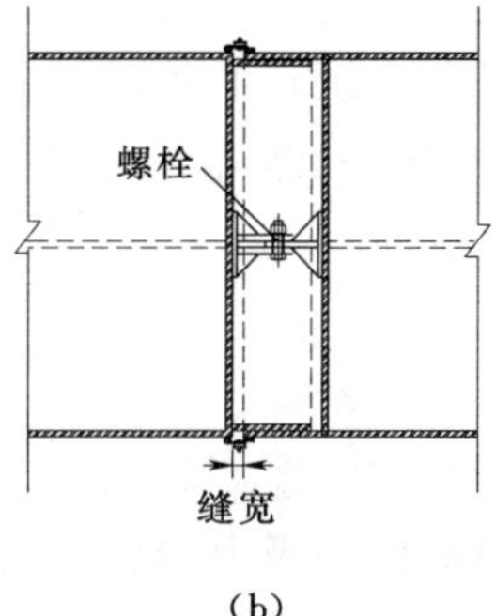

(a) (b)

图 2.34 浮箱连接示意图

(a) 分体平面；(b) 对接后平面

单节门体之间采用简支铰连接形成一个整体闸门，采用简支铰连接，使门体在垂直方向可以产生适量的位移，而在水流方向不可能移动；前者可与地基沉降协调一致，且可适应温度变化；后者可保证单节门体形成整体。

(3) 套筒。套筒采用不锈钢制作，以圆形钢桩或圆形预制桩作为门轴，以套筒为闸门的支座，套筒与浮箱门体之间采用简支铰连接；闸门以轴为圆心旋转，套筒随浮箱门体上浮或下沉而上下运动。

所述套筒为圆环形内外双层结构，以满足刚度和强度的需要，且具有一定高度，因此，套筒与桩之间不会卡阻；套筒依靠桩作为轴随门体升降，其内壁安装两层滚珠，将内壁的滑动摩擦转化为滚动摩擦，如图 2.35 所示。

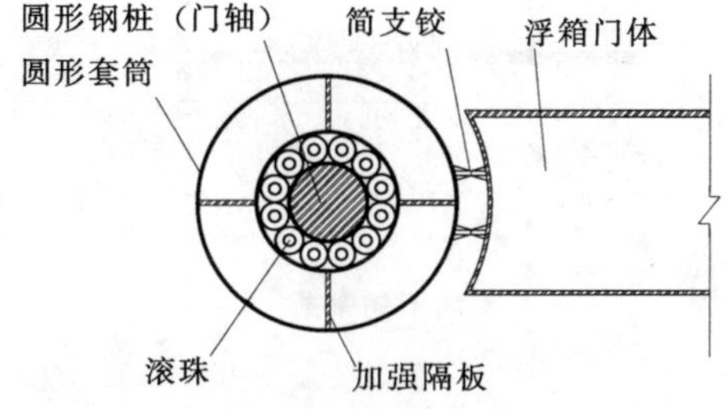

图 2.35 套筒铰平面示意图

(4) 浮箱设备。单节门体为浮箱结构，门体上设置有进水闸门、排水泵；单节门体设有集水仓、电磁仓、排水仓。打开进水闸充水下沉关门，启动排水泵排水上浮开门。

进水闸门，设置浮箱门体的挡潮侧、内河侧，于单节浮箱居中设置，孔口尺寸由浮箱充水所需要的时间确定；进水闸门底高程应低于浮箱门体内无水时的吃水深度，一般宜低 0.5m，且应同时满足集水仓所需要的最大集水位。进水闸由充水量、充水所需要时间计算闸孔宽度。进水闸闸门由手、电两用的液压启闭机启闭。

排水泵为潜水轴流泵，其型号由设计确定，主要由排水量、排水时间计算单泵流量，排水泵除单节浮箱上各配置 1 台外，宜另设 1～2 台的备用泵。

(5) 本创新闸门自带动力启闭技术。将闸门的启闭转化为船式的行走，即将传统的闸门被动启闭转化为主动启闭，改写了传统的闸门启动方式，解决了目前世界上已有的挡潮闸启闭容量大，启闭时间长的短板。

闸门于门体端部的浮箱上配置螺旋桨驱动启闭，门体在空载的情况下，环绕门轴旋转 90°，从而启闭闸门。启闭动力采用螺旋桨驱动，螺旋桨功率大小由计算确定，其位置应在浮箱内未充水时最低吃水以下，一般宜具有不小于 0.5m 的淹没深度。

(6) 本方案创新磁性（电磁铁）锁定闸门。闸门挡水时通电电磁铁，由电磁材料提供的吸力增强闸门抗滑稳定，电磁锁定装置由电磁铁和基础预埋不锈钢底盘组成，浮箱底板上设置的电磁铁通电后产生电磁力，牢牢吸住不锈钢底盘，从而对浮箱闸门锁定，电磁锁定构造及门体抗滑组成如图 2.36 所示。根据相关资料可知，电磁铁所能提供的吸力是自身重量的 30～50 倍。因此，可以根据闸门稳定需要完成电磁锁定装置的设计。

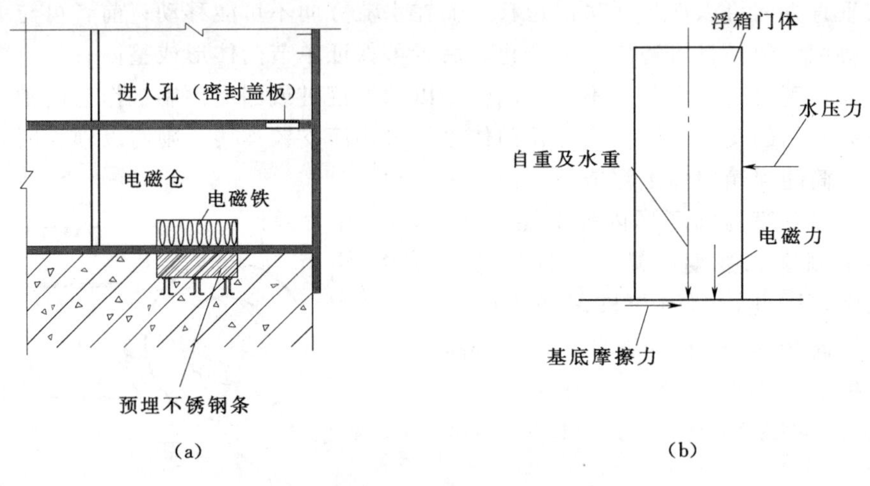

图 2.36 电磁锁定与门体抗滑示意图

(a) 电磁锁定剖面图；(b) 门体抗滑示意图

(7) 简支铰。简支铰为承插式，其作用是连接各单节浮箱门体，铰的一半为留有螺栓孔的插头，另一半为留有螺栓孔的凹形槽，插头插入凹形槽后，将螺栓穿过螺栓孔并旋紧螺母形成简支铰，如图 2.37 所示。简支铰的尺寸和数量由计算确定，一般两个浮箱相连接，浮箱高度方向宜不少于 3 个简支铰（单排）；当门体较厚时，在厚度方向上可以设置双排简支铰，且每排同样不少于 3 个简支铰，对称布置。

(8) 门体直钩与止水。门体直钩设置于挡潮侧门体的下部，其作用是方便闸门关闭时定位，并且为闸门挡水时提供一定的抗滑力，但设计时只作为安全储备；直钩内侧粘贴橡胶，外侧设置门体底 P 型止水，并与闸门两端侧止水形

成封闭。本浮箱之间采用门体外侧P型止水，也可以采用承插口内侧粘贴的橡胶止水，如图 2.38 所示。

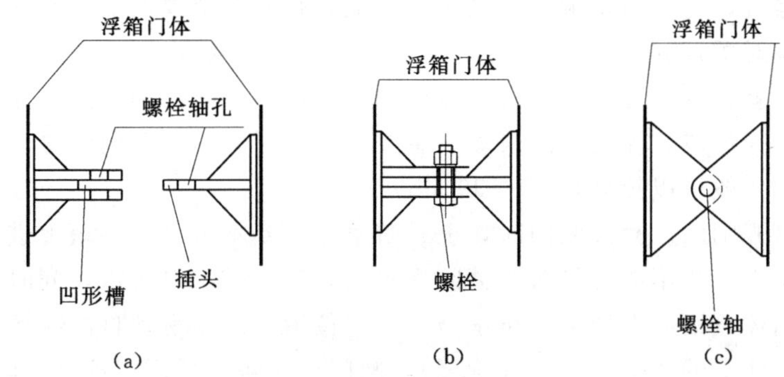

图 2.37 承插式简支铰示意图

(a) 简支铰分开平面；(b) 简支铰组合平面；(c) 简支铰组合立面

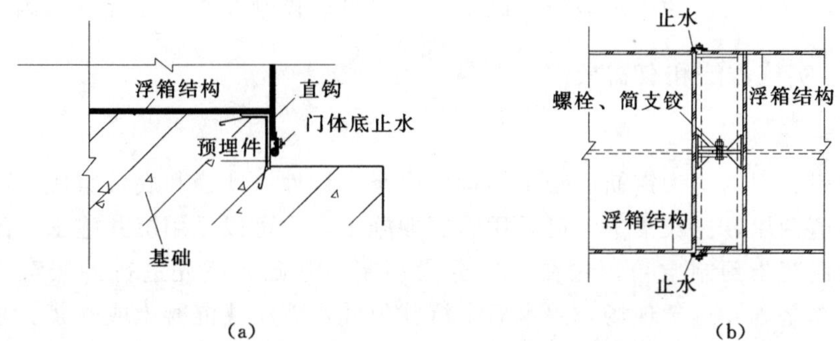

图 2.38 直钩与止水示意图

(a) 直钩和门体底止水剖面图；(b) 浮箱侧止水平面图

(9) 门挡与门库。门档的作用是支撑浮箱闸门，类似于闸墩，是闸门的支撑体；闸门关闭时，支撑于闸门两侧的端部。门挡与门库相连组成一个整体的岸边结构，无门库的一侧与河岸连接为一个独立的岸边结构；河道两侧的门挡在一条直线上，截面尺寸、入土深度均由计算确定。门库为靠岸的钢筋混凝土构筑物，其作用类似于边墩，是停靠浮箱闸门的构筑物，并为维修、保养等提供一个操作平台。

3. 运行方式

本设计采用的是船的行走方式，门体一端套接于柱轴上，运行时，门体绕柱轴作圆周运动，其动力是设于门体远端的推进器，故操纵性能较好。本门型水闸的调度方式为：涨潮前或涨潮过程中涨至某一特定高潮位时关闭闸门挡潮，落潮过程中当闸门内外水位齐平时，打开闸门泄水、通航，恢复至河道原貌。

（1）关闭闸门。涨潮前或涨潮过程中，打开门库锁定，闸门自由状漂浮在水面上；启动门体上的驱动装置（螺旋桨），闸门（浮箱）环绕门轴旋转至关门位置、停机，将闸门末端缆绳系于门挡上，打开各节浮箱上进水闸门，进水至设计水位时关闭进水闸门；同时给电磁铁通电，电磁力锁定闸门；闸门浮运、充水、就位等，运作过程宜与涨潮同步，闸门关闭时间由闸门浮运时间和浮箱充水时间组成，浮运时间较短，主要由充水时间（进水闸流量）确定，关闭闸门时间一般可以控制在 20～30min。

（2）打开闸门。打开闸门时，上下游水位应基本持平。浮箱上进水闸可以首先相机排水，当不能自排时，关闭进水闸，启动排水泵排水，同时解除电磁铁作用，门体逐渐向上浮动，排水至设计水位后，浮箱呈现自由状漂浮在水面上，启动门体上的驱动装置（螺旋桨），闸门（浮箱）环绕门桩轴旋转至门库，此时闸门全部打开，于锁定高程（由排水泵排水控制）锁定闸门。

打开闸门的时间由闸门浮运时间和排水时间组成，浮运时间较短，主要由排水时间（排水泵的排水流量）确定，一般可以控制在 20～30min 以内。

2.4.3 实施方法和有益效果

1. 实施方法

门库、门挡均为钢筋混凝土结构，由竖向构件（墙）和底板组成，两构筑物在河道两岸，比较集中，可采用钢围堰施工，也可以采用沉井施工；闸底板为钢筋混凝土预制空箱，先在工厂分段预制，基础底应先进行冲淤至设计高程，空箱基础浮运至现场，灌水后下沉就位并水下灌注混凝土或砂浆。本方案主要内容是门型，因此，以下对单节浮箱式门体的实施作重点阐述。

（1）闸门支撑结构制作及安装。闸门支撑结构为门轴和套筒。门轴按照设计尺寸采用圆形钢桩或圆形预制桩，运至现场后，按设计位置沉桩，如需要接桩，则连接处需要抛光。

套筒是闸门的支座，套筒为双层结构、不锈钢制作，每个套筒与轴（桩）之间设置两排滚珠，滚珠放在槽内，滚珠槽焊接于套筒内壁，滚珠提供了浮箱上下浮动、旋转的滚动。浮箱闸门设置 2～5 个套筒，套筒与浮箱之间采用简支铰连接。

现场将套筒从圆形门轴顶端分别安装于门轴上，随后安装相连接的简支铰和浮箱。

（2）浮箱制作和安装。单节浮箱为平面钢闸门，可按常规平面钢闸门制作，但受力为竖向受力，不同于传统的直升门；分节长度宜大致相等，以便于做成标准构件在工厂生产，这样制作加工方便，还可以提高效率，而且可降低材料消耗，确保产品质量，并能减少大量现场工作量，提高闸门的工程质量。

浮箱制作时，应一并安装好简支铰、电磁锁定装置、闸门底止水和侧止水；同时预留好进水闸孔口，各层的进人孔等。

制作好的单节浮箱运至现场后，可采用水上安装，先将端头浮箱与门轴上的套筒铰连接，随后按顺序连接各节浮箱，从而完成闸门整体安装。

(3) 控制设施安装。闸门控制设施有电磁锁定装置、进水闸、排水泵和螺旋桨驱动器，其作用是控制闸门的沉降、上升和运行（旋转）。

1) 电磁锁定装置。电磁锁定装置由不锈钢底盘和电磁铁组成，不锈钢底盘按照设计尺寸在空箱基础预制时做好预埋；电磁铁安装于浮箱底板，其形状（凸形）和尺寸与底盘（凹形）相对应，可以相互凹凸匹配。

2) 进水、排水设备。进水、排水设备为进水闸和排水泵，进水闸孔口按照设计尺寸在浮箱制作时预留，闸门采用定型产品或采用平面钢闸门；排水泵为潜水轴流泵，采用定型产品。所有浮箱安装完成后，再逐节安装进水闸门和排水泵。

3) 螺旋桨驱动器。螺旋桨驱动器是闸门启闭动力，螺旋桨应选择可以双向驱动的产品，其提供的动力大小通过计算确定。螺旋桨安装于闸门最后一节浮箱上，并在浮箱上形成一个封闭的螺旋桨操作室，采用爬梯由顶层至操作室；该节浮箱安装后再安装螺旋桨。

(4) 电气设备安装和调试。浮箱闸门上所需要的电气设备主要内容有：

1) 限位开关。按照设定闸门的开、关位置埋设限位装置。

2) 连接线路。严格按接线图依次接好相对应的连线（严禁在通电状态下接线），接线要牢固，端子与端子之间不能短路，并检查线路是否正确。

3) 电子监测装置。如安装一套测距仪，控制闸门就位状态；安装一套监测仪，测量浮箱内水位等，其均为定型产品，应根据需要进行设置。

4) 调试。首先检查闸门运行是否正常，在确定门体运行正常的情况下，方可接通电源，进行控制设施（电磁锁定装置、进水闸、排水泵和螺旋桨驱动器）的调试。

以上所述电气设备为本方案的辅助设施，因此，只做简单阐述。

2. 有益效果

本方案提供一种适用于大跨度挡潮闸的门型，该门型为平面多节钢闸门，单节门体为浮箱结构，采用简支铰将单节门体相互连接起形成整体闸门；这种连接方式，能适应地基不均匀沉降和门体的温度变形；分节制作、现场集成，采用先分后合，方便制作、安装。闸门启闭采用门体自带螺旋桨驱动。挡水状态由门体自重、水重和门体底部电磁材料提供的吸力（磁性锁定）保持闸门稳定。

(1) 本方案创新闸门分节技术（或称为分合技术），根据设计尺寸将闸门分为若干单节门体，采用简支铰将单节门体相互连接形成整体闸门；这样就将大尺寸的闸门有效地分解为若干个，即运用微积分的思想，先分后合大跨度闸门，从而经济地跨越很大的河道。

单个门体之间留有变形缝、橡胶止水，采用铰接，利用简支铰的特点，在纵向上（单节门体之间）能适应地基不均匀沉降，且能消除门体自身的温度变形；在挡水方向，简支铰又能承担荷载，传递压力。

(2) 单节门体为浮箱结构，门体上设置有进水闸门，设有排水泵；单个门体设有集水仓、电磁仓、排水仓。

(3) 创新门体自带动力启闭技术，将闸门的启闭转化为船式的行走，避免了目前世界上已有的挡潮闸启闭容量大，启闭时间长的短板。

闸门启闭利用门体端部配置螺旋桨驱动，门体在空载的情况下，环绕门轴旋转，从而启闭闸门。

(4) 创新磁性（电磁铁）锁定门体，即闸门挡水时通电由电磁材料提供的吸力保持闸门稳定。

(5) 创新套筒作为支座铰，以圆形钢桩或圆形预制桩作为门轴，以套筒为闸门的支座，门体以轴为圆心旋转，并且能随门体上浮或下沉而上下运动。

套筒为圆环形内外双层结构，且具有一定高度，因此，套筒与桩之间不会卡阻；套筒依靠桩作为轴随门体升降，其内壁安装两层滚珠，将内壁的滑动摩擦转化为滚动摩擦。

(6) 浮箱门体底部采用直钩技术，方便门体就位，且能为门体抗滑稳定提高保证率。

第3章

水闸工程中的创新设计

一般来讲，在平时的工作中，具体的工程设计往往是比较容易的，但要完成一个专利创作，就需要平时的不断积累，它要求设计人员应具备一定的工程知识和创新能力。

凡是工程设计做得好的设计人员，其设计概念随着年龄与实践的增长越来越丰富，设计成果也越来越创新、完美，先进的设计思想也将通过专利创作充分得以展现。

或许，在很多时候，我们都是身不由己地工作着，创新设计，没有一点预兆，也没有一点理由。这就像是隐藏在我们灵魂深处的一种本能一样，总是在潜移默化中，改变着我们的设计思想。

年复一年，辛勤劳动的汗水，在更替着希望。在专利创作路上，守望的是梦想，劳碌的是人生；红尘滚滚，难得清醒，让我们挥一挥衣袖，让一切云淡风轻。

水闸作为挡水、泄水或取水建筑物，在水利工程中应用十分广泛。随着建闸技术的提高，建筑材料新品种的不断出现，水闸设计也在不断发展和创新，正向形式多样化、结构轻型化、施工装配化、操作自动化和远程化方向发展。

设计是水利工程的龙头和灵魂，是人类改造自然并与自然和谐共生的目标载体。因此，在当今科学技术迅速发展的今天，设计人员需要不断创新，用所掌握的科学技术去调整自己的认知、态度和职业责任，掌握新技术、新材料、新工艺，提高行业技术的社会服务水平。水闸古老而又年轻，水利工程中的专利创作让我们从这种常用的水工建筑的创新设计开始。

3.1　伸缩式挡水闸门

伸缩式挡水闸门由门体框架、外包橡胶防水布、行走机构、反钩等组成，闸门安装在闸底板上。采用“门机一体”的启闭方式，在闸门内设置了行走机构，行走机构由电动机驱动，门体框架由不锈钢制作，采用平行四边形原理，可伸可缩。关门时，门体在行走机构的作用下逐渐打开，在通道口形成一道坝，挡水挡潮；打开时，门体在行走机构的作用下收缩，并退至门库内；因为门体可以压缩，因此，所需门库较短。

门体框架上的反钩，设在底板上下游两侧的悬臂板上，可水平滑动，并利用悬臂板导向，使闸门在行走机构的驱动下，顺利启闭（伸缩）；当上下游两侧均设置反钩和止水时，伸缩闸门可双向挡水。门体挡水时，利用反钩技术，保持门体稳定和止水。

伸缩式挡水闸门集橡胶坝、横拉门于一体，是一种可移动、可以伸缩的橡胶坝，又是一种可伸缩的横拉门。反钩的卡位作用，可在挡水时为门体稳定提供抗力。

该闸门适用于防洪堤与城市交通道路交汇处的大跨度的旱闸，较好地解决了防洪大堤建设与城市、交通建设的矛盾和难点问题，在同类工程中具有较好的推广应用价值。

3.1.1　方案构思

1. 背景技术

城市周边的长江、淮河、海河、珠江等水域，防洪大堤于码头、渡口、交通通道处均需设置通道口，以方便堤内外行人及车辆穿越。在洪水位或高潮位时，通道口需要防洪、挡潮，因此，需要建闸控制，与防洪大堤连接形成闭合的防洪（潮）体系。这种作为陆上交通闸、防洪挡潮闸，通常称为旱闸。这种旱闸仅上海市黄浦江两岸就有2000多座，由此可见，全国大江大河防洪堤上的旱闸数以万计。

此前，各地穿堤旱闸的防洪闸门，多采用垂直提升的平面钢闸门、人字门、横拉门、叠梁门等，这些门型门体重量大，需要启闭设备大，运用多有不便，且所用门型大多暴露在外，与城市景观不融合，经常发生损坏；实际运用中，传统的旱闸门型，有些因长期不用，又疏于保养，当真正需要防洪措施、防潮时，旱闸又难以关闭，因此，给城市防汛安全带来隐患。

以上背景资料表明，为了城市的防洪安全，防洪大堤通道处的防洪措施，迫切需要一种轻型、便于启闭的挡水闸门。

2. 方案构思

创新方法中有一种叫组合原理和移植原理，是将两种或两种以上的学说、技术、产品的一部分或全部进行适当叠加和组合，用以形成新学说、新技术、新产品的创新原理。爱因斯坦曾说："组合作用似乎是创造性思维的本质特征。"组合创新的机会是无穷的，当今，组合原理已成为创新的主要方式之一。

伸缩式挡水闸门综合采用组合原理和移植原理，将常规的电动伸缩门和橡胶坝创新组合。让电动伸缩门穿上橡胶防水布外衣，形成内框架可以伸缩、外包橡胶防水布可以挡水的伸缩式挡水闸门。集橡胶坝、横拉门于一体，是一种可移动、可伸缩的橡胶坝，也类似于一种可伸缩的横拉门。

电动伸缩门和橡胶坝的组合，不是简单地拼装，而是赋予了新的内涵。两种看上去"毫不相干"的事物组合，是一个创意；严谨的设计思想，使这个创意成长，从而转化为创新设计。巧妙的组合就是创新，但生搬或移植就可能不再具有生命力。从思维角度看，移植法可说是一种侧向思维方法。它通过相似联想、相似类比，力求在表面上看来仿佛是毫不相关的两个事物或现象之间，发现它们的联系。

英国剑桥大学教授贝弗里奇说："移植是科学发展的一种主要方法。大多数的发现都可应用于所在领域以外的领域，而应用于新领域时，往往有助于促成进一步的发现。重大的科学成果有时来自移植。"

在进行方案构思时，善于进行迁移，往往能收到意想不到的效果。这种借鉴和迁移，可以是原理的迁移，也可以是结构的模仿，有时方法也可以借鉴。专利创作也需要移植法，伸缩式挡水闸门就是由电动伸缩门移植而来。

3.1.2 方案设计内容

1. 整体布置

本方案设计的目的是提供一种伸缩式挡水闸门，为实现此目的，本方案由伸缩门体、底板、行走机构 3 部分组成，如图 3.1 所示；伸缩闸门打开则恢复通道，如图 3.2 所示。

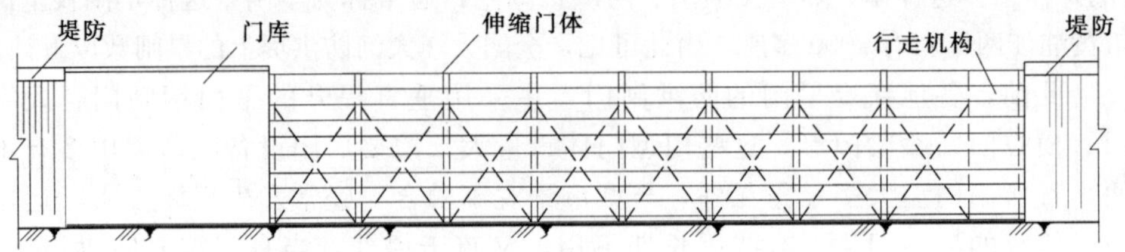

图 3.1　伸缩闸门关闭状态立视图

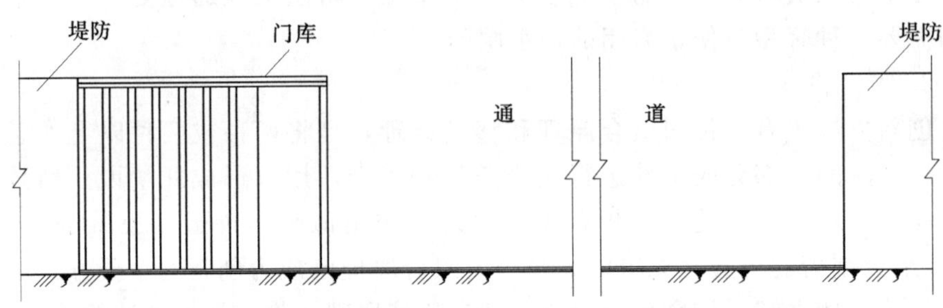

图 3.2　伸缩闸门打开状态立视图

2. 构件及作用

构件及作用如下：

(1) 伸缩门体。伸缩门体由门体框架、交叉撑、轴（定轴、滑轴）和橡胶防水布等主要构件组成，如图 3.3 所示。门体框架、交叉撑和轴等所有构件均由不锈钢制作，外包橡胶防水布，可以伸缩，可以行走。

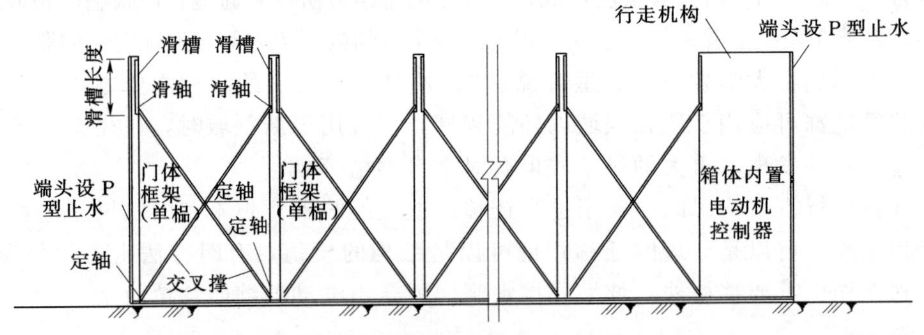

图 3.3　门体框架组合示意图（打开状态）

1) 门体框架。门体框架是伸缩闸门的主要受力构件，由两侧立柱和多道横梁构成，多榀“门”型门体框架串联形成伸缩门体；单榀框架上设置有滚

轮、反钩、滑槽、定轴和滑轴，如图 3.4 所示。

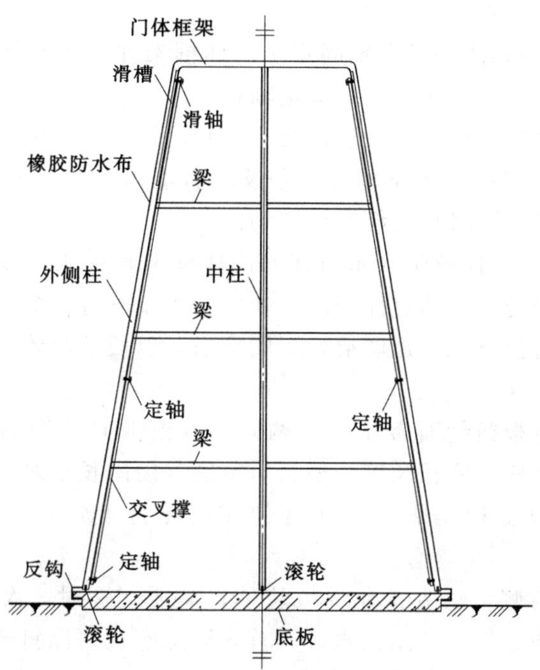

图 3.4 单榀门体框架剖面图

门体框架立柱和横梁采用型钢制作，“门”型框架中间是否设置立柱、设置几道横梁均由计算确定。两侧立柱底端对称布置滚轮，如设置中柱则柱底宜布置滚轮。

门体框架立柱外侧底端设置 U 形反钩，宽度与立柱宽度相同，反钩卡设在底板上下游两侧的悬臂板上，可沿门体伸缩方向水平滑动，并利用悬臂板导向，使伸缩门体在行走机构的驱动下，顺利启闭（伸缩）；当上下游两侧均设置反钩和止水时，伸缩闸门可双向挡水。门体挡水时，利用反钩技术，保持门体稳定和止水。

反钩与门体框架连为一体，反钩具有卡位和导向作用，且在挡水时利用底板上的悬挑板，为门体的稳定提供抗力。

2）交叉撑。交叉撑为斜向构件，其作用是伸缩门体的伸缩构件，又是整个门体的斜向支撑；采用定轴和滑轴与门体框架连接，将各单榀门体框架连为一个整体；交叉撑因采用定轴和滑轴铰接，可以转动，带动门体伸缩。关门时，门体在行走机构的作用下逐渐打开，在通道口形成一道坝，挡水挡潮。开门时，门体在行走机构的作用下收缩，并退至门库内；因为可以压缩至通道宽度的 2/5。因此，所需门库较短。门库为常规混凝土结构，门库顶应设置进人孔，其尺寸还应满足单榀门体框架吊出，门库内容不在本方案主体技术（伸缩门体）范围内，因此不作详细阐述。

3）轴。有定轴和滑轴。定轴固定于门体框架并连接交叉撑，两个交叉撑相交处设置一个定轴，交叉撑可以绕定轴转动。

滑轴设置于交叉撑的顶端，连接交叉撑和门体框架，滑轴在交叉撑的作用下，在门体框架的滑槽内上下滑动，使交叉撑打开或闭合；交叉撑连接于滑轴，从而上下滑动，同时且可绕滑轴转动。

4）橡胶防水布。橡胶防水布与伸缩门体框架和反钩粘接，按门体挡水状态的长度完成橡胶防水布的总体安装；橡胶防水布垂直伸缩方向按照等距离宽度，向门体内侧对折形成多道印痕，如同折扇，以便于门体收缩时，橡胶防水布有序地收叠在一起。

（2）底板。底板横剖面为T形，两侧悬挑板供U形反钩卡位和行走；底板为钢筋混凝土结构，底板长度为通道口宽度与门库长度之和，即底板延伸至门库端头；底板顶面根据需要可布置伸缩门体行走轨道，混凝土内预埋电线等。

底板上下游两侧可设置预制斜坡块体，需要交通时，人工放置与底板衔接，便于交通；伸缩门体关闭挡水时，首先清除底板两侧斜坡块体；此内容不在本创新技术范围内，不作详细阐述。

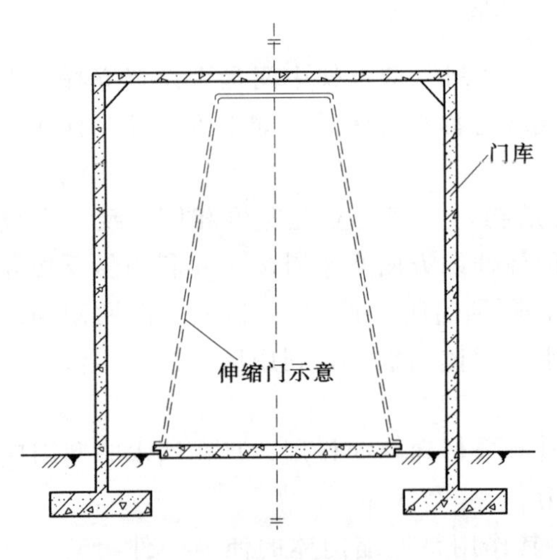

图3.5 门库剖面图

（3）门库。门库设置于通道一端，用于伸缩门打开后存放门体，为常规的钢筋混凝土结构，门库横剖面如图3.5所示。

（4）行走机构。行走机构为密封防水箱体，由不锈钢制作。箱体内有电动机、控制器和相关电气。箱底设置若干组对称布置的行走滚轮，采用“门机一体”的启闭方式，行走机构的箱体设在伸缩式闸门开启的端部的门体内，带动门体伸缩运动，与门体配套使用。

1）电动机。电动机设置于行走机构的箱体内，是伸缩闸门的驱动设备，是行走机构的动力，由电线与电源连接。

2）控制器。由控制盒和台式控制器组成。控制盒固定在行走机构的箱体内，由它接收控制器发出的指令控制门体的运行。台式控制器：主要由值班人员在值班室内使用。

3）其他。也可配置手柄遥控器，根据现场的无线电通信环境，可在机头周围10～30m内，活动控制伸缩闸门的开、关。

3. 运行方式

运行方式如下：

（1）闸门关闭，挡水防洪（潮）。需要挡水时，首先清除底板两侧的斜坡体，再接通电源，启动电动机，给控制器行进指令，门体在行走机构的驱动下逐渐打开，在通道口形成一道坝，挡水挡潮。行走机构开始运行时，与之相连接的交叉撑逐渐打开，同时带动第一个门体框架行走，从而又带动相连接的交叉撑打开，带动第二个门体框架行走，如此循环，将整个伸缩门体打开；行走机构行走至通道另一端时，与门框相碰接，电动机停止运行，伸缩门体就位锁定。交叉撑因采用定轴和滑轴铰接，可以沿门体框架滑动，可以转动，能传递拉力，带动门体逐渐打开。

（2）闸门开启，提供交通。无需挡水时，需要保持通道畅通，伸缩门体需要开启。接通电源，启动电动机，给控制器后退指令，门体在行走机构的驱动下带动交叉撑，交叉撑传递推力，推动门体框架，如此循环，伸缩门体逐渐收缩，并退至门库内，停机就位。

伸缩门体于门库内，可以根据需要对伸缩门体吊出进行检修、维护。

3.1.3 创新技术特点和实施方法

1. 创新技术特点

伸缩式挡水闸门与常规水闸相比具有以下特点：

（1）造价低，与相同宽度的闸相比较，可减少投资40%～70%。

（2）施工期短，门体可工厂化制作，现场只需要施工底板、安装门体，施工方便。

（3）伸缩门体为铰接结构，结构性能好，能抵抗地震、波浪等冲击；能适应因地基差异而造成的沉降。

（4）应用跨度无限制，不论防汛通道是宽还是窄，伸缩式挡水闸门都可以使用。

（5）门库长度短、维修方便。伸缩式挡水闸门，压缩后的长度约为闸孔宽度的2/5。因此，需要的门库长度小，便于布置，且节省投资。

（6）能适用于多种需要：用于防洪大堤上通道的旱闸；也可作为河道中的节制闸，可替代橡胶坝，门库较短可设在堤内，隐蔽性好，上部无闸室结构，与周边环境融为一体；可用于地下空间的进出口，作为应急防汛挡水。

2. 具体实施方法

具体实施方法如下：

(1) 底板浇筑，并按照要求预埋轨道和预埋连接电线等。

(2) 门体框架工厂制作，并安装滚轮，立柱一侧焊接反钩。

(3) 交叉撑工厂制作，行走机构的箱体制作，内置电动机和控制器、电线等。

(4) 组装门体框架、交叉撑和行走机构，完成总体伸缩门体结构。

(5) 伸缩门体结构最大长度状态（挡水工况），于外侧粘接橡胶防水布。

(6) 收缩伸缩门体至最短状态，运至通道现场。

(7) 将伸缩门体安装于底板，首先将反钩套于底板一侧的悬挑板，扶正伸缩门体；于底板另一侧，焊接反钩，并完成相应的橡胶防水布粘接。

(8) 调试：

1) 首先用手动的方式人工推拉伸缩门体，检查门体运行是否正常，在确定门体运行正常的情况下，方可接通电源。

2) 接通电源，控制器电源指示灯亮，按"开"按钮，"开"指示灯亮，门体能自动打开至设定的限位处自动停止。按"关"按钮，"关"指示灯亮，门体能自动关闭至设定的限位处自动停止。

3) 在调试运行过程中如发现门体运行限位不准确，可调整控制器中限位开关的高度。

4) 调试运行3次以上，如一切正常方可投入使用。

3.2　人字门反向挡水装置

人字门反向挡水装置，可用于新制作的人字门，也可用于已建人字门的更新改造，增加反向挡水功能。该装置，具有结构简单、安装方便等优点。随着城市的发展，滨海城市河道需要景观和生态挡水越来越多，现阶段已有的人字门需要反向挡水；人字门便于通航，无上部建筑物，符合城市景观要求，因此，人字门反向挡水装置，有着良好的应用前景。

3.2.1　背景技术

人字门是由两扇门叶组成，两扇门叶分别绕闸墩内的垂直门轴旋转，关闭挡水时，俯视形成"人"字形状的闸门。门叶底部支承在底枢上，顶部支承在顶枢上，在顶部的启闭机推拉杆的作用下，门叶绕着通过顶、底枢的轴转动；在启闭时门叶靠顶、底枢支承。关闭正向挡水时，两扇门叶构成三铰拱以承受水压力，如图3.6所示；开启时，两扇门叶位于墩墙的门龛内，不承受水压

力，处在非工作状态。

正向挡水时水压力靠设在门轴柱上的支枕垫块，传递给闸墩。但常规的人字门反向挡水时，两扇门叶之间无连接、底枢也不能承受水压力产生的水平荷载，因此，无法直接反向挡水。

以上背景技术的分析，其过程已孕育着专利创作，反向思维，正向挡水的人字门，创新转化为反向挡水，完成这一创作命题需要创新思维。

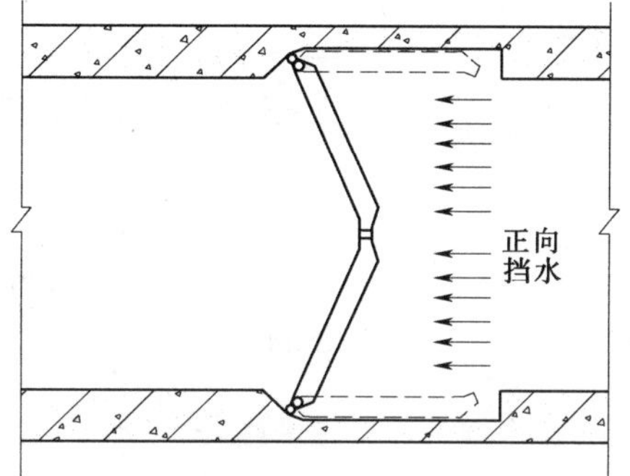

图 3.6 传统人字门挡水示意图

逆反原理首先要求人们敢于并善于打破头脑中常规思维模式的束缚，对已有的理论方法、科学技术、产品实物持怀疑态度，从相反的思维方向去分析、去思索、去探求新的发明创造。实际上，任何事物都有着正反两个方面，这两个方面同时相互依存于一个共同体中。人们在认识事物的过程中，习惯于从显而易见的正面去考虑问题，因而阻塞了自己的思路。如果能有意识、有目的地与传统思维方法“背道而驰”，往往能得到极好的创新成果。

实践证明，逆向思维是一种重要的思考能力。个人的逆向思维能力，对于全面人才的创造能力及解决问题能力具有非常重大的意义。

3.2.2 方案设计内容

在滨海城市中，潮起潮落，河道需要景观和生态蓄水，当河道控制建筑物采用人字门时，则需要双向挡水，而常规的人字闸门只能单向挡水，不能满足使用要求。本技术是在传统的人字门的基础上，在需要双向挡水时，增设反向挡水装置，将单向挡水的人字门转换为双向挡水。

1. 整体布置

传统的人字闸门只能单向挡水，但在滨海城市中，潮起潮落，河道需要景观和生态蓄水，当河道控制建筑物采用人字门时，则需要双向挡水。本技术是在常规人字门的基础上，增设反向挡水装置，将单向挡水的人字门转化为双向挡水。人字门反向挡水时，两扇门叶和增设的反向挡水装置，构成受拉的三铰拱，如图 3.7 所示。

为了实现人字门反向挡水功能，新建或改建的人字门需设置反向挡水装置，门轴边设置若干组链杆，门体顶端边设置若干组整体式插销；这两种装置均为不锈钢制作，沿门高分设若干组；反向挡水时，由链杆、门扇和整体式插销组成三铰拱。门扇四周按常规设置反向止水。

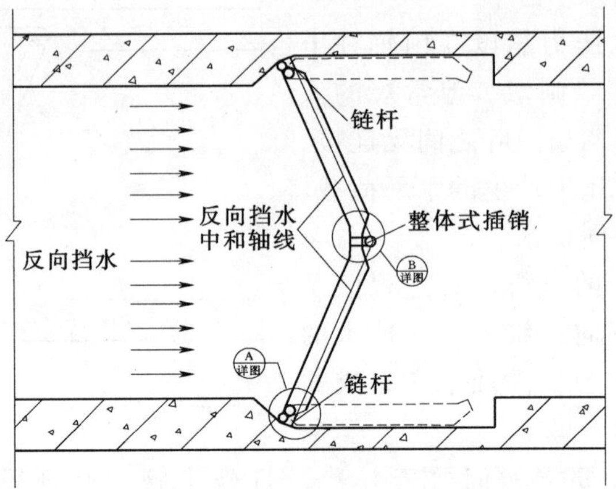

图 3.7　人字门反向挡水布置

2. 构件及作用

构件及作用如下：

(1) 链杆。链杆为一组构件，由链条和一对固定轴组成，如图 3.8 所示；链杆沿门高设置若干组，如图 3.9 所示；固定轴分设在门体和墩墙上，链条可移动，闸门安装完成后，套上链条；闸门需要搬用检修时，取出链条。链杆的作用是门扇的铰支座，将门扇所承受的水压力传给闸墩。

(2) 整体式插销。整体式插销的作用是将两扇门叶铰接，如图 3.10 所示。由插销杆、插销和插销孔组成。插销杆为一根金属杆，其上连接若干个插销，

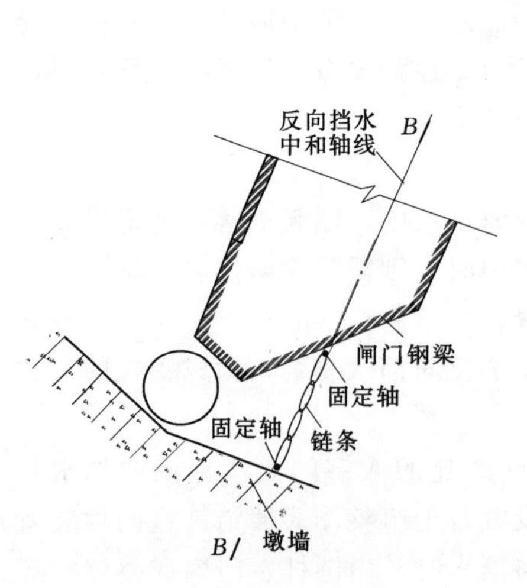

图 3.8　链杆详图（详图 A）

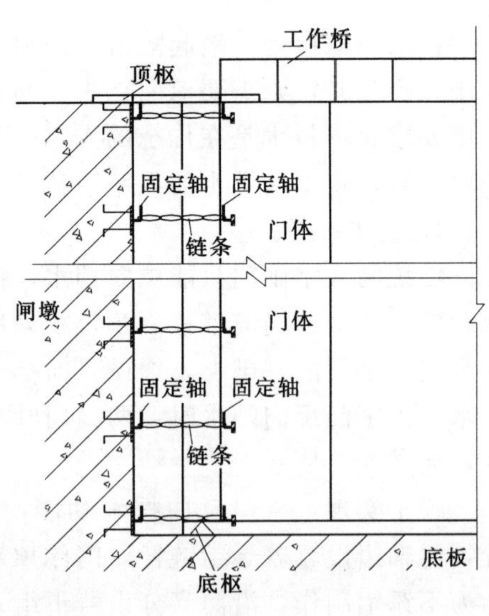

图 3.9　链杆布置示意图（B—B 剖面）

插销杆可上下移动，如图 3.11 所示；其动力设备或手动装置设于门体的顶部，在静水中，闸门需要反向挡水前，在闸门关闭状态向下制动插销杆，从而带动各个插销穿过插销孔锁定两扇门叶；正向挡水和闸门开启时，向上提起插销杆打开插销。

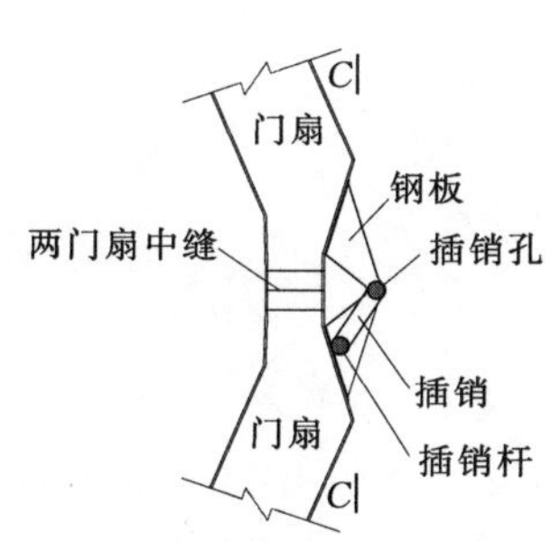

图 3.10 整体式插销详图（详图 B）

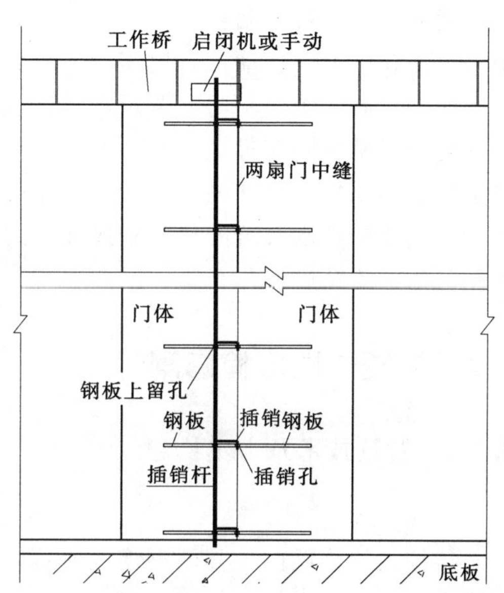

图 3.11 整体式插销布置示意图（C—C 剖面）

插销孔分别设在两扇门体上，两个插销孔为一对，上下对孔设置，两个插销孔和一个插销组成一个锁定节点。

以上所述反向挡水装置，结构紧凑，布置清晰，安装方便。需要反向挡水时，在静水中由整体式插销对两扇门体进行锁定，该功能由门顶上启闭设备或手动实现。而链杆因为只能受拉不能受压，非常方便适应反向挡水的受拉状态，这是一道十分可靠的转换措施。

3.2.3 实施方法及运行方式

实施方法及运行方式如下：

(1) 人字门反向挡水装置，必须同时具备链杆装置和整体式插销装置，人字门才能具备反向挡水功能。

(2) 链杆装置，由若干组链杆构成（图 3.8、图 3.9）；一组连杆由一根链条和两个固定轴组成，两个固定轴于同一高度分设在门体和墩墙上，门体制作时，同时将一个轴焊接，另一固定轴，焊接于闸墩预埋件上。门扇安装后，最后将链条两端分别套上固定轴。

（3）整体式插销装置，由插销杆、插销和插销孔组成（图 3.10、图 3.11）；插销孔设置于不锈钢钢板上，不锈钢钢板分别焊接于两扇门体上，两个钢板上的插销孔为一对，上下对孔设置，两个插销孔和一个插销组成一个锁定节点，将两扇门体锁定，形成铰接。

插销杆为一根金属杆，其上连接若干个插销，于一侧门体钢板上设孔，插销杆可在孔中上下移动，其启闭设备或手动装置设于门体的顶部工作桥上。

（4）在静水中，闸门需要反向挡水前，闸门关闭状态时向下制动插销杆，带动各个插销一同穿过插销孔，从而锁定两扇门叶；正向挡水和闸门开启时，向上提取插销杆，打开插销，两扇门体即可分离。

上述反向挡水装置的材料和尺寸，需根据布置经过强度计算确定，并按照钢闸门的加工精度制作。

3.3　轻便式拱形检修闸门

3.3.1　背景技术及方案构思

1. 背景技术

传统的检修闸门，其门型多为平面，材料为钢材；采用叠梁式或单扇门，由钢材制作，其重量重，且需要定期维修保养，使用时需要采用起吊设备，工程维修不便；钢闸门造价高、结构复杂。

闸门在水利工程中应用较多，目前采用的基本上都是平面钢闸门或弧形钢闸门。本新技术（新的结构型式）、新材料（功能更好的材料）的应用，以检修闸门作为切入点，逐步向工作闸门拓展，门型也可多种多样，如传统的平面门、弧形门等。

检修闸门在水利工程中应用较多，传统的检修闸门，其门型多为平面，材料多为钢材。当采用叠梁式或单扇门，钢材制作，重量重，且需要定期维修保养，使用时需要采用起吊设备，工程维修不便；钢闸门造价高、结构复杂。钢闸门由于使用环境多变，如水位涨跌造成干湿交替，或受到水质污染、气体、阳光及水生物的侵蚀，还受水流、泥沙、冰凌和漂浮物的冲击摩擦等，使钢材表面快速而普遍发生锈蚀，运行几年的钢闸门都不同程度存在锈蚀现象，严重的锈蚀会导致钢闸门构件强度降低，影响钢闸门运行安全。因此，钢闸门的防腐蚀，运行维护每年要花大量经费。

上述表明传统的叠梁式钢闸门，材料和制作费用大，维修费用高，使用不便，已难以满足工程使用要求，窘显技术落后；时代呼唤水利工程科技进步，水工闸门亟须新门型、新材料的应用。

2. 方案构思

通过背景技术分析，有助于产生新的概念，有助于克服心理障碍，改善思维方式，在创新活动中有实际的作用，是改进老产品开发新产品的非常实用的方法。

采用列举法，对背景技术的各项目下试用可替代的各种属性加以置换，引出具有独创性的方案。进行这一步的关键是要尽量详尽地分析每一特性，提出问题，找出缺陷，再从材料、结构、功能等方面加以改进。

从现有的检修门中找出问题，对症下药，提出改革设想。作为设计工作的一个环节，方案构思应完成的主要任务是对设计对象进行深入分析，找出为达到设计要求应该解决的主要问题及可能的解决方法。对于检修门，基于背景技术可得出如下分析点：

(1) 结构分析。现有检修门型多为平面闸门，需要创新，拱形受力较优。

(2) 造型分析。现有检修门多为叠梁式，是采用常见的传统形式，还是进行创新设计。采用叠梁式，便于安装。

(3) 材料分析。传统检修门采用的是钢结构，本方案是采用金属或者是塑料，或者是用代用品，以塑代钢，重量轻、不生锈。

经过上面几个方面的分析，并初步确定了所采用的方案后，就为门型的方案设计奠定了基础。

3.3.2 方案设计内容

1. 平面布置

塑料面板闸门可根据使用年限，到期可完全回收、再生，减少废弃物对环境的污染；塑料闸门强度高、韧性强、耐冲击、弹性强，不易变形，表面平滑、光洁。重量轻，便于搬运和安装；安装时，将门梁依次放入门槽中，门梁箱体内放入配重预制块，由两人即可操作。

轻便式拱形检修闸门采用叠梁式，由若干个门梁组合，门梁采用热塑性复合材料，在高温下注塑加工而成。闸门尺寸较大时，可分成多个构件制作，运到安装现场，采用无缝焊接技术进行现场拼装。

轻便式拱形检修闸门，根据闸孔尺寸大小，可采用叠梁式或单扇门，挡水状态，如图3.12所示。

2. 构件组成和作用

本技术的目的是提供一种轻便式拱形检修闸门，为实现此目的，本方案采用拱形结构、叠梁式组合；叠梁门的分节数量应根据挡水高度和方便操作等因素确定，结构断面尺寸应根据门梁整体强度计算确定；单个门梁应根据门梁重量、排水体积计算确定配重。

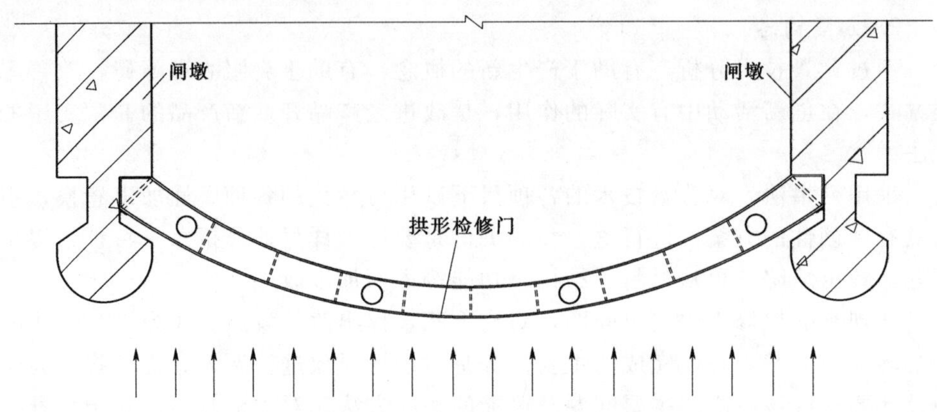

图 3.12　轻便式拱形检修闸门挡水状态平面图

所述门体采用塑性复合材料制作，在高温下注塑加工而成。拱形门梁，分若干节制作；闸孔跨距较大时，一节门梁可分段制作，现场焊接。

所述拱形门梁，其矢高 f 与跨距 L 之比一般为 1/5～1/10，如图 3.13 所示。

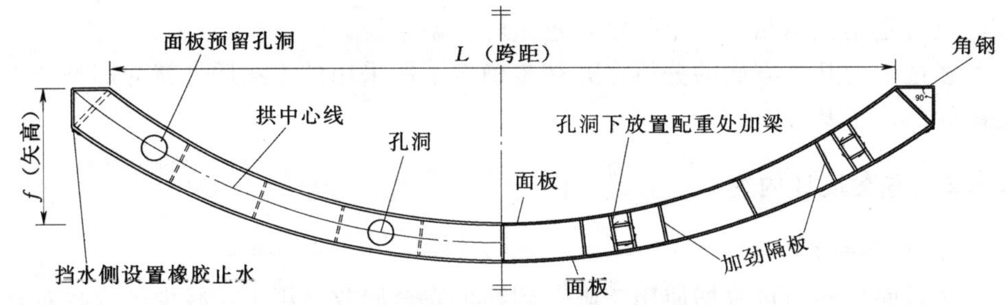

图 3.13　门梁平面图（左）、水平剖面图（右）

所述门梁拱脚采用直角铰，拱的中心线与直角的平分线重合，构成一个直角等边三角形，不易变形，构造简单，传力明确而直接；保证了门体支撑面的强度，有效地将门体所受水压力传递至墩墙。拱脚设置两个面与门槽平面接触，门槽两个支撑面，互为约束，提高了支撑的稳定性。

单个门梁由四面板围合而成，中间加设若干加劲隔板；门梁顶封箱板对称设置孔洞，以便配重物放入箱体内，配重物可采用混凝土预制块。门梁节间采用硅胶止水，挡水外侧采用常用的橡胶止水。门梁之间采用硅胶条止水，门梁面板底板采用槽形口，内嵌硅胶条，门梁面板顶部采用凸形口，上下门梁对接。

门梁外侧止水布置于挡水面门梁外侧，可借助水压力止水；最下一块门梁底采用平底，设置槽形口内嵌硅胶条，门梁底外侧采用 P 型橡胶，并与侧止水连续闭合。如图 3.14 所示。

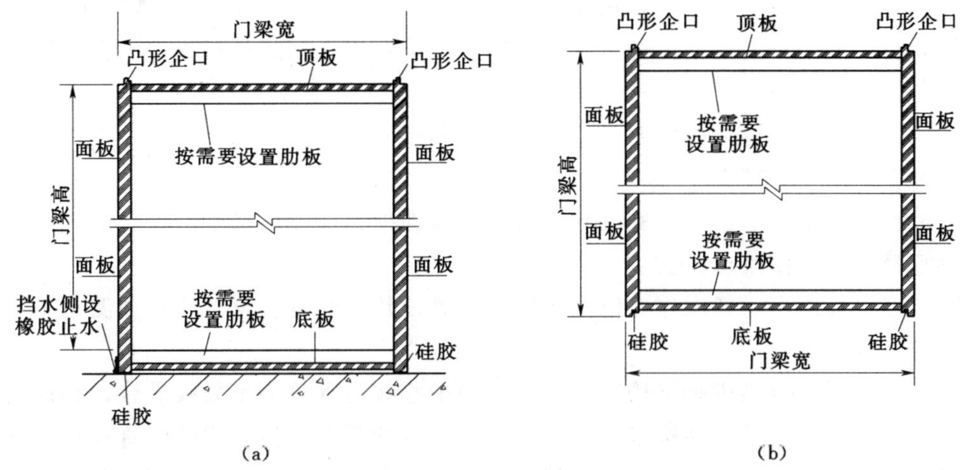

图 3.14 门梁剖面图

(a) 底节门梁剖面图；(b) 标准节门梁剖面图

门梁启闭，可采用汽车吊或人工操作（控制配重块的大小）。关闭时，将门梁依次放入门槽中，前一节门梁在后一节门梁（内置配重）的重力作用下沉入水中。开启时，先将门梁内的配重物吊出，依次让门梁浮起后吊出门槽。

3.3.3 实施方法和有益效果

1. 实施方法

轻便式拱形检修闸门为叠梁式，叠梁门的分节数量应根据挡水高度和方便操作等因素确定，结构断面尺寸应根据门梁整体强度计算确定；单个门梁的配重应根据门梁重量、排水体积进行计算确定。

所述门梁（图 3.13），为拱形结构，其矢高 f 与跨距 L 之比一般为 1/5～1/10。

所述拱形门梁，分节制作，采用塑性复合材料制作，在高温下注塑加工而成；闸孔跨距较大时，一节门梁可分段制作，现场焊接。

所述单个门梁由四面板围合而成，四面为面板、底板、顶板、中间加设若干加劲隔；门梁顶封箱板对称设置孔洞，以便配重物放入箱体内。放置配重块处宜设梁加强，并铺设聚氯乙烯板以防撞击门体。

所述门梁节间采用硅胶止水，门梁面板底部设置凹槽，内嵌硅胶条，门梁面板顶部设置凸形企口，上下节门梁对接，由重力压紧硅胶条止水；侧止水采用常用的橡胶止水。最下节门梁底部采用硅胶设置于门底，在上部荷载作用下而压紧发挥止水作用；在底部挡水侧又设置一道橡胶止水，与侧止水形成闭合。

所述拱形门梁，采用直角梯形门槽，拱脚设置直角角钢与门槽平面接触；门梁在门槽内只需要在跨径方向留有适当余量，以保证运行过程中不会卡阻。

2. 有益效果

(1) 轻便式拱形检修闸门，是采用新型结构、新材料制作、新型支撑铰的一种全新的设计理念。

(2) 采用拱形结构，充分利用材料抗压性能；所述拱形闸门为叠梁式，单件重量轻，方便搬运、安装。

(3) 采用新材料制作，以塑代钢；门梁由热塑性复合材料，在高温下注塑加工而成。

(4) 所述门梁拱脚采用直角铰，拱的中心线与直角的平分线重合，构成一个直角等边三角形，结构稳定，不易变形，构造简单，传力明确而直接；保证了门体支撑面的强度，有效地将门体所受水压力传递至墩墙。门槽有两个面与门体平面接触，两个支撑面，互为约束，提高了支撑的稳定性。

3.4 直升门转换为横向行走的方法

3.4.1 背景技术和方案构思

平面直升门在水闸工程中应用较多，尤其是在沿海地区，应用较为普遍，如上海市的沿江、沿海水闸基本上都是平面直升门；由于通航需要（水路运输或内河作为避风港），多数河口水闸都要求具有通航的功能。为了满足通航需要，水闸的排架很高，因此，对抗风暴、抗震较为不利。

当泵闸合建、一列布置时，“泵＋闸＋泵”或“泵＋闸”，工程场地又偏小，因此，闸门安装检修都很不便；例如，12m宽的直升钢闸门，重达70t左右，安装或检修时如果采用汽车吊，则需要300～500t的汽车吊，但因场地狭小，不方便汽车吊操作。

直升门是沿海地区水闸最为常用的门型，但为了通航，通常排架需要很高；而对于10m以上跨度的直升门，因重量较大，或因场地限制，通常又存在安装和检修闸门难以搬运的问题。

上述直升门在工程中存在的两方面问题，在水利工程建设中屡见不鲜，因此，非常有必要寻找一种解决方法。

方案构思是基于背景技术展开，针对直升门在实际工程中存在的上述两方面问题，本方案提出了一种直升门横向移动的方法，将常规的直升门转换为横向行走，闸门由垂直升降和水平横行两步动作组成。当闸门提升至闸墩高程后，水平横移出闸孔；这样既可以解决直升门为了通航而设置的高排架，又可以解决门体重不便于安装维修的问题。

3.4.2 方案设计内容

本实用新型专利提供一种将常规的直升门转换为具备两种行走方法的门型，即直升门由垂直升降转换为水平移动的方法，以下分组成和作用、运行方式两个部分阐述。

1. 构件组成和作用

本方案既可以解决直升门为了通航而设置的高排架，又可以解决门体重不便于安装维修。对于通航孔，启门高度与闸门提起高度一致即可，闸室排架的高度可以大大减少。而直升门的制造、安装与常规的直升门一致。本技术有以下组成：

（1）在闸孔外侧另设置相同跨度和高度的排架，作为闸门水平移动的支撑结构和门库，如图 3.15 和图 3.16 所示。

（2）常规的启闭设备需要改为可以移动的启闭设备。为保证移动的准确性，设置行走轨道，启闭设备的车轮设有轮缘，轮缘主要作用就是导向和防止脱轨，如图 3.17 所示。

（3）为保证闸门在两个方向上有效地转换和运行，设置有闸门落槽导向装置和导向架。

（4）所述闸门落槽导向装置，由闸室门槽上部一侧 U 形导槽组成，导槽宽度比门槽宽 6mm，导槽与导向架直角相交；定位轮与导槽之间留有 3mm 间隙，以便于闸门由初步定位过渡到准确入槽。

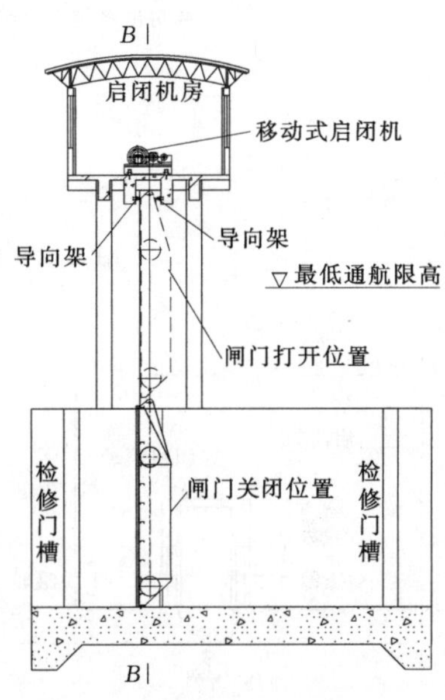

图 3.15 闸室横剖面图
（A—A 剖面）

（5）所述导向架为条形钢板，于启闭机下的混凝土梁内侧焊接于预埋件上，如图 3.18 所示；也可以直接利用混凝土梁作为导向架，定滑轮直接焊接于预埋件。导向架上共设置不少于 12 只定滑轮，作为定位轮，对称布置；相对定滑轮之间净距为门槽宽度加 6mm。导向架的作用有两点：①定滑轮的定位和导向作用，减少闸门横向运行时的前后晃动；②当闸门由横向运行转为垂直升降时，作为闸门落槽前的初步定位。

（6）为保证闸门在垂直提升和水平横拉，两者间转换自如，除上述措施外，启闭机上还应设置行走位置指示器，采取双控制、双保险。

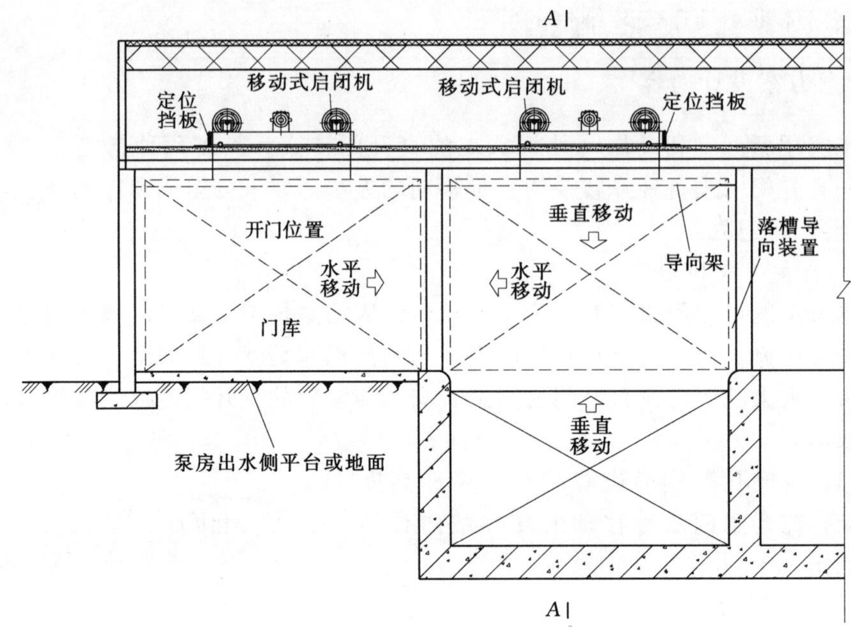

图 3.16　闸室纵剖面图（*B*—*B* 剖面）

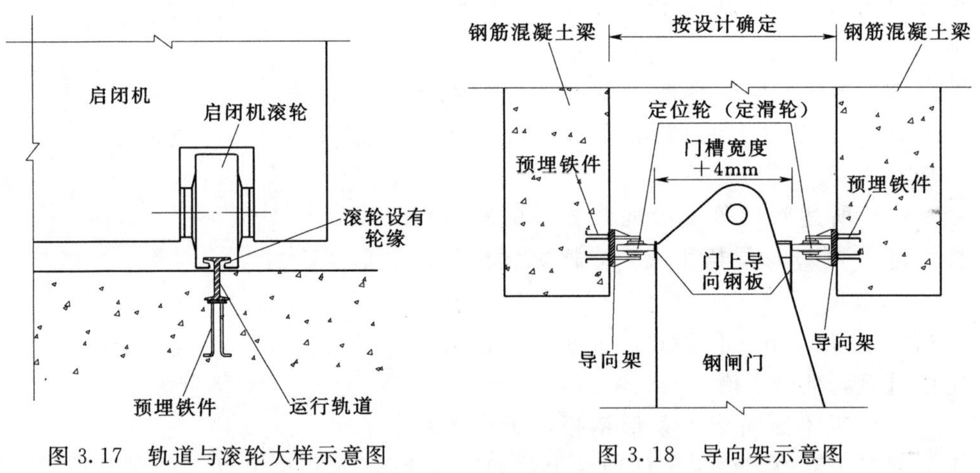

图 3.17　轨道与滚轮大样示意图　　　　图 3.18　导向架示意图

（7）为克服闸门移动中前后晃动，可将启闭机与闸门间用钢丝绳柔性连接改为刚性连接；上述在闸门顶部设置两侧有定滑轮的槽口，门体从内移动，也可以减小晃动。

（8）辅助设施有挡板和电子监控系统。所述挡板设置于开门和关门两个状态情况下，移动式启闭机停止时相应位置的端头，其作用是当启闭机误操作时，阻挡启闭机运行并报警。所述挡板可以采用角钢固定于楼面混凝土结构上，在防撞一侧粘贴橡胶片。

(9) 所述电子监控系统，是在启闭机上设置与行走机构联锁的自动装置。为保证闸门垂直提升到预定位后，转为水平横拉，一方面在启闭机上可以设置高度行走位置指示器，并设置遥控操作机构；另一方面在台车上设置操作平台，其上布置就地操作控制台；由此，确保闸门的垂直升降及水平横拉能准确到位。

通过上述措施要求达到：启闭机启动、停止平稳，闸门上下提升、水平移动十分正常，闸门定位准确。

2. 运行方式

闸门启闭均由垂直升降和水平横行两步动作组成，其顺序由关闭闸门或打开闸门的需求确定。

(1) 打开闸门。打开闸门，闸门由垂直升降转为水平横行。

闸门处于关闭状态，启动卷扬机将闸门向上提升，闸门吊出门槽后，即出闸墩顶面后，门体一侧沿着导槽平稳向上至导向架并停止提升；闸门顶部在两侧定位轮的保护下，启动水平行走装置将闸门向门库运行，运至门库后停机并锁定闸门。

(2) 关闭闸门。关闭闸门，闸门由水平横行转为垂直升降。

打开锁定，同时启动卷扬机向上稍微提动闸门，并保持提升力；启动水平行走装置，闸门在导向架的引导下向闸室运行，运至闸室后停止行走，并逐渐放下闸门，在落槽导向装置的引导下，闸门顺利进入门槽完成闸门关闭。

3.4.3 具体实施方法

闸门垂直提升转换为水平横拉的新技术，应根据水闸的布置，具体实施方法如下：

(1) 按闸门提升至闸墩后可以水平移动的要求确定排架高度。

(2) 按照常规直升门启门力确定移动式启闭机。

(3) 按照所移动闸门的闸孔宽度，在该闸孔外侧另建一跨排架，与闸孔排架同高、同跨度，作为闸门门库，上部作为启闭机房。

(4) 安装轨道、导向架及落槽导向装置。

(5) 安装移动式启闭机挡板，电子监控设备等。

第4章

围垦工程的新技术与新工艺

考察创新对象的发展前景，最基本的要点是考察该创新的使用价值是否大于它的成本价格，也就是要看它的性能、价格是否优良。在现有科学水平和技术条件下，如不限制实现创新方式和手段的复杂性，所付出的代价可能远远超出合理程度，使得专利创作毫无使用价值。可以说，不考虑成本的创新是毫无价值的劳动。

专利创作要求我们摒弃结构复杂、功能冗余、使用繁琐的技术。U形模袋筑堤不仅适用于深水、方法简单，更重要的是成本低，切实可行。

在科技竞争日趋激烈的今天，掌握了专业知识，人们才能有效地掌握创新方法，只有将专业知识和创新方法有机地结合起来，才有可能成功地开展创新活动。正是如此，本章所述围垦工程新技术与新工艺，用简单机理诠释创新的梦想。

围垦工程是指用堤坝把滩地围起来开垦。本章所述围垦是指对海滩地的围垦，又叫滩涂围垦，或称为围海造地。滩涂围垦是在滩涂上筑成封闭围区，形成土地。因此，所述围垦工程有两项主要内容：一是筑堤，二是促淤。

目前，浅海滩地已基本被围垦利用，浅滩资源接近枯竭，围海造地正由浅滩向深水区发展，且逐渐向大型化发展。传统的滩涂促淤有充泥管袋、抛石围堤，均难以满足深水围垦及大面积围垦作业。海洋资源是我国最具潜力和竞争力的资源，具有良好的发展前景，围海造地是拓展城市空间的重要途径之一。因此，我们需要先进的围垦技术。

及时了解围垦工程的技术动态，使自己能迅速跟进目前先进技术的发展现状，能引导自己将所学知识有意识地朝这些领域发展。一方面我们可以了解技术结构知识，另一方面还可以激发自己的创造才能。

本章所述 3 个围垦工程创新方案，正是迎合围垦迈向深水，围垦需要低碳环保的技术前沿。

4.1 一种新型吹填模袋

4.1.1 背景技术及方案构思

1. 背景技术

目前，围海造地正由浅滩向深水发展，不断发展的筑堤技术正向传统技术发起挑战。

充泥管袋筑堤是 20 世纪 90 年代发展起来的一种新技术、新工艺，该创造性的技术，为我国围海造地、航道治理、抗洪抢险、环境保护、垃圾处理等方面作出了卓越的贡献。但是，这种技术在袋体铺设、充填泥浆浓度、袋体的防护措施等方面都有严格的要求；且需要抢低潮施工，尤其是深水施工难度很大，几乎不可能。

上述表明现阶段的充泥管袋筑堤，材料和施工费用大，尤其是深水施工难度很大，已难以满足工程使用要求，窘显技术落后；时代呼唤水利工程科技进步，围堤亟须新技术、新工艺的诞生。

2. 方案构思

方案构思步骤如下：

（1）寻找问题。采用缺点列举法解析充泥管袋筑堤：

1）管袋为全封闭的袋，尺寸有限，较小。

2）需要层层叠加，深水难以施工。

3）只有几个袋口，一个个充填，花费时间多，劳动强度大。

4）充填物在袋中流动不均匀。

5）充填物受到限制，需要砂性料吹填，有一定的要求。

（2）解决问题的思路。改变使用方法，改变管袋的形式，从分析中寻找灵感。对现状充泥管袋筑堤进行分解，提出问题，找出缺陷；然后针对各个局部再从材料、结构、功能等方面加以改进。在各项目下试用可替代的各种属性加以置换，引出具有独创性的方案。如此，针对所列缺点逐条分析，研究其改进方案或者能否缺点逆用、化弊为利；有针对性提出对应的措施，再经过综合即可形成创新设计方案：

1）将众多的小袋简化为一个大袋，采用U形敞口袋。

2）按照堤高设置U形袋，无需层层叠加，且能满足深水施工。

3）U形袋为敞口，吹填方便，大大减小了劳动强度。

4）U形袋为敞口，吹填范围不受限制，充填物在袋中可以均匀吹填。

5）U形袋为敞口，充填物不受限制，可以直接采用疏浚泥掺插吹填，为变废为宝提供条件。

4.1.2 创新方案内容

本方案技术目的是提供一种筑堤的新方法，为实现此目的，本方案采用桩-土工织物组成U形充填模袋，其构成如图4.1所示。U形模袋吹填土料后形成吹填堤，如图4.2所示。

（1）桩。桩首先是作为U形模袋的支架，且可以用于吹填堤的抗滑稳定。桩间距由设计确定，一般取决于堤高（稳定）、土工织物的抗拉强度等因素；桩为钢筋混凝土预制桩，桩长和入土深度由堤高、地质等因素通过稳定计算确定；在堤高较小时，也可采用木桩或竹桩。

桩顶横向间连接，根据需要可以设置混凝土拉梁、木拉梁或钢拉梁等，以增加吹填堤整体稳定；纵向两桩间设置拉索，用于挂起U形模袋两侧的袋壁，以形成U形模袋。

（2）砂肋或砂袋。砂肋或砂袋由土工布组成，其内充填砂料。主要作用是方便U形模袋安装、定位，同时加强地基强度，其设置范围组成U形模袋的底宽，即桩的横向间距。

（3）加筋带。加筋带有模袋加筋带和对拉加筋带。模袋加筋带与U形模

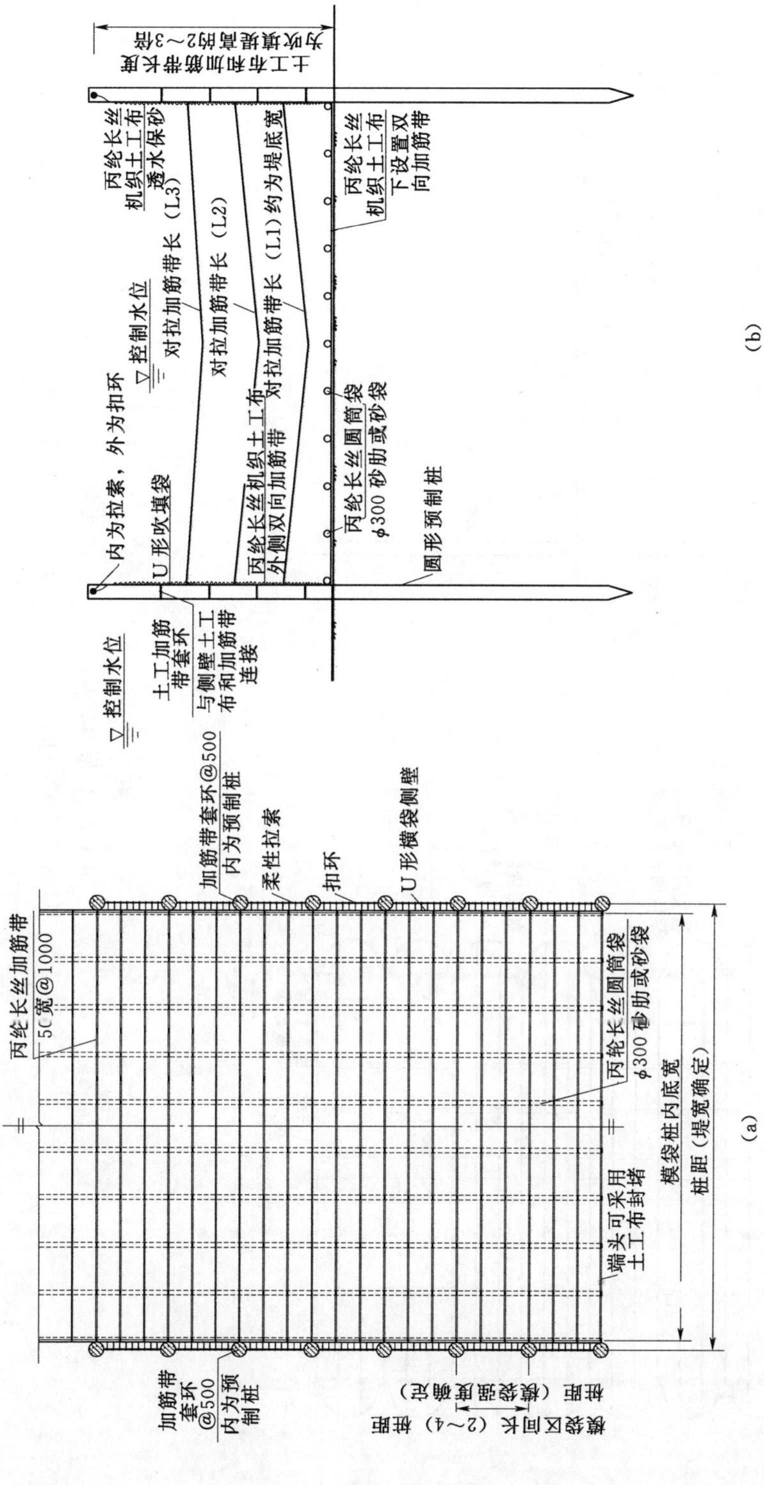

(a)

(b)

图 4.1 U形模袋构成图

(a) U形模袋未充填平面；(b) U形模袋横剖面图

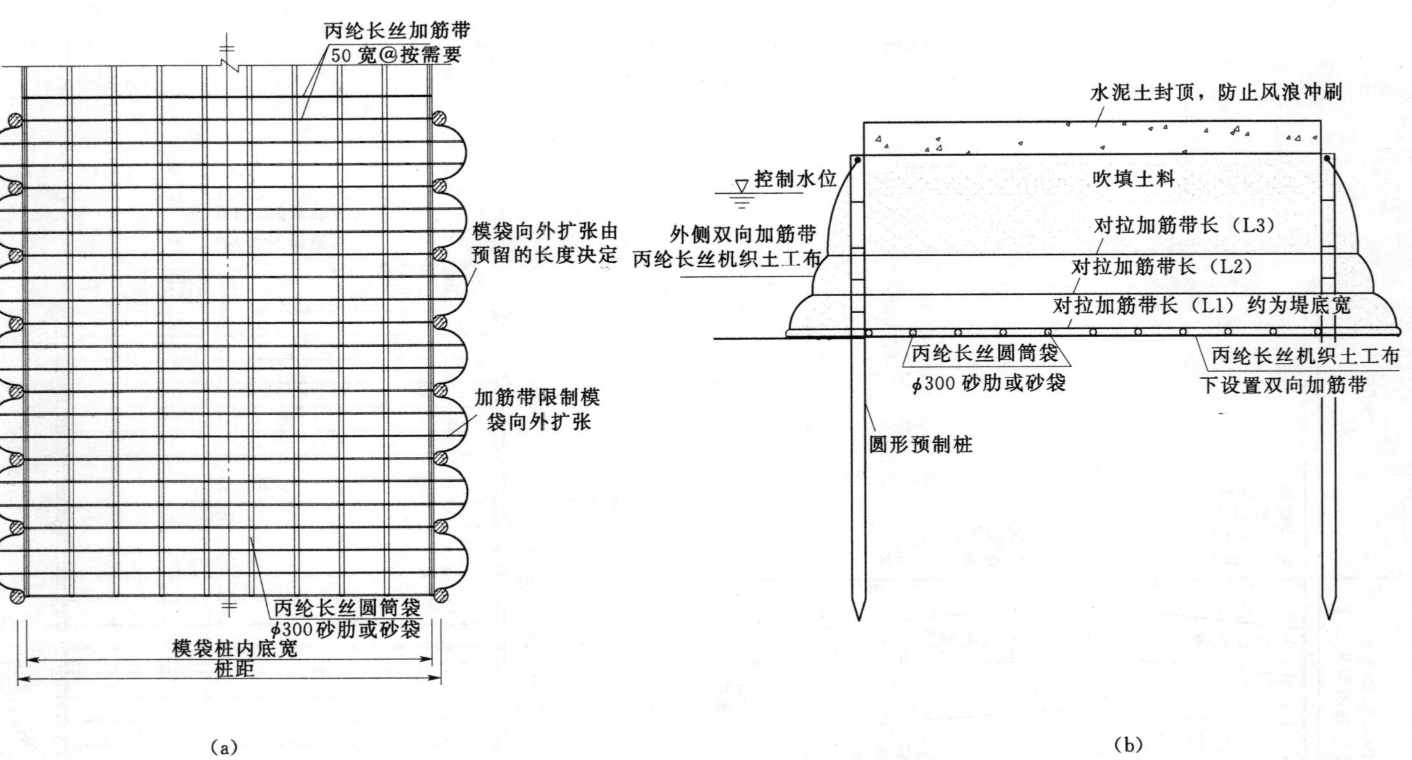

图 4.2 U 形模袋吹填堤平面、剖面图

(a) U 形模袋充填后底层平面；(b) U 形模袋吹填堤横剖面图

袋袋体的土工布缝制于一体，布置于土工布的底侧和外侧，其作用是加强模袋强度。对拉加筋带在U形模袋内垂直和水平方向上，按一定间隔和高度设置；水平设置为对拉加筋带，其作用是在土压力的作用下对拉，限制U形模袋的扩张宽度，同时，通过土与对拉加筋带的摩擦作用，增强堤防的稳定性。U形模袋与加筋带均采用包缝法缝制拼接，拼接强度不小于原体强度的80%。

（4）套环。套环从桩顶套于桩上，用于U形模袋安装，限制模袋移位。套环直径稍大于桩径，缝制于U形模袋的袋壁两侧，垂直方向按一定的间距设置；沿堤线方向，模袋长度大于桩距，即两个套环之间距离，模袋按堤宽要求预留横竖两个方向的长度。

（5）模袋扣环。扣环缝制于U形模袋两侧袋壁的沿口，扣环挂于拉索上，用于吊起模袋两侧袋壁，形成U形袋。扣环可以采用加筋带，缝制于U形模袋沿口并系于拉锁上，也可采用能承受相应重量的环状配件。

（6）吹填料。敞口的模袋方便吹填施工，因此，在砂源紧张区域，吹填料可以直接采用疏浚泥掺插吹填，实现“变废为宝”；也可采用传统的砂料吹填，吹填袋能适用于任何吹填料；土工布排水方便，能有效地排水保砂，吹填料在重力的作用下，通过土工布不断排水固结。

4.1.3 结构分析和计算

结构分析和计算是论证创新技术的可行性，为今后在工程中的应用提供技术基础；结构分析和计算是针对芯堤而言，在形成围堤的过程中，芯堤自身首先要满足设计要求，围堤的稳定应按规范要求计算。

1. 芯堤稳定计算

（1）地基承载力控制。对于软土地基上U形模袋吹填而成的芯堤，相当于临时水工建筑物，可简化计算。当堤高不大于5.0m时，一般仅需进行地基承载力验算。当设计的堤身荷载（$p=\gamma h$）小于$p_{允许}$时，认为满足稳定要求。计算式如下：

$$p_{允许}=\frac{5.52C_u}{K} \tag{4.1}$$

式中 $p_{允许}$——地基允许承载力，kPa；

C_u——地基土不排水抗剪强度，kPa；当袋底有软体排时，C_u值可按提高20%～40%计算；

K——安全系数，取$K=1.05\sim1.10$。

（2）抗滑稳定计算。U形模袋吹填的芯堤需要进行抗滑稳定计算时，其边坡抗滑稳定计算可采用瑞典圆弧滑动法，抗滑稳定安全系数不应小于1.05～

1.10。芯堤的堤顶若有堆载和交通荷载时，应将这两种荷载按有关规范换算成堤身荷载。

由于吹填砂土料-土工织物-地基的相互作用问题非常复杂，其机理也未完全搞清，整体稳定可采用荷兰法设计。因此在稳定分析中当滑弧通过土工织物时，只需在抗滑计算公式中的抗滑力矩部分增加一项 ΔM_r 即可，即

$$\Delta M_r = TRn \tag{4.2}$$

式中 ΔM_r ——由于土工织物作用而增加的单位宽度抗滑力矩，kN·m；

T ——单位宽度土工织物允许抗拉强度，kN/m；

R ——滑弧半径，m；

n ——土工织物层数。

2. 芯堤受力分析

U形模袋是一种桩-土工织物的组合体，是一种复杂的柔性体空间结构，采用简化的方法进行计算，即可满足工程设计需要。桩是支撑模袋的骨架，吹填过程中，土工织物将充填荷载直接传递给地基；U形模袋技术首先是袋内吹填形成芯堤，然后按设计要求对芯堤进行护脚、护坡和堤顶护砌，从而完成整个围堤（海堤或围堰）。在实施过程中，芯堤自身必须满足设计要求，即抗滑稳定、构件强度和变形等都要满足设计要求。

U形模袋分为垂直段和水平段两部分，水平段为袋底，垂直段为袋壁；水平段应保证足够的渗径，袋底土工布受到的力主要有垂直水土压力、土工布下渗透压力、地基反力和抵抗滑动力，一般以抵抗滑动力控制。垂直段的袋壁应该满足抗拉强度和变形。

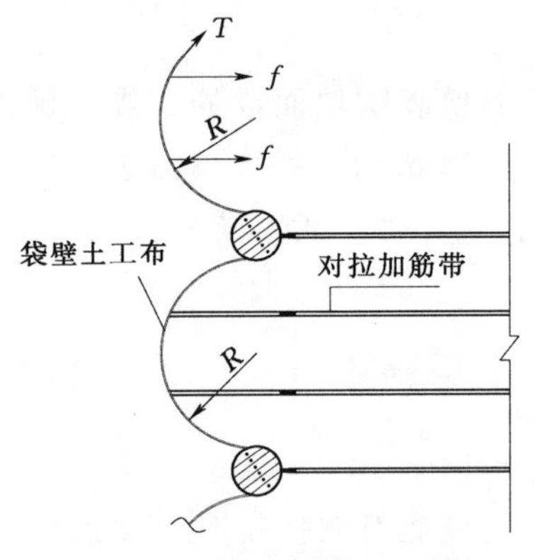

图4.3 袋壁受力计算示意图

两桩之间的土工布，在土压力的作用下形成一个大圆弧（土兜），而在对拉加筋带的作用下，使每个大圆弧上又形成局部小弧，为计算方便，忽略对拉筋带的作用，按大圆弧计算土工布的拉力，如图4.3所示；在验算土工布的强度和伸长率时，可以忽略小圆弧和对拉力 f，按大圆弧的变形方式计算土工布的内拉力，显然，这种简化是偏于安全。

由以上分析可知，袋壁在袋体内吹填砂土料后会逐渐增大土压力，从而增大土工布的拉力，圆弧形的土兜，其内力即为张拉力

$$T = Rp \tag{4.3}$$

式中 T ——内张拉力，N/mm；

R ——圆弧半径，mm；

p ——土压力，kPa。

式（4.3）表明，土工布受土压力形成圆弧状，土工布的内拉力等于圆弧半径与土压强之积。若计算某点的内拉力 T，土压力 p 是已知的，因为 R 的大小与土工布的伸长率有关，通过变形试算才能确定。U 形模袋设计主要是验算土工布的伸长率和强度，应满足设计要求。可以用式（4.4）计算：

$$\sin\frac{90(\varepsilon+1)L}{R+r}=\frac{L}{2(R+r)} \tag{4.4}$$

式中 L ——桩到桩的中心距离，mm；

R ——圆弧半径，mm；

ε ——土工布的伸长率，%；

r ——桩的半径，mm。

3. 问题分析和要求

分析和要求如下：

（1）关于芯堤合龙。一般情况下传统的围堤都是采用龙口合龙，而 U 形模袋芯堤施工时，则应避免出现龙口，芯堤吹填应尽可能均衡上升。特别是芯堤施工高度达到水位变化区时，在涨、退潮时，不宜留下个别缺口；分层吹填，同一层应在一次涨、退潮期间完成，避免集中水流对芯堤的冲刷。

（2）土工织物袋孔径必须与充填砂土料颗粒组成相匹配，既不能使充填砂土料大量流失，又要使 U 形袋体内的水能尽快排出，以便袋内充填料尽量在短时间内达到固结状态。

（3）土工织物应选用抗拉强度高、延伸率低和摩擦性能好的材料。

（4）U 形模袋沿堤轴线方向可分段实施，分段处 U 形模袋端头同样采用桩-土工布组成。

4.1.4 实施方法和有益效果

1. 实施方法

实施方法如下：

（1）按照堤线布置和设计桩距，采用船上打入预制桩、木桩或竹桩等。

（2）U 形模袋可工厂制作，采用船装载制作好的 U 形模袋至现场，人工安装 U 形模袋后，首先形成 U 形袋体围堤；因袋体为土工织物，能透水保砂，因此，无须另外设置龙口。

（3）由吹泥船上的泥浆泵将泥沙打入 U 形模袋，两侧长度和宽度都宽松的袋壁，在泥沙压力的作用下向两边扩张，土工布包裹着泥沙土体，限制其扩张，并使坡度较大，吹填堤断面减小；加强筋长度控制着模袋扩张的宽度，U形模袋充填后逐步形成梯形，与堤防断面基本一致，可以作为永久大堤的芯堤。

（4）对于围堤内吹填砂土形成陆域的工程，宜采用围堤与吹填相结合。即U形模袋吹填堤构筑一定高度后，即可进行区内吹填，与吹填堤同步；也可在U形模袋吹填形成大堤后，再进行区内吹填，但U形模袋要预留一段不吹填，作为围堤的排水口。

（5）U形模袋吹填堤可作为永久大堤的堤芯，在U形模袋吹填堤的基础上，临水侧扩建可很方便形成永久大堤。

（6）U形模袋充填筑堤的优点是，在深水、浅水情况下都可以吹填筑堤；敞口的U形模袋，方便吹填；无须再抢低潮施工，施工速度快、劳动强度低；可在较短工期内成堤，使工程提前运行，有较高经济效益和社会效益。

（7）土工织物袋孔径必须与充填沙料颗粒组成相匹配，既不使充填土料大量流失，又要使U形袋体内的水尽快排出，使袋内充填料尽量能在短时间内达到固结状态。

2. 有益效果

桩-土工布组成U形充填模袋，吹填土料（疏浚泥、砂料）后形成吹填堤，其构成主要包括：沿堤线布置两排平行且打入地基中的钢筋混凝土预制桩；设置在两排钢筋混凝土桩之间为柔性土工织物；柔性织物由三面组成，依靠两排桩构成一个上部开口的U形模袋，对内吹填土料后形成大堤。

桩-柔性土工织物组合结构，以桩为主要骨架和受力构件，柔性模袋由土工布和加筋带组成，柔性土工织物将吹填土料荷载直接传递于地基，部分传递于桩，通过桩基再传给地基。

U形吹填模袋为柔性结构，对变形的适应性强，结构简单；上部开口大，吹填施工方便；与传统的充填管袋组成的围堤相比，经济、快捷，适用于各种围堤和施工围堰；目前，围海造地正逐步向深水进军，该项技术用于深水筑堤，更能体现其强大的优越功能。

4.2　门式拦阻网自动促淤装置

门式拦阻网自动促淤装置，像两扇对开门一样能开能关。完全利用潮涨潮落的动能，自动启闭活动的拦阻网促淤，无须人工操作。涨潮时，在水流的作用下，拦阻网随浮筒绕桩轴旋转打开，潮水带着泥沙涌进围区内；落潮时，在回流的作用下，拦阻网随浮筒绕桩轴旋转而关闭，在拦阻网的拦阻下，落潮水流变慢，沿途泥沙沉淀，形成有利于泥沙淤积的环境，加速滩面的淤涨。

该装置较好地解决了抛石堤促淤成本高、效果差的难点问题，推进了促淤工程环保和低碳。而且该装置可重复利用，所用的桩基可保留，用于后续建设围堤的抗滑；其施工方便、工期短，设备成本低，能多次使用，因此，在围垦工程中具有较好的推广应用价值。

4.2.1 背景技术与方案构思

1. 背景技术

科学合理地开发利用滩涂资源，是有效缓解沿海城市土地资源瓶颈制约，保证社会经济又好又快发展的重要措施。围海造地一般是先促淤、再圈围、后吹填的实施方式，先促淤再实施圈围工程，可以加强围区内泥沙淤积效果，加快成陆建设进程，减少后期的吹填工程量，降低工程造价和圈围大堤施工难度。

传统的方法是采用建抛石坝围堤促淤，一般是在工程外边线处实施抛石棱体建促淤坝，棱体高程略高于平均潮位，在围区前沿形成一道低矮的保护屏障进行促淤。但在滩涂上抛石建坝，由于淤泥地基软弱，此种方式用料多，在波浪作用下上部小块石易被淘刷带走，围堤也易滑坡、沉陷、坍塌；抛石坝促淤，建坝成本高、缺少低碳环保，且拦沙效果差，进来的大量泥沙又随潮水“逃走”，抛石坝仅能拦阻30%～50%的泥沙；建坝拦沙施工工期长、投资大，事倍功半。

2. 方案构思

围海造地是沿海地区解决土地资源的一种有效方法，而滩涂促淤是其先行的重要一步。传统的滩涂促淤需要花费大量的块石做围堤，既不经济，也缺少低碳环保，且拦沙效果差。

本方案创意来自于水闸中的人字门，打开可以通水，关闭可以挡水。据此，受人字门的启示，将门改为网用于促淤工程，拦沙排水。人字门依靠启闭机启闭，拦阻网利用潮涨潮落的水流动力启闭。

从思维角度看，由人字门到拦阻网是一种移植法创作。移植法是一种侧向思维方法，它通过相似联想、相似类比，力求从表面上看来仿佛是毫不相关的两个事物或现象之间，发现它们的联系；是将某个领域的原理、技术、方法，引用或渗透到其他领域，用以改造和创造新的事物。

采用将人字门的构成方法移植到拦沙促淤装置，其功能、制作材料、启闭动力等都作了相应改变，详见表4.1。

表 4.1　人字门与拦阻网分析对比

项　目	形　式	功能作用	材　料	启闭动力	高　度	机　理
人字门	对开门	挡水	钢结构	机械	高度固定	三角拱传递荷载
拦阻网	对开门	拦沙	土工布	水流	随水位升降	移植方法、再加工

4.2.2　方案设计内容

本创新方案的技术目的是提供一种新型滩涂促淤装置，以实现环保低碳、自动促淤的目标。门式拦阻网是一种活动的拦阻网，由两扇网形门叶组成，门叶分别绕桩轴旋转，随潮流打开或关闭，单扇门叶如图 4.4 所示。其主要内容，分以下组成作用和使用方式两个部分阐述。

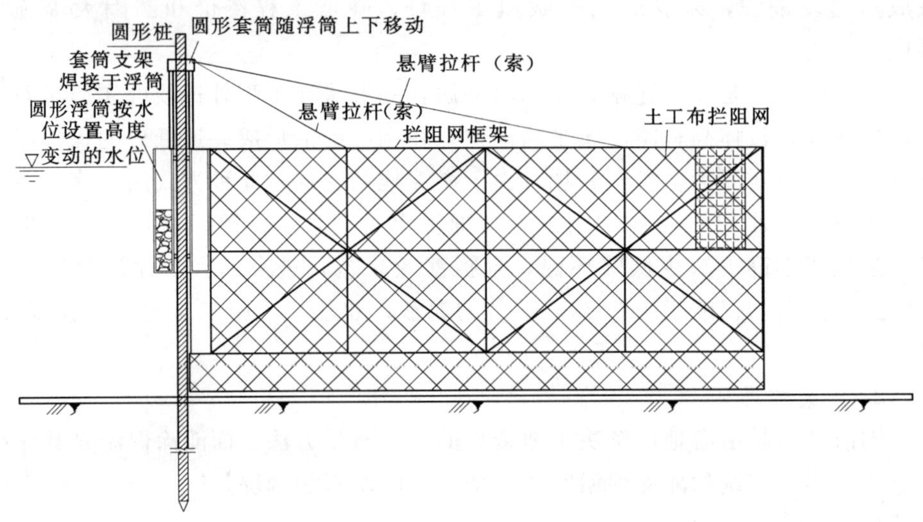

图 4.4　单扇门叶构成示意图

1. 各主要构件和作用

（1）桩轴，可采用预制桩，桩径、桩长及桩间距按设计要求确定；其作用是作为浮筒的转轴；其上有套筒、套筒支架等，如图 4.5 所示。促淤完成后，可作为围堤的抗滑桩基。

（2）浮筒，由钢材制作；筒内配置两层滚珠，将浮筒内壁与桩间的滑动摩擦化为滚动摩擦，以减少浮筒上下或旋转时的阻力；浮筒一侧悬挑拦阻网，相对应一侧浮筒内配重（块石），以平衡拦阻网，保持浮筒平稳，如图 4.6 所示；配重可以根据拦阻网长度、重量通过计算确定。

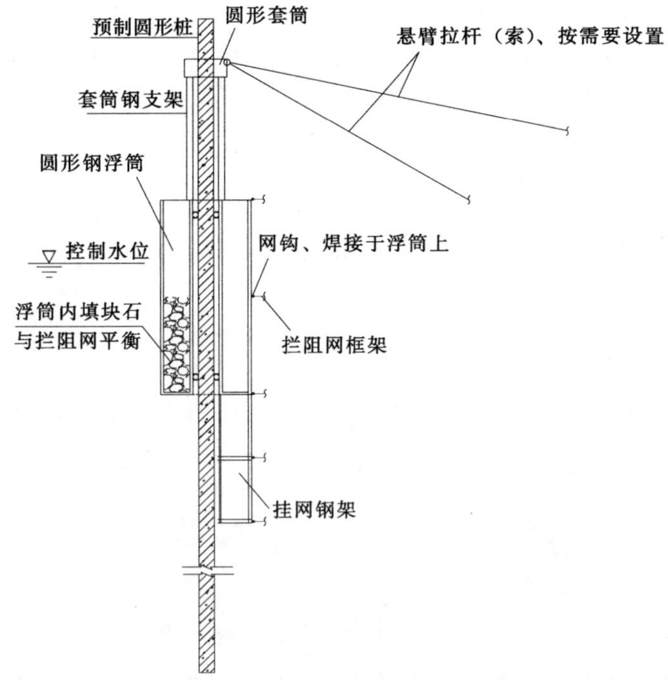

图 4.5 桩轴及其构件示意图

利用浮筒内配重的增减，可以调整浮筒相对于水位的高度，从而控制拦阻网距泥面的距离。

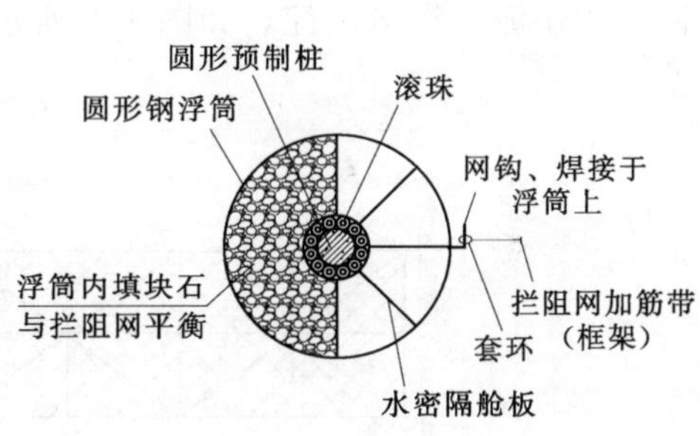

图 4.6 浮筒横剖面图

（3）拦阻网，由框架和网组成；框架可选钢材、聚氯乙烯塑料；拦阻网下边线距泥面 200～300mm，网布可以采用土工布，土工布孔径必须与拦阻的沙料颗粒组成相匹配，既不使拦阻沙料大量流失，又要在退潮时将水尽快排出。

拦阻网端部可局部加密土工布，以增大水流的作用力，方便拦阻网启闭。

（4）挡门桩，顾名思义，该桩的作用是支撑拦阻网，与浮筒桩在一条直线上；该桩为预制钢筋混凝土方桩，其截面尺寸、入土深度和桩长均由计算确定；该桩主要用于拦阻网关闭时，支撑两侧拦阻网端部，形成一道网体。

（5）套筒支架，由钢材制作，焊接固定于浮筒顶部，与浮筒同步上下和旋转，其作用主要是固定拉索或拉杆的一端。

（6）悬挂支架，由钢材制作，焊接固定于浮筒底部，以减小浮筒高度；与浮筒同步上下和旋转，其作用是悬挂拦阻网。

(7) 拉索或拉杆，一端固定于套筒支架上，一端连接拦阻网的框架顶部，形成斜向张拉，与浮筒同步上下和旋转，其作用是对悬挑的拦阻网提供拉力。

2. 使用方式

(1) 开启。涨潮时，在浪潮的作用下，拦阻网像门一样随浮筒绕桩轴旋转而打开，潮水带着泥沙涌进围区内，如图 4.7 所示。

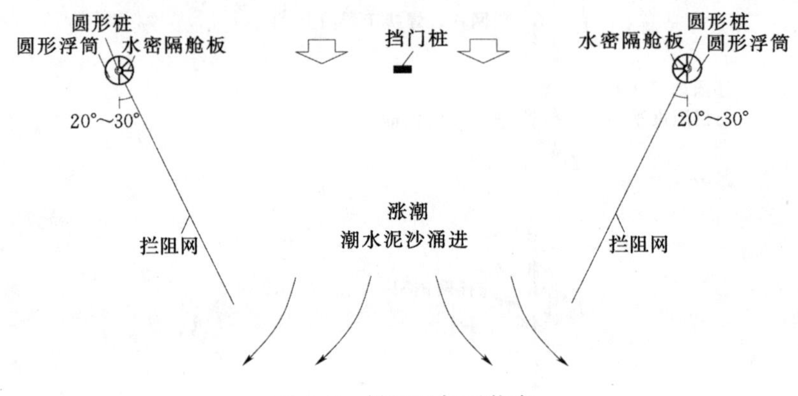

图 4.7　拦阻网打开状态

(2) 关闭。落潮时，在回流的作用下，门形拦阻网又随浮筒绕桩轴旋转返回而关闭。拦阻网可以拦阻大部分泥沙，且在拦阻网的拦阻下，落潮水流变慢，加快泥沙沿途沉淀，如图 4.8 所示。

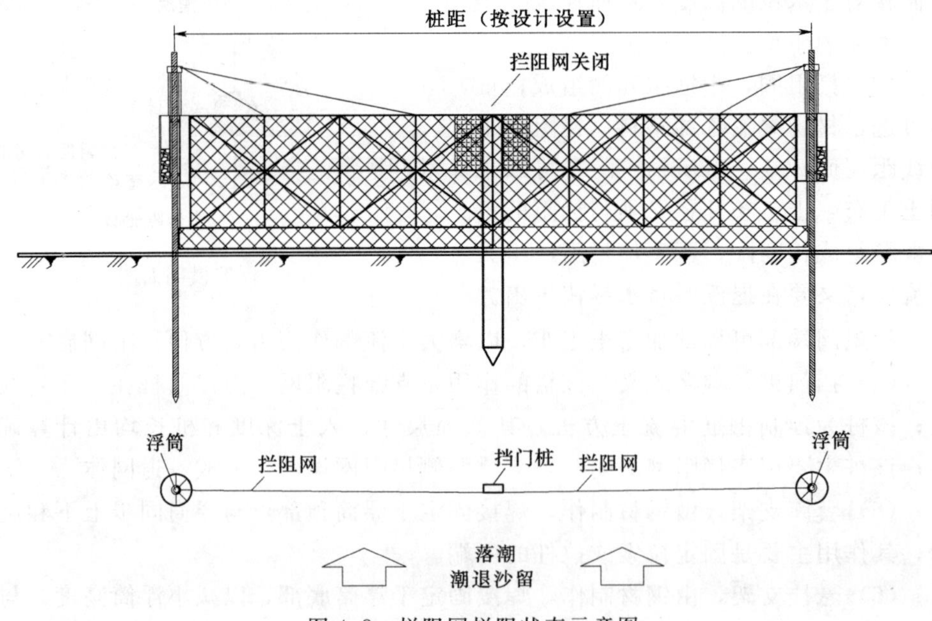

图 4.8　拦阻网拦阻状态示意图

4.2.3 实施方法、运行和有益效果

1. 实施方法和运行

(1) 在工程外边线处，按设计桩径、桩距打入一排预制圆形桩及挡门桩；每两个预制圆形桩，其间为一个方形桩，3根桩组成一组。

(2) 工厂制作浮筒及上下支架、预制桩、拦阻网框架、网布及配件。

(3) 将浮筒从圆形桩顶套下，安装拦阻网框架，安装配件及拦阻网布，完成一组自动促淤装置。

(4) 浮筒与桩之间设置两排滚珠，滚珠放在槽内，滚珠槽焊接在浮筒内壁，滚珠提供了上下、旋转的滚动。

(5) 浮筒上安装有悬臂式拦阻网，浮筒随着水位的升降带动拦阻网上下运动；潮涨潮落，在水流的作用下，拦阻网绕着桩轴旋转，从而启闭拦阻网，完成一次次拦沙促淤。

(6) 为了保证拦阻网悬臂的强度，以索或杆提供拉力，索或杆铰接于套筒上，而套筒由框架固结于浮筒上，因此，套筒可以随浮筒升降；拦阻网高度按设计水位确定，以保证最高水位时，拦阻网下部间隙最小，拦阻效果最佳。

(7) 涨潮时，在水流的冲击下，打开拦阻网，潮水越大，拦阻网打开的角度越大；受潮流和网眼所限，最大开启角度可以控制在70°左右；拦阻网打开后，潮水挟带着泥沙涌进区内。

(8) 退潮时，因为拦阻网具有一个停靠角度，很容易在水流的作用下关闭，形成拦阻屏障。拦阻状态，拦阻网过水保沙；同时，在拦阻网的作用下，退潮的水流流速减缓，泥沙沿途更易沉淀。

(9) 拦阻网底部与泥面之间的间隙，还应考虑促淤时间确定沉沙厚度预留，以便于拦阻网旋转打开和关闭。底部流速较小，拦阻网的间隙对泥沙的逃逸影响不大。另外，也可采用增减浮筒内的配重，调整浮起高度。

2. 有益效果

本技术较好地解决了抛石堤促淤成本高、效果差的难点问题，推进了促淤工程的环保、低碳。而且该新方法施工方便、工期短，设备成本低，能多次使用，因此，在海洋开发工程中具有较好的推广应用价值。

(1) 浮筒和拦阻网构成促淤装置，一种全新的滩涂促淤理念，一种新型拦沙促淤技术。

(2) 本技术以浮筒为拦阻网的支座，充分利用水的浮力，带动拦阻网上下运动；利用涨潮落潮水流的动力，启闭拦阻网。

(3) 一种新型拦沙促淤技术，完全利用潮涨潮落的动能，自动启闭拦阻网促淤，无须人工操作，促淤效果优于抛石棱体圆堤，经济效益显著。

（4）该装置结构简单，使用方便，且可重复利用。施工方便、工期短、设备成本低。可实现滩涂开发低碳环保，自动促淤的目标。

4.3 窗式拦沙促淤装置

本设计方案提供一种随水位升降的拦沙促淤装置，由随潮升降的套筒和固定的拦阻网组成。所述拦阻网为柔性结构，受力钢索由两端套筒提供张拉，钢索下挂土工布拦阻网框格，每个框格悬挂一个挂帘窗，完全利用潮涨潮落的动能，自动启闭挂帘窗促淤，无须人工操作，促淤效果优于抛石棱体围堤，经济效益显著。涨潮时，挂帘窗在水流的作用下，挂帘杆绕着轴承旋转而打开挂帘窗，潮水带着泥沙涌进围区内。落潮时，在回流和挂帘窗落帘杆的重力作用下，挂帘窗随挂帘杆绕轴承旋转而关闭，在拦阻网的拦阻下，落潮水流变慢，沿途泥沙沉淀，形成有利于泥沙淤积的环境，加速滩面的淤涨。

该技术较好地解决了抛石堤促淤成本高、效果差的难点问题，推进了促淤工程的环保、低碳；而且该装置施工方便、工期短，设备成本低，能多次使用。

4.3.1 方案构思

创意常常不经意间来自于自己的一个想法，而获得这种想法最简便的方法就是“找茬”，在不断地否定中前进。据此，对第4.2节所述门式拦沙促淤装置，采用缺点列举法进行分解，抓住该专利的缺点，以确定再创新的目标。

门式拦沙促淤装置缺点列举：

（1）门式开启和关闭所需要的作用力，受潮水影响难以控制。

（2）两根桩轴、两扇门式网组成一套装置，每套装置之间存在空隙，拦阻网不连续，影响拦沙效果。

（3）门式网页因需要绕轴旋转，网页的高度受限制。因此，高潮位时，网页底部漏空太大，影响拦沙效果。

毫无疑问，专利并不是各种需要的全部技术或最好的方案，也有可能这一技术没有全部揭示出其能够满足的全部需要。基于这种情况，专利技术并非都具有完备性、十全十美，所以都可以进一步探讨，使其臻于完善。经过对门式拦沙促淤装置缺点分析，然后用新的技术加以改进，创造出新的产品。

新产品是门式拦阻网的升级版，有了对缺点的认识，启迪我们创新构思；其创意来自于摇头窗，摇头窗是一种可以沿着窗上框向外旋转，也叫做上悬窗。由摇头窗到窗式拦阻网的应用联想和类比，由此触发灵感，引起想象，于

是采用众多的“窗”组成拦阻网。所述拦阻网为一个个框格，每个框格悬挂一个“窗”，利用潮涨潮落的动能，自动启闭“窗”。总之，开窗引进潮水，关窗拦沙促淤。

4.3.2 方案设计内容

本技术目的是提供一种新型滩涂促淤装置，如图4.9所示，以实现环保低碳、自动促淤的目标。其主要内容分各主要构件和作用、运行方式两个部分阐述。

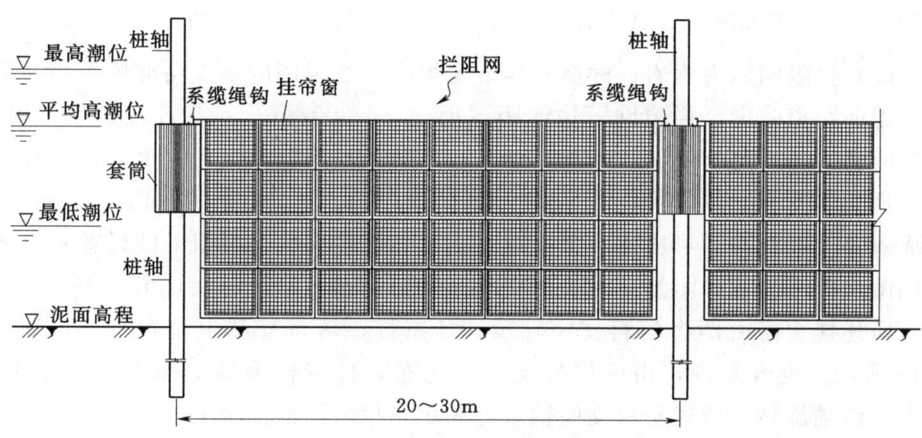

图4.9 窗式拦沙促淤装置立面图

1. 主要构件和作用

主要构件和作用如下：

（1）桩，可采用预制桩，桩径、桩长及桩间距按设计要求确定；其作用是作为套筒的转轴，即桩轴；促淤完成后，可作为围堤的抗滑桩基。

两根桩为一组，支撑一个拦阻网，中间桩为两侧拦阻网的支撑，如此顺接，形成一道拦沙促淤装置。桩距宜为20～30m，与拦阻网配套设计。

（2）套筒，如图4.10～图4.12所示，由钢材制作；筒内配置两层滚珠，将浮筒内壁与桩间的滑动摩擦化为滚动摩擦，以减少浮筒上下或旋转时的阻力；套筒的直径、高度，应根据所需要的浮力通过计算确定，一般可以高于静水面300mm。套筒顶面固定有系缆钩。

所述系缆钩由底座和立柱钩组成，立柱钩上设置有固定手柄，推动手柄可以在底座上旋转，从而给钢索张拉。拉力满足要求后，停止推动手柄并锁定。

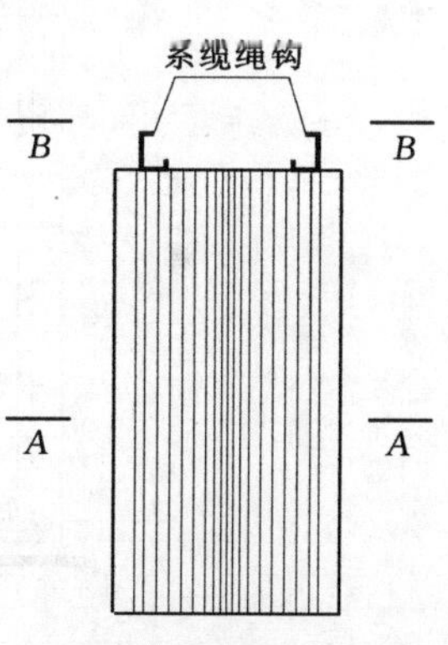

图4.10 套筒立面图

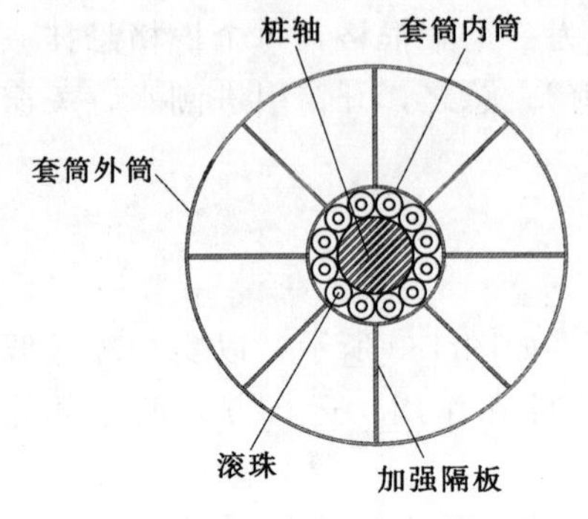

图 4.11 套筒平面图（A—A 剖面）

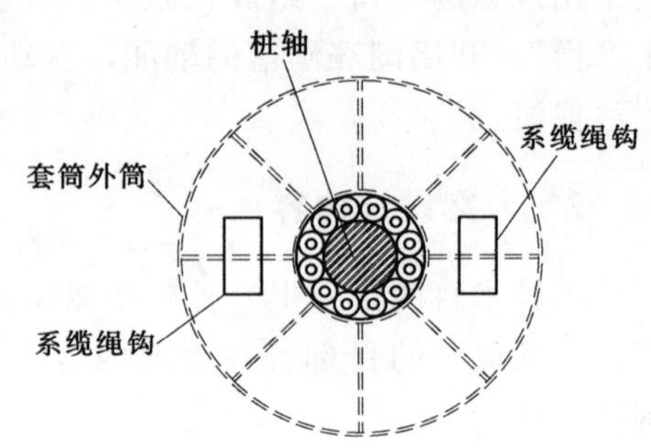

图 4.12 套筒平面图（B—B 剖面）

（3）拦阻网，由钢索、框格和挂帘窗组成；拦阻网的垂直高度按平均高潮位至泥面距离确定，拦阻网下边线距泥面 200～300mm，平均高潮位以下时，拦阻网超出长度落至泥面；平均高潮位以上时，拦阻网至泥面距离增大，该工况出现几率不多，不影响拦沙促淤；框格和挂帘窗均可以采用土工布，加强筋组成一个个框格，即形成一个个窗洞；土工布孔径必须与拦阻的沙料颗粒组成相匹配，既不能使拦阻沙料大量流失，又要使退潮时水能尽快排出。

所述挂帘窗由两个塑料支座轴承、挂帘杆、落帘杆和土工布组成，如图 4.13 所示。也就是说，由两根杆支起一块布，挂帘杆为轴支撑于两端轴承，并可以绕轴旋转。所述塑料支座轴承，固定于拦阻网的框格上。

挂帘窗的土工布宜加密，比框格土工布孔径小，以增大水流的作用力，方便挂帘窗的启闭。

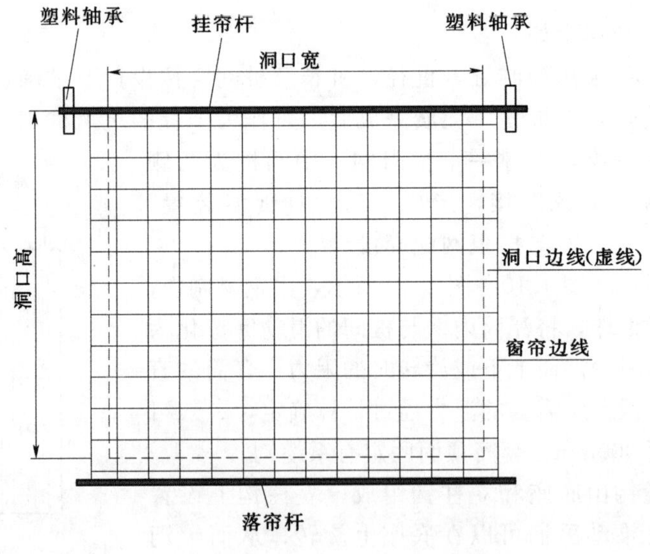

图 4.13 单个挂帘窗立面图

2. 运行方式

(1) 开启。涨潮时，挂帘窗在水流的作用下，挂帘杆绕着轴承旋转而自动打开挂帘窗，潮水带着泥沙涌进围区内，如图 4.14 所示。

(2) 关闭。落潮时，在回流的作用下，同时在挂帘窗和落帘杆的重力作用下，挂帘窗随挂帘杆绕轴承旋转而关闭，如图 4.15 所示。在拦阻网的拦阻下，落潮水流变慢，沿途泥沙沉淀，形成有利于泥沙淤积的环境，加速滩面的淤涨。

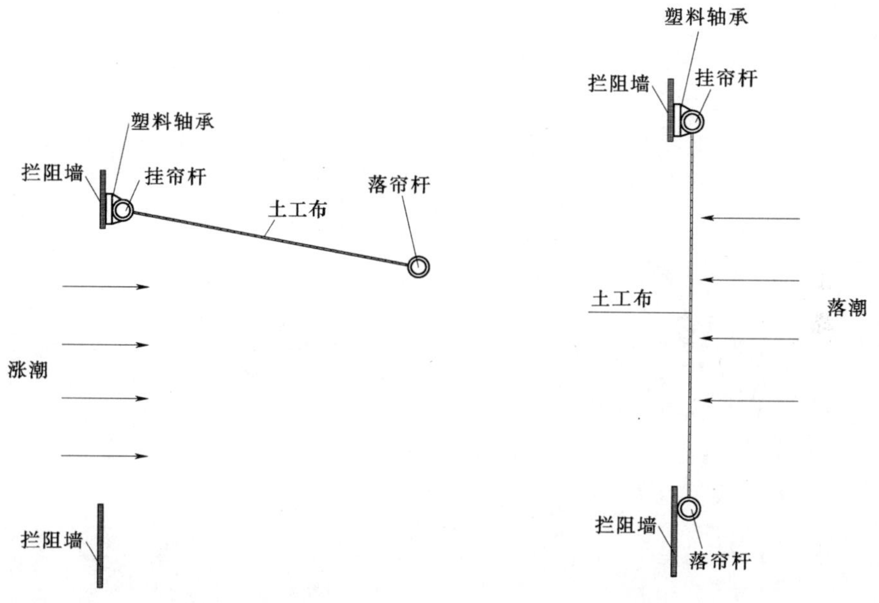

图 4.14 挂帘窗剖面图（打开状态）

图 4.15 挂帘窗剖面图（关闭状态）

4.3.3 实施方法和有益效果

1. 实施方法

(1) 在围垦区外边线处，按设计桩径、桩距打入一排预制圆形桩；每两个预制圆形桩间为一个拦阻网。

(2) 工厂制作套筒、拦阻网。

(3) 将套筒从圆形桩顶套下，随后安装一个拦阻网，张拉钢索至设计要求，即完成一个拦阻网安装。

按照上述步骤，进行下一个拦阻网安装。

2. 有益效果

(1) 浮筒和拦阻网构成促淤装置，一种全新的滩涂促淤理念，一种新型拦沙促淤技术。

(2) 本技术以浮筒为拦阻网的支座，充分利用水的浮力，带动浮筒上下运动；利用涨潮落潮水流的动力，启闭挂帘窗。

（3）以悬索结构为载体，充分利用悬索的轴向拉伸来抵抗外荷载的作用，能充分利用钢材的强度，故可较为经济地增大拦阻网长度。

（4）所述拦阻网由一根悬索、多道加筋索组成了拦阻网的柔性框架，在系缆钩提供拉力的作用下，悬索得到径向的张拉，在自重作用下，拦阻网向下张拉，从而形成两个方向都得到张拉的网体。

第5章

防浪与消浪关键技术的研究

从设计需要出发，理论与实践紧密相结合，着眼于工程应用。防浪与消浪的融合是一种新的设计思想，将过去分散的防浪、消浪构件，分散的功能，合二为一，融为一体；充分结合，相互利用。这是一种新的设计思想，一种创新设计。

水利工程方面的专利创作，除了需要具备专业知识，更要不断积累、不断总结设计经验。大脑中具有一个清晰的结构概念，在专利创作中将技术知识概念化，运用思想和判断力，从宏观上决定结构设计中的基本问题，并以此为指导，冲破由于对问题的错觉或狭隘经验而产生的障碍和束缚，才能使创新的关键技术更好地符合客观实际，创造出优秀的设计成果和专利。

创作的实践告诉我们：设计历练是生命的富有，专利成果是人生的斑斓。

波浪冲击是危及堤防和建筑安全的主要因素，完好的防浪消浪设施是抗御波浪冲击的有效办法。防浪消浪是大江大河、水库、海洋工程的重点内容，传统的防浪与消浪都是分开设置，各自为政。本创新技术将防浪与消浪融合，将过去分散的构件，分散的功能，合二为一，融为一体。在消浪的策略上，运用创新思维，利用波浪的动能，以浪消浪；防控结合，加以利用。具有独立知识产权的两个亮点：防浪与消浪融合、以浪消浪，这两点都是新的设计理念。

本章所述5个专利，一类是将防浪与消浪相结合的构件，一类是以浪消浪的装置。其目标相同，但机理有所不同，各具特色，值得一读。

5.1　一种消浪型防浪墙与消浪空腔

5.1.1　背景技术及方案构思

“一种新型防浪墙”和“消浪空腔”，都是一种消浪防浪构件，其消浪、防浪机理相同，因此，本节一并进行论述。

我国是一个海洋大国，拥有漫长的海岸线。在海堤的建设中，为了降低海堤高度，通常在堤顶外侧设置防浪墙。防浪、消浪是海堤设计的重要内容，目前的做法是坡面采用栅栏等构件进行消浪，堤肩设置防浪墙防浪。防浪墙有弧形防浪墙和直立式防浪墙，其作用都是以墙的高度防浪，但都只能被动地防浪，不能消浪，波浪遇墙破碎后，水体沿墙面上爬形成水柱（或水舌），产生越浪；消浪则另外由坡面上设置的栅栏板、螺母块体等预制混凝土异型块体构件承担。

防浪墙只能消极地防浪，被防浪墙阻挡的波浪，在风和后续浪的作用下，大部分还会越过墙顶，给大堤安全和堤后环境均带来不利的影响。如果要采用防浪墙彻底防浪，防浪墙势必要很高，这样不但工程造价大，而且也阻断了人们与大海的对话和亲水，影响休闲和景观。

由于天然高潮大浪不可能完全准确预测，一旦出现超过设计标准情况，往往会冲毁内坡，导致海堤溃决。而设计要防超过设计标准情况，则堤顶高程需要很高，或防浪墙需要很高。海堤大部分修筑在软土地基之上，堤顶高程设置得太高，软土地基往往难于承受，会极大地增加软土地基的处理费用，加大工程投资。

海浪冲击是危及海堤和护岸安全的主要因素，完好的消浪防冲设施是抗御波浪冲击的有效办法。防浪消浪是大江大河、水库、海洋工程的重点内容，传统的防浪与消浪构件都是分开设置、“各自为政”，效果较差；而堤顶上的防浪墙或陡墙式断面都只能消极地防浪而不能消浪。

对于需要提高设计标准的防浪墙，过去一般都是采用拆除重建，或简单地加高防浪墙；这种大拆大建，既浪费大量的资源，也会对环境产生负面影响；而加高也会带来诸多结构上的问题，且景观效果差。在使用功能不变的情况下，如何在少拆除、少花钱的前提下，提高防洪、防潮设计标准是技术创新的导向。

针对现状防浪墙的不足，本方案提出一种新型消浪型防浪墙创新技术，将传统的防浪墙转换为消浪型防浪墙，做到既防浪又消浪，防浪与消浪由同一构件完成，有效地提高了防浪效果。采用这种创新技术，堤顶可降低，外侧坡面可减除消浪构件（如栅栏板），堤防工程量可以大大减少，经济效益可观；其次，可以降低防浪墙高度，提高景观效果。

创新技术的思路是将防浪、消浪融于一体，充分结合，相互利用。防浪与消浪的融合是一种新的设计思想，将过去分散的防浪、消浪构件，分散的功能，合二为一，形成创新设计。

5.1.2 消浪型防浪墙结构型式

本创新技术改变了传统防浪墙只能被动防浪，提供了一种防浪和消浪于一体的新型防浪墙，是一种新的设计理念。

1. 方案设计内容

本方案所要解决的技术问题是针对传统防浪墙只能被动防浪的不足和缺陷，提供一种集防浪消浪于一体的新型防浪墙。

为了实现上述防浪消浪于一体的目的，创新构件主要由防浪立墙和消浪箱体组成。消浪型防浪墙为钢筋混凝土结构，对于斜坡式海堤，其设置于临水侧堤肩，如图5.1所示。对于陡墙式海堤，设于挡墙顶与墙一并设计，如图5.2所示。

消浪箱体的断面形状为下部开口的P形空腔，由防浪立墙、平台板和消浪板围合而成。平台板与防浪立墙形成倒L形，构成立体防浪，同时，其上部也提供了一个景观平台。

本方案所解决的技术问题可以采用如下技术方案来实现：

一种新型防浪墙，包括墙基和浇筑在墙基上的防浪立墙，其特征在于，所述防浪立墙顶部临水侧设置有消浪箱体，所述消浪箱体由固定在所述防浪立墙顶部临水侧的平台板和固定在所述平台板临水侧端底部的消浪板围成，并且下部有开口。

所述消浪板包括连接所述平台板底部的垂直板和下段弧形板。

所述弧形板上设置有消浪孔，所述消浪孔的总面积为所述消浪板面积的30%～50%。

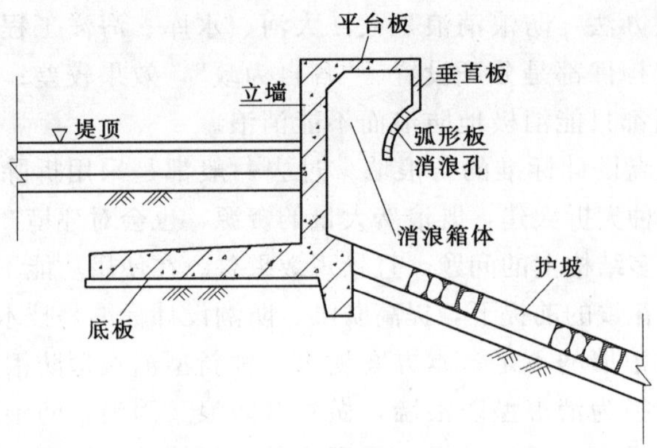

图 5.1　消浪型防浪墙剖面图

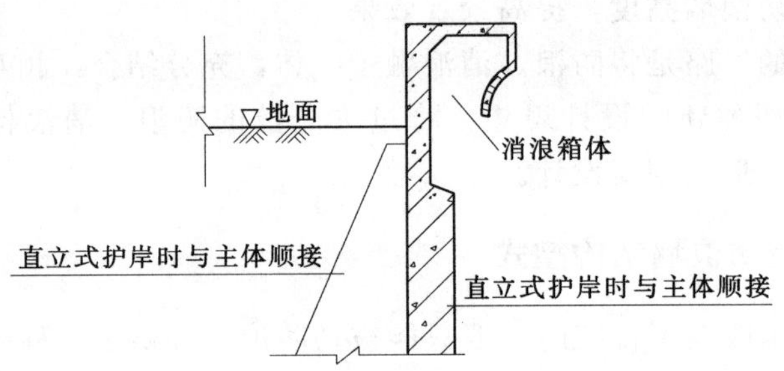

图 5.2　直立式护岸剖面图

所述墙基、防浪立墙、平台板和消浪板均为钢筋混凝土结构。

本技术的有益效果在于：堤顶可降低，外侧坡面可减少消浪构件（如栅栏），堤防工程量可以减少，经济效益可观，可以降低防浪墙高度，提高景观效果。

为增加构件的使用功能，箱体顶可作为景观平台，平台与堤顶间，沿岸线每隔 50～100m 设置台阶作为上下通道，平台临水侧应设高 1.1m 镂空栏杆。如图 5.3 所示。

2. 机理分析

当超过堤顶高程的海浪，被防浪立墙和消浪箱体拦阻后，涌入消浪箱体内，相互碰撞冲击，消除了部分动能；且海浪在下落的过程中，对后续的海浪给了一个反向的冲击，减小了后续海浪冲击消浪箱体的作用力，如此循环，从而达到防浪消浪的目的；消浪孔的设置既可消浪，也可减轻消浪板的重量，同时也增加了防浪效果。

采用该新型防浪墙，堤顶可降低，外侧坡面可减少消浪构件（如栅栏），堤防工程量可以减少，经济效益可观，形成盖帽式防浪墙可以降低防浪墙高度，提高景观效果。

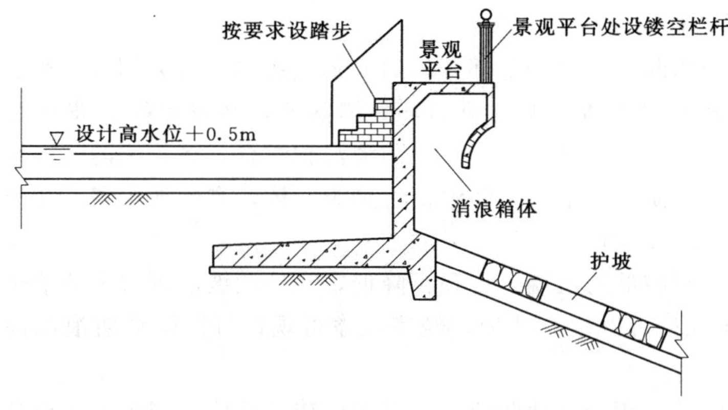

图 5.3 带景观平台剖面图

5.1.3 消浪空腔

1. 方案构思

城市的防汛墙在设计标准提高后如何加高，一直都在困扰着决策者和设计人员；因为防汛墙加高涉及各个方面，防汛墙加高，则墙后景观大道或景观平台也需要加高，墙基础要加大，因此，往往难以简单地进行墙顶接高，多数是大拆大建，推倒重来。

采用分离原理，对第 5.1.2 小节所述消浪型防浪墙，可以分解为消浪体和墙体两个部分，并作如下改变：原消浪体为现浇钢筋混凝土，改为预制或定型产品；原消浪体为钢筋混凝土，改为复合塑料，减轻重量；采用组装方式安装于已建的防汛墙，即可提高设计标准。为了和消浪型防浪墙区别，分解出来的消浪体命名为消浪空腔。

在防汛墙的设计中，墙顶（堤顶）高程应按设计洪水位或设计高潮位加堤顶超高确定。堤顶超高应按下式计算确定：

$$Y=R+e+A \tag{5.1}$$

式中 Y ——堤顶超高，m；

R ——设计波浪爬高，m；

e ——设计风壅水面高度，m；

A ——安全加高值，m，按规范要求确定。

在工程设计中，不难看出，标准提高后，原设计的墙顶高程还完全能满足标准下的水位，只是超高不能满足要求，即不能满足设计波浪爬高和设计风壅水增高，在这种情况下，能否既能提高设计标准，又不需要拆除重建。水利设计也承担着更多的社会责任，不能简单地大拆大建，一拆了事，这样既会浪费大量的资源，也会对环境产生负面影响。

2. 方案设计内容

消浪空腔的断面形状为下部开口的P形空腔体，可采用复合塑料制作，悬挂于防浪墙外侧构成消浪型防浪墙，立体防浪，并将阻挡的波浪在空腔内消能，如图5.4所示。其特点是将防浪和消浪相结合，将传统的防浪墙转换为消浪型防浪墙，既防浪又消浪，防浪消浪融为一体，有效地提高了防浪效果，且空腔顶可分段增设花坛。

采用消浪空腔的防浪墙，堤顶可降低，且外侧坡面可减少消浪构件（如栅栏），堤防工程量可以较大减少，经济效益可观；可以降低防浪墙高度，提高景观效果。

消浪空腔，可用于新建防浪墙；对于已建防浪墙，当不满足设计标准或需要提高设计标准时，可采用增设消浪空腔进行更新改造，无须拆除重建。增加外挂彩色消浪空腔后，巧妙地将防浪墙转换为消浪型防浪墙，既提高了堤防设计标准，又增添了防浪墙的景观效果。

消浪空腔悬挂并锚固于防浪墙外侧，由此，将防浪墙转换为防浪消浪于一体。

消浪板也是挡浪板，将溅起的波浪拦阻在空腔内；其上段为固结于平台板的直线段平板，下段为弧形结构，该段设置消浪孔，梅花形布置；消浪孔的总面积为消浪板面积的30%～50%。

如图5.4所示，消浪空腔包括防浪立板，防浪立板悬挑平台，平台上悬挂消浪板。

消浪空腔可以采用热塑性复合材料，在高温下按设计尺寸，分段注塑加工而成，分段长度以便于搬运安装为宜，两段间以平口对接。

所述防浪立板的高度以及平台内口宽度应根据实际情况选择；防浪立板上根据计算确定螺栓孔的位置和直径。

消浪板也称为挡浪板，其上段为固结于平台板的直线段平板，下段为弧形板，该段板设置消浪孔，梅花形布置；消浪孔的总面积为该段板面积的30%～50%。

所述平台板，其上可根据需要分段增设花坛，花坛应预留水平或竖向排水孔，如图5.5所示。

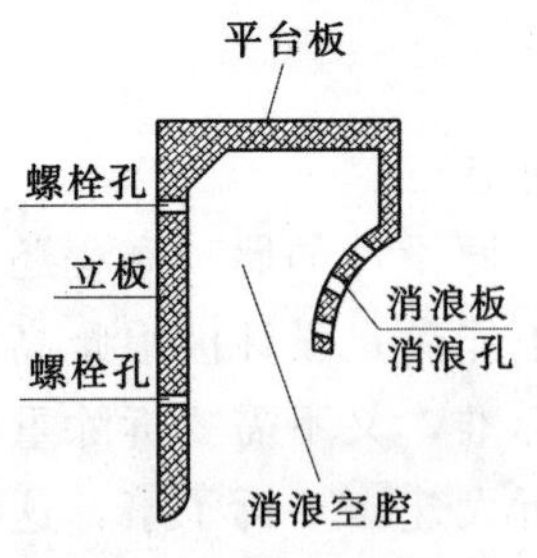

图5.4　消浪空腔剖面图

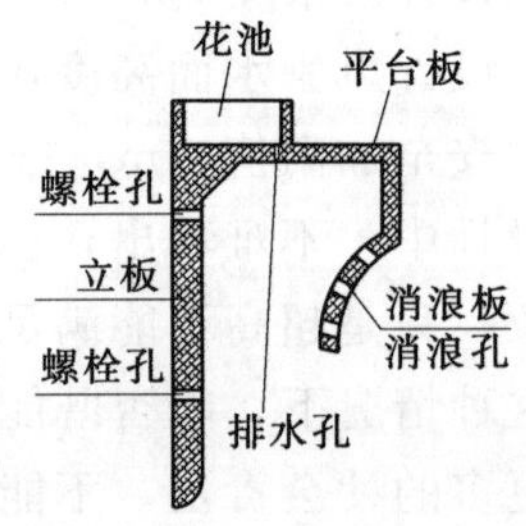

图5.5　带花坛的消浪空腔

消浪空腔可以装配于新建或已建防浪墙外侧，采用膨胀螺栓安装塑料制成的消浪空腔，其组合如图 5.6 所示。

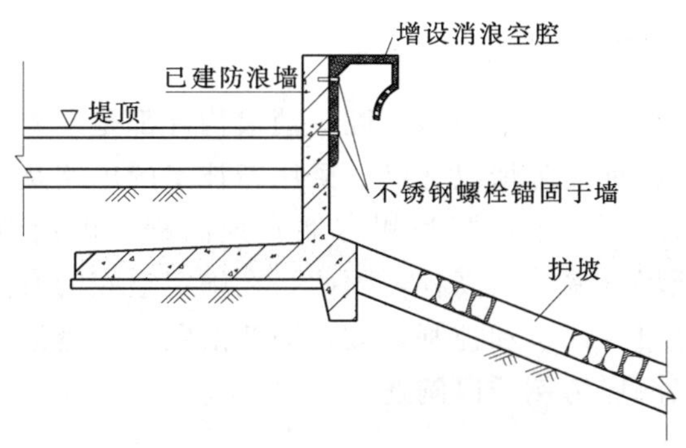

图 5.6　防浪墙加装消浪空腔

5.1.4　消浪原理和有益效果

1. 消浪原理

消浪创新技术改变了传统防浪墙只能利用高度被动防浪，提供了一种防浪与消浪融于一体的消浪空腔，一种闪烁着智慧的创新构想。

消浪型防浪墙或消浪空腔都是以空腔进行消浪，消浪实质就是消能，其原理是：当超过堤顶高程的波浪，被防浪立墙和消浪空腔拦阻后，涌入消浪空腔内，相互碰撞冲击，消除了部分动能；且海浪在下落的过程中，对后续的海浪给了一个反向的冲击，减小了后续海浪冲击消浪空腔的作用力，如此循环，从而达到防浪消浪的目的。

消浪板也称为挡浪板，是将溅起的波浪拦阻在箱体内；其上段为固结于平台板的直线段平板，形成盖帽式防浪，将波浪拦阻在空腔内；下段为弧形结构，该段设置消浪孔，梅花形布置；消浪孔的总面积为消浪板面积的 30%～50%，消浪孔亦起到消浪作用。

2. 有益效果

新型防浪构件创新技术，改变了传统的防浪（汛）墙只能被动防浪，提供了一种防浪和消浪于一体的新型防浪构件，提出了一种创新设计理念。

(1) 采用消浪型防浪墙或消浪空腔，堤顶可降低，外侧坡面可减少消浪构件（如栅栏），堤防工程量可以减少，经济效益可观；采用新型防浪墙，可以降低防浪墙高度，提高景观效果。

(2) 该结构与传统的防浪墙相比，具有减小堤防高度、可防超标准波浪和造价低廉等优点；该结构既防浪又消浪，以浪消浪，防浪与消浪融为一体。当超过堤顶高程的海浪，涌入消浪箱体内，相互碰撞冲击，消除了部分动能，且箱体内的海浪在下落的过程中，对后续的海浪给了一个反向冲击，减少了后续海浪冲击消浪箱体的作用力。如此循环，从而保证了消浪的效果。

5.1.5　消浪构件分析计算

本节所述消浪型防浪墙和消浪空腔，消浪构件都是空腔，其尺寸拟定是相同的，空腔尺寸应根据实际情况选择。采用新技术的思路是，堤防或防汛墙在受到大的风浪袭击时，因浪高超过堤（墙）顶高程，由消浪空腔接纳了越浪量，从而可以降低堤（墙）顶高程，因此，在确定空腔的有关尺寸时，应以堤顶计算高程作为计量、评价和控制参数，即波浪爬高、越浪量，从而计算确定空腔尺寸。以下以海堤为例予以阐述。

1. 波浪爬高计算

（1）堤顶高程。根据《海堤工程设计规范》（SL 435—2008），堤顶高程应根据设计高潮（水）位、波浪爬高及安全加高值确定。可按以下公式进行计算：

$$Z_p = h_p + R_F + A \tag{5.2}$$

式中　Z_p——设计频率的堤顶高程，m；

h_p——设计频率的高潮水位，m；可按照规范的规定确定；

R_F——按设计波浪计算的累积频率为 F 的波浪爬高值，m，海堤按不允许越浪设计时取 $F=2\%$，按允许部分越浪设计时取 $F=13\%$，可按照规范的规定确定；

A——安全加高值，m；按照表5.1的规定选取。

表5.1　堤顶安全加高值

海堤工程级别	1	2	3	4	5
不允许越浪 A/m	1.0	0.8	0.7	0.6	0.5
允许部分越浪 A/m	0.5	0.4	0.4	0.3	0.3

当堤顶临海侧设有防浪墙且防浪墙稳定、坚固时，堤顶高程可算至防浪墙顶面。但不计防浪墙的堤顶面高程仍应高出设计高潮（水）位 $0.5H$ 以上，且应高出设计高潮位1.5～2.0m，具体取值应根据波浪大小和海堤等级确定。

（2）消浪型防浪墙墙顶高程。设置消浪型防浪墙或消浪空腔，其堤顶或地面高程按高出设计高潮（水）位0.5m即可，为了保证人员安全，消浪型防浪墙的高度按1.1m，无须按高出设计高潮位1.5～2.0m确定，波浪爬高计算是为了确定防浪墙所降低的高度。

2. 越浪量计算

海堤越浪量与堤前波浪要素、堤前水深、堤身高度、堤身断面形状、护面结构型式以及风场要素等因素有关。应根据海堤的实际情况选择合适的公式进行计算。无风条件下，斜坡堤 1∶2 坡度上（带防浪墙）或 1∶0.4 陡坡上（带防浪墙）的越浪水量，可根据《海堤设计规范》计算：

$$\frac{q}{T\overline{H}g}=A\exp\left(-\frac{B}{K_{\Delta}}\frac{H_C}{T\sqrt{g\overline{H}}}\right) \tag{5.3}$$

式中 q——单位时间单宽海堤上的越浪水量，$m^3/(s \cdot m)$；

H_C——防浪墙顶至静止水位（设计高潮位）的高度，m；

$\overline{H}$——堤前平均波高，m；

T——波周期，s；

g——重力加速度，m/s^2；

K_{Δ}——糙渗系数，查规范附录表；

A、B——系数，详见规范附录表。

3. 波浪厚度计算

当海堤顶设置较低的防浪墙时，越浪情况一般比较明显，越浪量也比较大。采用创新防浪墙技术，如图 5.7 所示，可形成盖帽式防浪；为了有效防止越浪，消浪空腔需要有足够的宽度，一般应大于等于墙前波浪厚度；墙前波浪厚度影响因素较多，而最关键因素是越浪量；考虑现阶段越浪量的计算公式应用较为成熟，采用规范公式计算越浪量后，即可采用简化的方法计算墙前波浪厚度，从而得出消浪空腔的尺寸。

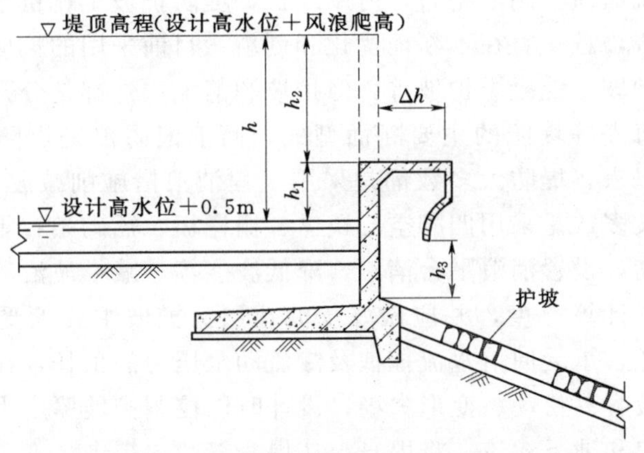

图 5.7 消浪构件尺寸计算图示

波浪遇到防浪墙后，在波浪能的作用下，在墙前形成一定的厚度并爬高；研究表明，波高相同，周期越大，越浪厚度也越大，同样墙前波浪厚度也越大；波高小而周期大的波浪墙前波浪厚度大于波高大而周期小的波浪。显而易见，越浪量与墙前波浪厚度密切相关。

由《海堤工程设计规范》（GB/T 51015—2014）公式计算设计条件下的

越浪量 q,则计算时间 t（1s）内、计算宽度 b（1m）海堤上的越浪体积为 $q\times b\times t$。按照不越浪求出防浪墙高度 h，按照人员安全设置防浪墙高度 h_1（一般为1.0～1.1m），显而易见，防浪墙高度 h_1 为越浪状态，则墙前波浪厚度 Δh 为：

$$\Delta h = k\frac{qbt}{(h-h_1)b} = k\frac{qt}{h-h_1} \tag{5.4}$$

式中 Δh ——墙前波浪平均厚度，m；

q ——单位时间单宽海堤上的越浪水量，$m^3/(s\cdot m)$；可按照式（5.3）计算；

b ——海堤计算宽度，m；

t ——越浪计算时间，s；

k ——扩散系数，一般取1.1～1.3；

h_1 ——越浪状态下防浪墙高度，m；可取1.0～1.1m；

h ——按照式（5.1）计算的不越浪防浪墙高度，m。

5.2　一种消浪型护坡构件

5.2.1　背景技术

我国的河流纵横，湖泊密布，海岸线长，堤防护坡工作量很大，所以护坡的型式层出不穷，且一直在不断地优化和创新。目前采用的护坡结构有浆砌石护坡、干砌石护坡、混凝土护坡等，但护坡和消浪构件都是分开设置。

斜坡式是海堤等堤防的主要断面型式，而消浪防浪是堤防设计的重要内容，过去一直以来，堤防大多数都是采用工程消浪措施削减波浪能量。例如，海堤临海侧斜坡多数是采用四脚空心块体、栅栏板、插砌条石等加糙护面结构来降低波浪爬高，设置消浪平台消浪，降低波能等，减小波浪的爬高。

护坡应根据计算厚度，并应做好反滤垫层。护坡主要承受上壅波浪的冲击，掀动和浮托，承受回落水流拖拽及渗流动水压力的顶托，在波浪的交替作用下，坡面护坡容易松动、变形失稳，设计时以控制护坡厚度为主。反滤层的作用是防止波浪和地下渗流，将堤身土从堤身缝隙中带走。

调查发现，护面质量是直接关系到海堤能否抵御相应设计甚至超标准风暴潮的关键，因此确保护面质量具有十分重要的意义。

在风浪袭击下，作用于堤坡波浪也不断增大，对海堤构成严重威胁，干砌块石护坡工程屡遭摧毁，为提高护坡的抗浪强度进行了不少创新。如采用灌砌混凝土护坡提高抗浪强度，为了减少堤坡波浪爬高，可采用局部块石丁砌办法增加坡面糙率。使护坡整体性好，抗冲刷能力强，坡面不易产生坍塌或沉陷。

护坡和消浪构件分开设置，护坡和消浪整体性差，抗冲刷能力弱；要分开进行施工，施工不便，尤其是消浪构件未“生根”，抗浪稳定性较差；例如，放在护坡上的扭工字块，在波浪冲击下东倒西歪，既降低了抗浪，也影响景观。

上述表明现阶段的护坡、消浪，实施效果不理想，材料和施工费用大；部分消浪构件景观效果差，尤其是深水施工难度很大，已难以满足工程使用要求，窘显技术落后；时代呼唤水利工程科技进步，护坡亟须新技术的诞生。

5.2.2　方案构思

防浪护坡是江河、湖泊、水库、海堤等必不可少的工程措施，为此，本实用新型提供了一种新型护坡构件，该护坡构件将防浪、消浪汇集于一体，防浪护坡板上带有消浪槽，使用时，消浪型护坡板四周彼此搭接连成一片，即构成消浪型护坡。

消浪型护坡构件，可以工厂预制，现场铺装，施工方便；该构件将护坡和消浪融于一体，消浪构件下无须再另外设置护坡，且坡面上无须再增设扭工字块、栅栏板、螺母状块体等坡面消浪构件；布置上该构件可组合为一字形、点状分布形等多种形式的斜坡平面；如此，沿护面坡向可形成阶梯形护面，这种构成可以提高护面的消波性能，将有效地降低反冲波流的速度和冲刷作用。

斜坡堤防是应用较多的一种堤型断面，采用消浪型护坡，以消浪促进护坡，而不是简单的护坡；风浪爬高低，消能效果好，能使波浪在坡面充分破碎，削弱堤前波浪反射，降低了波浪爬高从而可降低堤顶高程，使堤防结构的断面更经济，因此，该专利在大江大河，尤其是在海堤的护坡中具有很好的效果。

波浪冲击是危及堤防安全的主要因素，完好的消浪防冲设施是抗御波浪冲击的有效办法。消浪结构不仅能消减波浪的爬高，降低堤顶高程或防浪墙顶高程，而且能减轻波浪对堤身主体或岸体的冲击，有利于工程的安全。

5.2.3　实用新型内容

1. 方案设计内容

本实用新型所要解决的技术问题是针对传统斜坡护岸工程，都是将护坡和消浪分开设置，因此，存在只能被动防浪的不足和缺陷。本专利提供一种集护坡、消浪于一体的一种消浪型护坡构件，由护坡消浪构件单元和护坡单元组成，护坡消浪构件单元如图5.8所示，护坡单元如图5.9所示。

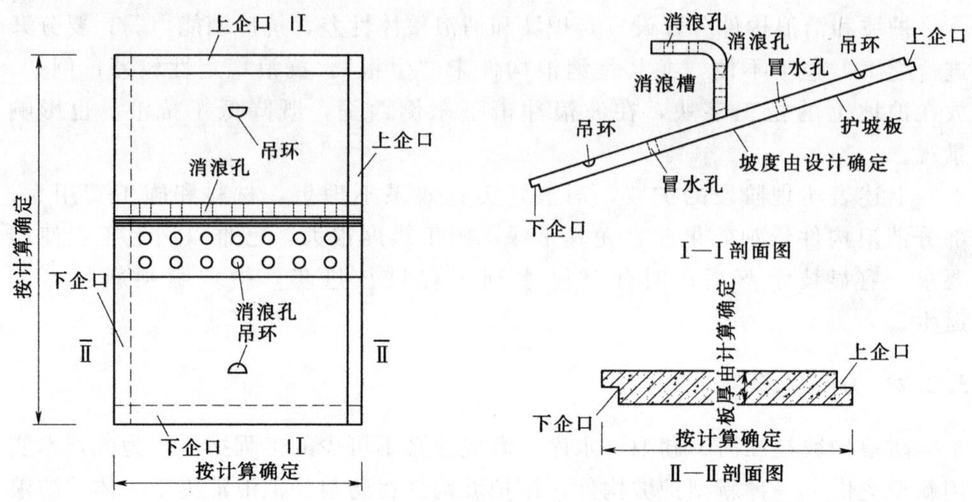

图 5.8　护坡消浪构件单元

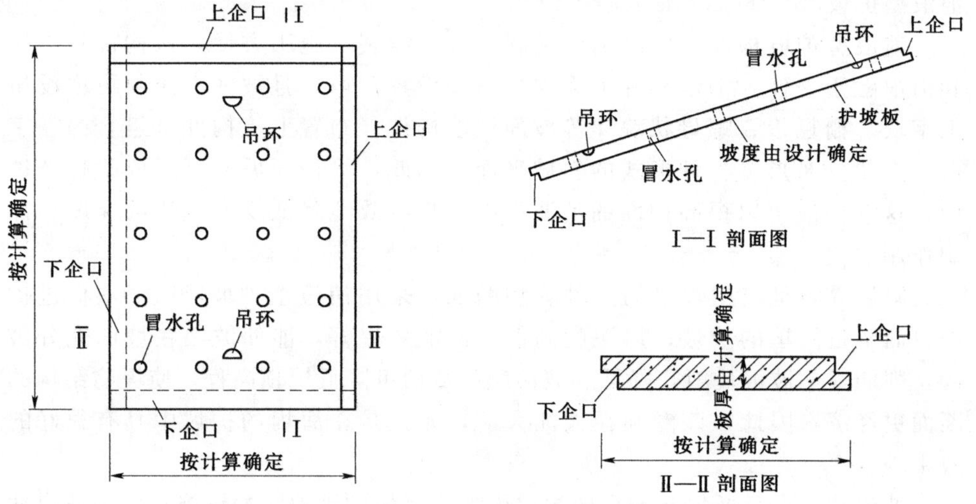

图 5.9　护坡单元

本实用新型所解决的技术问题可以采用以下技术方案来实现：

一种浪型护坡构件，包括护坡板和固结于（浇筑）板上的消浪型槽体，其特征在于，所述消浪型护坡构件在护坡板上设置有消浪型槽体，所述消浪槽体由固定在所述护坡板上部，与护坡板连为一体，并且槽体向临水侧开口。

所述消浪型槽体，包括连接所述护坡板的垂直板和水平板。

所述垂直板和水平板上设置有消浪孔，所述消浪孔的总面积为所述消浪板面积的 30％～50％。

所述消浪型槽体、护坡板均为钢筋混凝土结构。

每一个消浪构件单元四周都设有企口，与周边相同单元或护坡单元连接，通过企口的力的传递，将各个单元有机地连接为一个整体；平面布置上，根据需要构件单元可采用对缝布置，也可采用错缝布置，后者整体性更好；因各个企口均为铰接，因此，更适应堤防的不均匀沉降。

本实用新型其他内容应按相关规范设计，本专利文字说明和附图，为节省篇幅不作赘述。例如护坡的尺寸应根据计算来选择，并应做好反滤垫层。护坡主要承受上壅波浪的冲击，掀动和浮托，承受回落水流拖拽及渗流动水压力的顶托，在波浪的交替作用下，护坡容易松动、变形失稳，设计时以控制护坡厚度为主。反滤层的作用是防止波浪和地下渗流，将堤身土从堤身缝隙中带走。又如应设置护脚。护脚的作用一为支撑护面结构，二为防止波浪淘脚。前者要求护脚对护面有足够的支撑力，后者要能防止底脚被淘刷，或发生淘刷时，仍有足够的能力支撑护面结构。

2. 方案设计特点

(1) 将护坡和消浪融为一体，消浪构件下无须再另设置护坡，且坡面上无须再增设扭工字块、栅栏板、螺母状块体等坡面消浪构件。

(2) 布置多样性。布置上该构件可组合为一字形，如图 5.10 所示；也可以组合为点状分布形，如图 5.11 所示；不同的布置形式，都可以沿护面坡向形成阶梯形护面，这种构成可以提高护面的消波性能，将有效地降低反冲波流的速度和冲刷作用。

(3) 采用该新型消浪型护坡构件，堤顶可降低，外侧坡面可减少消浪构件(如栅栏)，堤防工程量可以减少，经济效益可观。

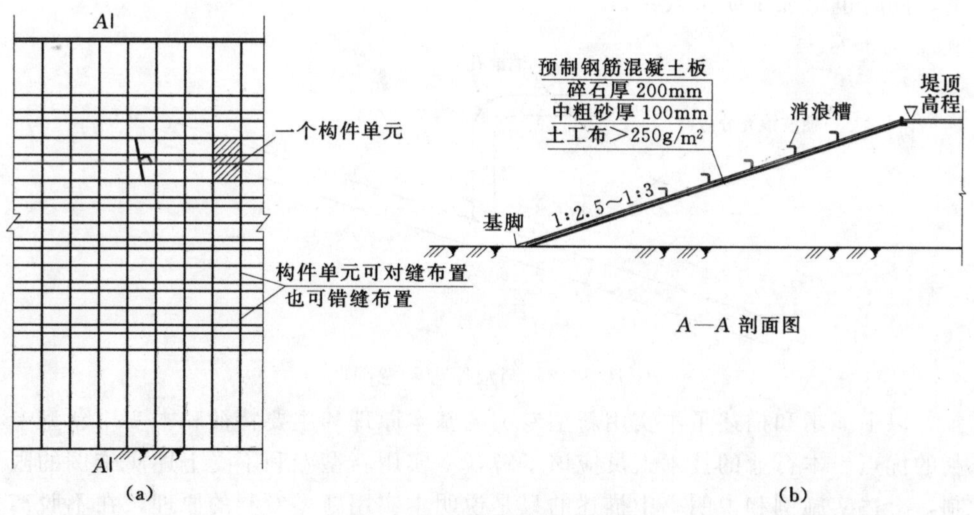

图 5.10　一字形布置示意图

(a) 斜坡平面布置图；(b) 剖面图

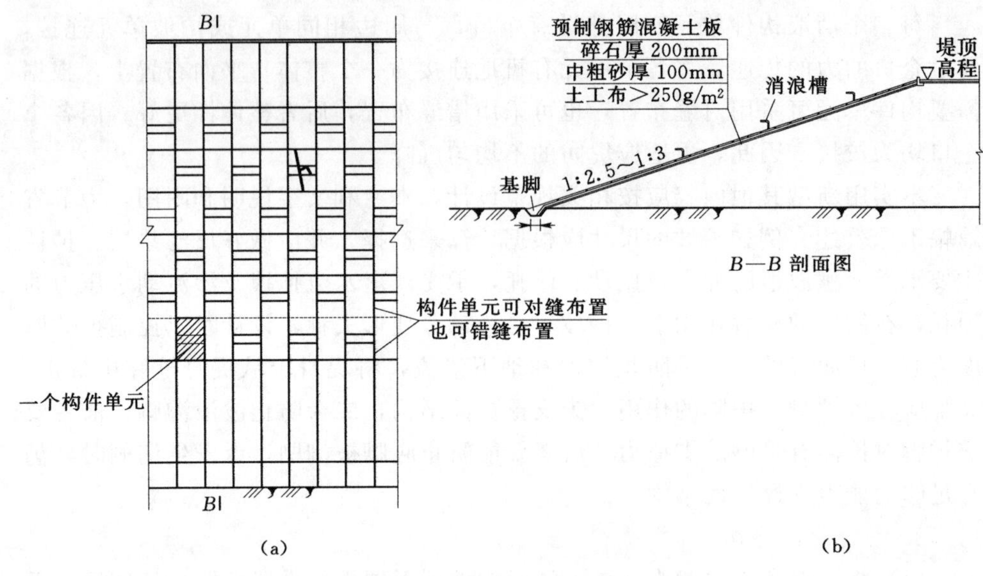

图 5.11　“点状”布置示意图

(a) 斜坡平面布置图；(b) 剖面图

3. 消浪原理

当波浪爬坡而上，被消浪槽体拦阻后，涌入消浪槽体内，相互碰撞冲击，使波浪充分破碎，消除了部分动能，如图 5.12 所示；而部分波浪越过前一级消浪槽体，后一级消浪槽体同样予以消能，坡面上梯级消浪槽体将形成梯级消能，从而达到防浪消浪的目的；消浪孔的设置既可消浪，也可减轻消浪槽的重量，同时也增加了防浪效果。

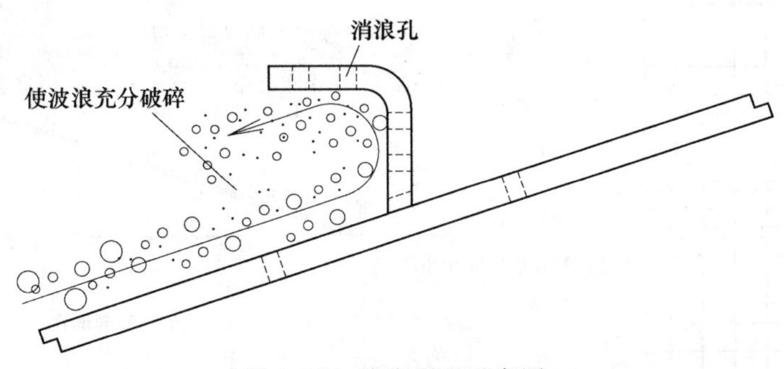

图 5.12　消浪原理示意图

以上显示和描述了本实用新型专利的基本原理和主要特征和本实用新型专利的优点。本行业的技术人员应该了解，本实用新型专利不受上述实施例的限制，上述实施例和说明书中描述的只是说明本实用新型专利的原理，在不脱离本实用新型专利精神和范围的前提下，本实用新型专利还会有各种变化和改进，这些变化和改进都落入要求保护的本实用新型专利范围内。本实用新型专利要求保护范围由所附的权利要求书及等效物界定。

5.2.4 实施方法和有益效果

1. 实施方法

为了使本实用新型专利实现的技术手段、创作特征、达成目的与功效易于明白了解，下面结合具体图示，进一步阐述本实用新型。

本实用新型消浪型护坡构件，可以工厂预制，现场铺装，施工方便；该构件将护坡和消浪融于一体，消浪构件下无须再另设置护坡，且坡面上无须再增设扭工字块、栅栏板、螺母状块体等坡面消浪构件；布置上该构件可组合为一字形，也可以组合为点状分布形；不同的布置形式，都可以沿护面坡向可形成阶梯形护面，这种构成可以提高护面的消波性能，将有效地降低反冲波流的速度和冲刷作用。

2. 有益效果

本实用新型的有益效果在于：不仅能消减波浪的爬高，降低堤顶高程或防浪墙顶高程，而且能减轻波浪对堤身主体或岸体的冲击，外侧坡面可减少消浪构件（如栅栏板、扭工字块），堤防工程量可以减少，经济效益可观。

采用本专利技术，因为防浪消浪集于一体，因此，海堤护坡造价较省，与采用浆砌块石护坡、栅栏板消浪的结构型式相比，每平方米投资节省1/3。该护坡型式的特点是能适应堤身的沉降变形，施工简单，容易维修，整体性好，抗风浪能力强。

本专利技术是结合于护坡的消浪，将消浪与整个护坡有机地结合，并形成坡面上梯级消浪、整体消浪，因此，可以有效地提高消浪效果；护坡和消浪整合为一体，方便施工；构件规格标准，便于组合布置，且景观效果好。

5.3 浮筒式消浪装置

5.3.1 背景技术

我国的河流纵横，湖泊密布，海岸线长，堤防护坡工作量很大，所以防浪、消浪的形式层出不穷，且一直在不断地优化和创新。消浪是堤防设计的重要内容，过去一直以来，堤防大多数都是采用工程消浪措施削减波浪能量。例如，海堤的临海侧堤脚多数是采用扭工块体来消除波浪动能，降低波浪爬高。

现状消浪构件都是堆放设置，消浪整体性差，抗冲刷能力弱；尤其是消浪构件未“生根”，抗浪稳定性较差；例如，抛投堆放在堤脚或护坡上的扭工字块，在波浪冲击下东倒西歪，降低了消浪效果。

传统的消浪方式，因消浪块体堆放高度所限，只能消减某一潮位下的波浪，超过该高潮位时就无法有效地消浪；即只能满足一定潮位下的消浪，当潮水高出块体后，块体在淹没的情况下，其消浪效果很不理想，如图 5.13 所示；而实际情况是高潮位时风浪更大，更需要消浪。

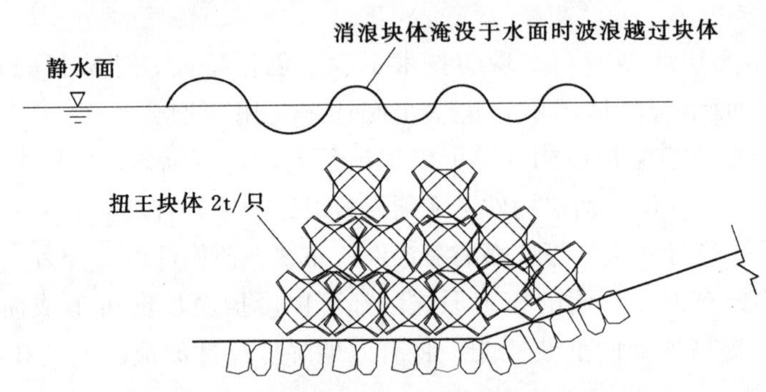

图 5.13　消浪块体淹没状况消浪效果差

如上所述，在潮位升高后，扭工块体浸没在水中，弱化了消浪效果；其次，落潮后抛投的消浪块体又呈现出张牙舞爪、藏污纳垢的面目，严重影响海岸景观。

上述表明现状的消浪方式，只是简单地大量抛投消浪块体，实施效果极不理想，且材料和施工费用大，景观效果差，已难以满足工程使用的要求，窘显技术落后；时代呼唤水利工程科技进步，消浪需要新技术的诞生。

5.3.2　方案构思

辩证法告诉我们，事物都具有两重性。辩证法要求人们全面地辩证地观察事物，不但要看到事物的正面，也要看到它的反面，看到事物矛盾双方在一定条件下相互转化，反对片面地、僵死地、形而上学地看问题。

波浪同样也具有两重性，一方面具有破坏性，侵堤略地；另一方面又具有可利用性，其动能可以发电，如何利用、如何转化，化害为利。有句成语“以夷制夷”，在科技方面我们能创造“以浪制浪”。有了创作目标，理清创作思路，就能有创新设计。

关键在于如何转化。寻找有益的启示：水车在水流的驱动下能输出动能，风车在风的作用下能发电，水车、风车都是通过旋转方式完成能量转换，循着这一思路，自然就形成了以旋转的方式来完成波浪的转换，从而达到消浪；循环利用，以浪消浪。为此，需要创作一个类似于水车一样的消浪装置。

采用列举法帮助完成整个方案构思如下：

(1) 源于专业知识，波浪形成于 1/3 波长的水表层，因此，这是消浪的主

要深度。

(2) 基于背景技术分析，潮位不断变化，消浪需要跟进最佳的消浪位置；利用水的浮力，采用浮式构件与潮位同步。

(3) 水流作用于叶片推动水车旋转，由此，消浪装置需要能旋转；由 (2) 可知还需要有一定的高度，显然旋转的物体以竖向圆柱体为佳，既能旋转，又能满足消浪的深度。

(4) 由 (1) ～ (3) 可以得出关键词：波浪位置、竖向轴、圆柱体、叶片；找到替代物，再进行整合即可完成消浪装置。

至此，一个完整的方案已跃然纸上。创作有了方法，还是比较容易。

通过该装置的转换作用，先将波浪的动能转换为机械能，再利用机械能击碎波浪，从而巧妙地利用波浪的动能消减波浪，实现以浪消浪的目的。

5.3.3 实用新型内容

本实用新型所要解决的技术问题是针对传统消浪方式，都是采用消浪块体(如扭工字块)，因此，存在只能被动防浪的不足和缺陷；本实用新型技术目的是提供一种新型消浪装置，以实现低碳环保、自动消浪的目标。该装置主要由桩轴、浮箱、消浪套筒组成，如图 5.14、图 5.15 所示。

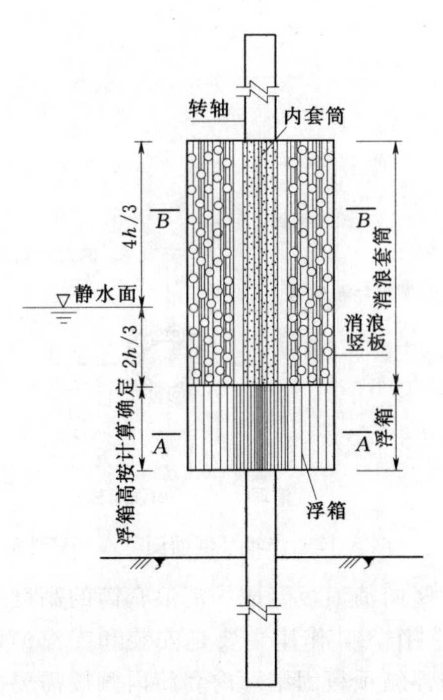

图 5.14 浮筒式消浪装置立面图

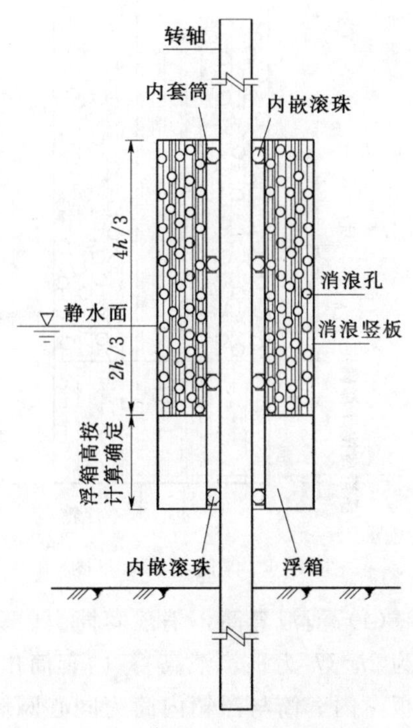

图 5.15 浮筒式消浪装置剖面图

1. 各主要构件和作用

各主要构件和作用如下：

(1) 转轴，该轴为竖向轴，可采用圆形预制桩或圆形钢桩，桩径、桩长及桩间距按设计要求确定；该轴以沉桩的方式布置，其作用是作为浮筒的转轴。

(2) 浮筒，由下部浮箱和上部消浪套筒组成，浮箱提供浮力，消浪套筒提供消除波浪动能，如图 5.16 所示。

(3) 浮箱，所述浮箱为内筒和外筒组成一个四边密封的空心圆柱体，如图 5.17 所示，其尺寸根据浮力需要计算确定；一般内筒直径为 0.6～0.8mm，并与转轴直径相匹配，外筒直径一般为 1.5～2.5m；浮箱高度按上部消浪套筒没入静水位以下 $2h/3$（h 为平均浪高）的要求计算确定；浮箱应满足刚度和强度需要，密封的空箱内设置若干道加筋板；浮箱为钢材制作；内筒内侧配置多层内嵌滚珠，将浮筒内壁与转轴间的滑动摩擦化为滚动摩擦，以减少浮筒上下或旋转时的阻力。

浮箱内如果需要设置配重，可以采用预制混凝土块，对称布置于浮箱内，且需要有不少于 3 个连接点稳定连接于浮箱底板。

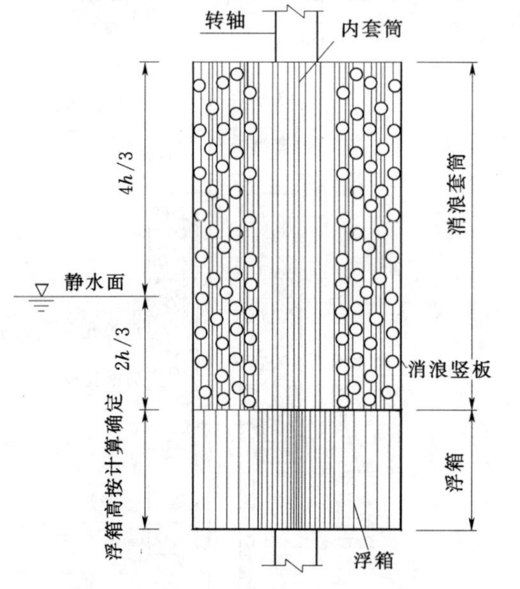

图 5.16　浮筒组成示意图

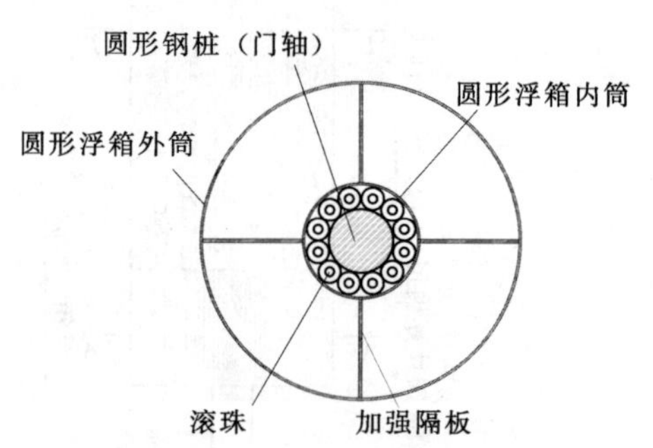

图 5.17　浮箱平剖面图（A—A 剖面）

(4) 消浪套筒，消浪套筒由内套筒和竖向消浪板组成，消浪套筒的高度一般为 $2h$（h 为平均浪高）；内套筒由钢材制作，其作用主要是安装和支撑消浪竖板，内套筒与浮箱内筒为同心圆筒，与浮箱顶板固结，内套筒内侧按需要配置多层滚珠；浮筒具有一个深井式的内套筒，因此，浮筒与桩之间不会卡阻。

（5）消浪竖板，如图5.18所示。消浪竖板为S形，S形外端比内端稍长，以便于产生旋转力偶，其长度宜通过计算确定；板上梅花形布置消浪孔，消浪孔面积为板一侧表面积的20%～30%；消浪竖板底端设置水平基脚，上端设置孔洞与浮箱螺栓连接，消浪竖板内套一侧设置竖向基脚、留孔，采用螺栓与内套筒连接；如图5.15所示。消浪竖板高度与消浪套筒高度相同，静水位以下高度不小于$2h/3$；消浪竖板的截面尺寸由所需要的强度确定。

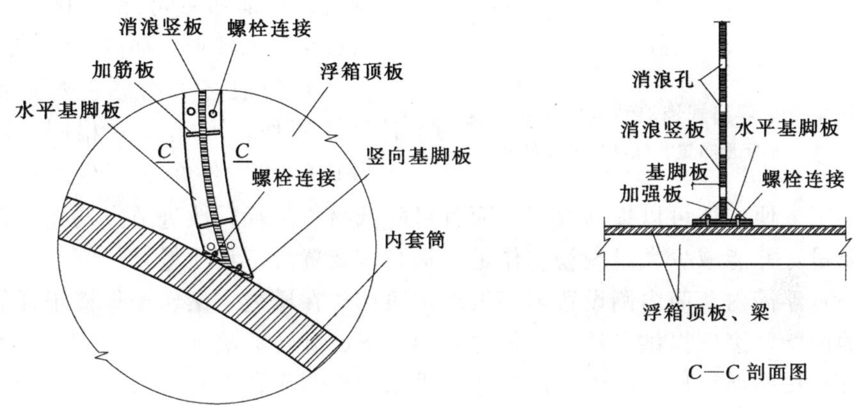

图5.18 消浪竖板的连接示意图

消浪竖板以圆周等分布置于浮箱顶板，一般可以设置6～8块（片），均衡布置，如图5.19所示，不宜过密，应保证有一定宽度的波浪承接口，接纳波浪。

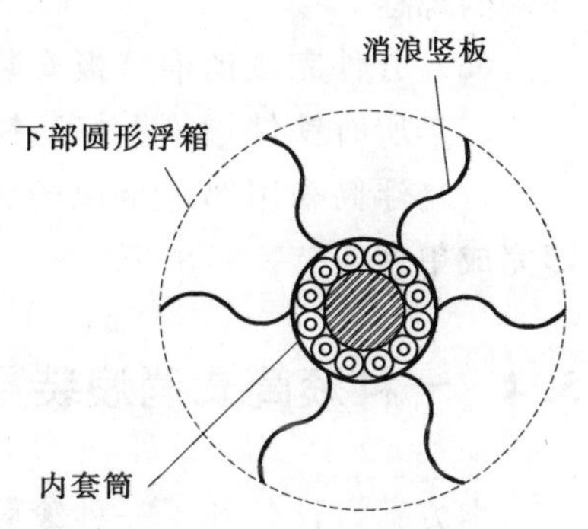

图5.19 消浪竖板平面布置

2. 消浪原理

浮箱式消浪装置按照设计的间距布置于堤防外侧的滩地上，它默默地耸立在水中，构成一道消浪屏障；彩色的消浪竖板，形成一道风景；该装置利用水的浮力升降和波浪动能旋转，无须提供动力；它时刻浮于水面，随时可以自动投入工作。

当水面产生波浪，并向被保护的堤防涌进时，由于波能集中于水体表层，该装置上部竖向的纳潮口，不断地接纳涌进的波浪，S形消浪竖板在波浪的冲击下，推动着浮筒不断环绕着竖向轴旋转，同时将波浪粉碎，在后续波浪的作用下，浮筒不断旋转，从而达到不停地破浪消能；在连续地旋转中，消浪竖板上的消浪孔也同时参与消浪。

3. 具体实施方法

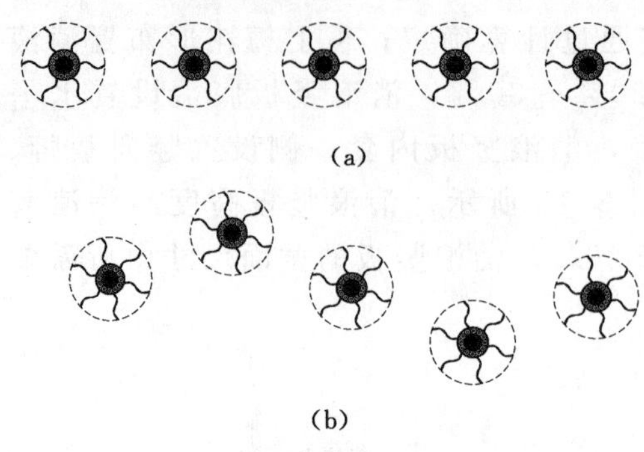

图 5.20　浮筒式消浪装置的平面布置
(a) 一字形布置；(b) 弧线形布置

为了使本实用新型实现的技术手段、创作特征、达成目的与功效易于了解，下面结合具体图示，进一步阐述本实用新型。

(1) 在需要护滩处，按设计桩径、桩距、桩长打入一排预制圆形桩或钢桩；平面布置可以采用一字形，也可以采用弧线形；如图 5.20 所示。

(2) 消浪竖板由彩色塑料按设计尺寸制作，形状尺寸相同，因而可做成标准构件在工厂生产；这样制作加工方便，还可以提高效率，而且可降低材料消耗；改进节点构造，确保产品质量，并能减少大量现场工作量，提高该装置的工程质量。

(3) 浮筒内套筒内侧设置多层滚珠，滚珠放在槽内，滚珠槽焊接于浮筒内套筒的内壁，滚珠提供了浮筒与桩之间的上下、旋转的滚动。

(4) 按照浮箱尺寸、内套筒尺寸，采用钢板制作；内套筒与浮箱按同心圆焊接，并按照消浪竖板的形状、尺寸和螺栓孔的位置，做好浮箱顶板和内套筒外侧的螺栓焊接。

(5) 分件完成消浪竖板安装，从而完成单件浮筒的组装。

(6) 所有铁件均须做好防锈。

(7) 浮筒采用船运至现场后，将浮筒从圆形桩轴的顶端套下，放置于水面即完成单件安装。

5.4　一种滚筒式消浪装置

本方案设计公开了一种滚筒式消浪装置，为江河、湖泊、水库、海堤等提供一种防浪消浪的工程措施。该装置由桩轴、套筒和滚筒组成；所述套筒为滚筒的支座，所述滚筒为若干节圆形箱体组成，箱体上带有分散布置的叶片，所述叶片在波浪的作用下推动滚筒旋转；该装置随潮位上下移动，在波浪作用下滚筒绕轴旋转并将波浪粉碎，从而消除波浪的动能。该装置简单实用，安全可靠，便于安装和更换。

5.4.1　方案构思

第 5.3 节所述的一种浮筒式消浪装置，包括竖直设置在堤防外侧滩地上的转轴和设置在所述转轴上的用以消浪的浮筒，该浮筒随潮位变化沿所述转轴的轴向方向升降。以浮筒为消浪的载体，利用波浪的动力冲击，推动浮筒旋转，浮筒在旋转的过程中粉碎波浪，达到消浪的目的。但该装置只是点状布置，其缺点在于难以构成连续的消浪屏障，无法形成消浪的完整性。

浮筒式消浪装置，是以点状分布，比较适宜波浪不大的岸线。对于波浪较大的岸线，要达到消浪必须要沿线密布，且间距不能过大。显而易见，该装置有其局限性。

针对浮筒式消浪装置的缺陷，借助于同样的创作思路，很容易找到创新方案的关键词：转轴水平放置、圆柱体水平放置、圆柱体直径需要满足消浪高度，组合后形成带形构件；两个竖向轴、浮箱体，构成浮动构件；两个构件组合即可形成横向的消浪装置。

5.4.2 方案设计内容

本方案所要解决的技术问题是针对浮筒式消浪装置的缺陷，提供一种横向带状的以浪消浪的新装置，如图 5.21 所示，以实现低碳环保、自动消浪的目标。其主要内容分各主要构件和要求、消浪原理两个部分阐述。

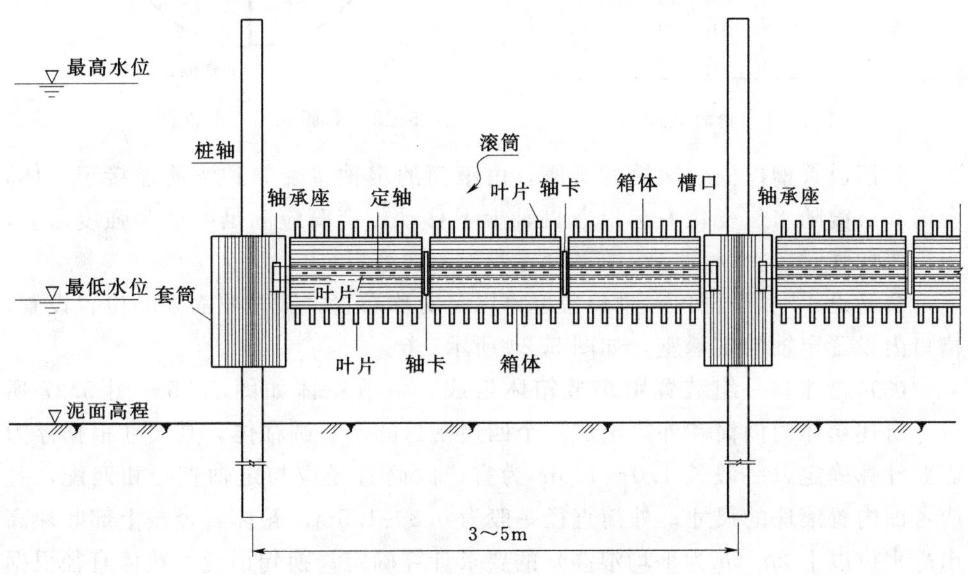

图 5.21 滚筒式消浪装置立面图

1. 各主要构件和要求

各主要构件和要求如下：

(1) 桩轴。以圆形桩作为竖向转轴，可采用圆形预制桩或圆形钢桩，桩径、桩长及桩间距按设计要求确定；该轴以沉桩的方式布置，其作用是作为套筒的支座和转轴。两根桩轴支撑一个滚筒，中间桩轴可作为两个滚筒的一端支座。两桩轴间距一般为 3～5m。

（2）套筒。与桩轴套接的为套筒，如图 5.22 所示；由内筒、外筒、筒底和筒顶组成的一个空箱体，如图 5.23 所示，其内筒直径为 0.6～0.8m，并应与转轴直径相匹配；桩轴套筒内侧配置多层环形 U 形槽，槽内嵌滚珠，将套筒与桩轴间的滑动摩擦化为滚动摩擦，以减少消浪装置上下移动时的阻力。套筒的外筒直径一般为 2.0m 左右，由所需浮力计算确定，其浮力应和滚筒等整个消浪装置一并计算。筒为深井式的筒体。因此，即使在受力不平衡时，套筒与桩轴之间也不会卡阻。

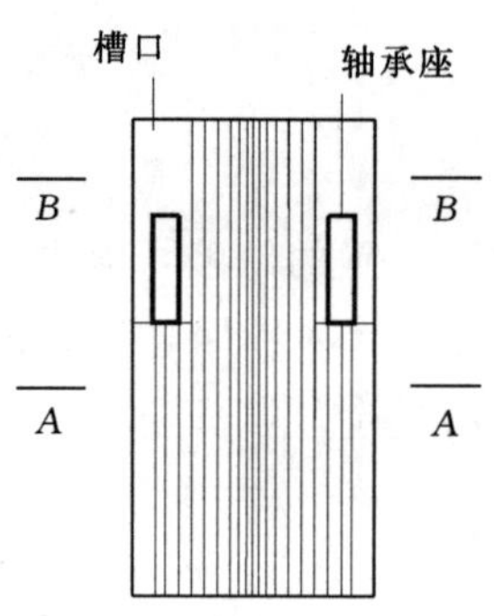

图 5.22　套筒立面图

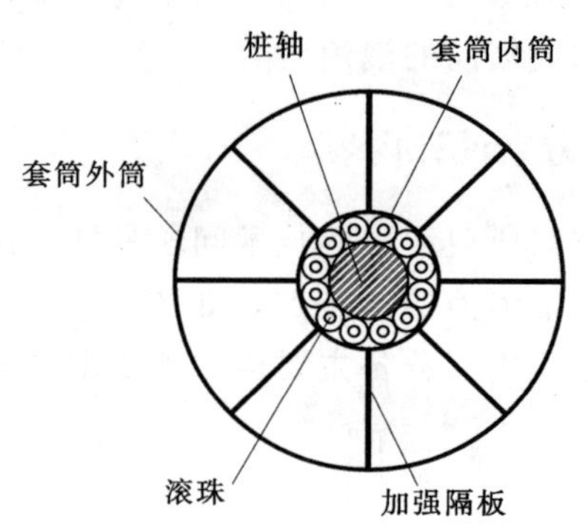

图 5.23　套筒 $A—A$ 剖面图

套筒设置槽口安装滚筒的支座，由滚筒的定轴将套筒和滚筒连接于一体，套筒和滚筒随水位变化一起沿着桩轴上下移动。套筒应满足刚度和强度需要，当需要加强时，密封的空箱内可设置若干道加筋板。

套筒设 1～2 个槽口，槽口位置可以是对称布置，或按照需要的位置设置，槽口内设置定轴的轴承座，如图 5.24 所示。

（3）箱体。一组装置由多节箱体组成。单节箱体如图 5.25～图 5.27 所示，所述箱体为内筒和外筒组成一个四边密封的空心圆柱体，其尺寸根据浮力需要计算确定，一般长 1.0～1.5m 为宜；内筒直径应与定轴直径相匹配，且应考虑内置滚珠的尺寸；外筒直径一般为 0.8～1.5m；箱体直径按上部叶片高出静水位以上 $2h$（h 为平均浪高）的要求计算确定；换句话说，箱体直径根据所需要的浮力计算确定，计算浮力时应同时计入套筒的浮力；箱体也应满足刚度和强度需要，密封的箱体内，根据需要可设置若干道加筋板；箱体可以采用塑料或钢材制作；内筒内侧设置不少于 2 道环形 U 形槽，槽内嵌滚珠，以便于箱体绕定轴旋转滚动。为丰富该装置景观效果，若干节箱体可以采用不同的颜色。

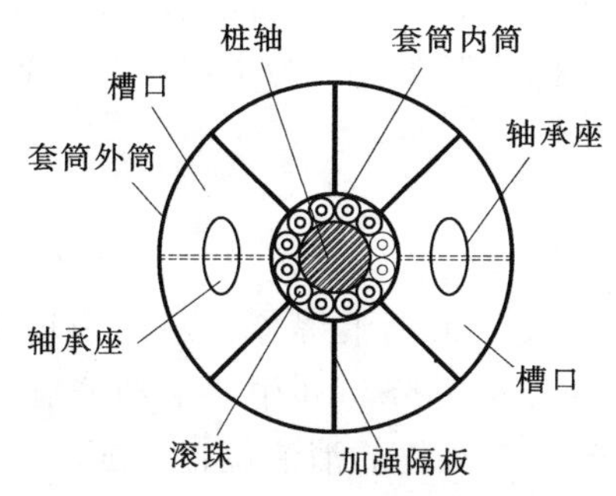

图 5.24 套筒 *B*—*B* 剖面图

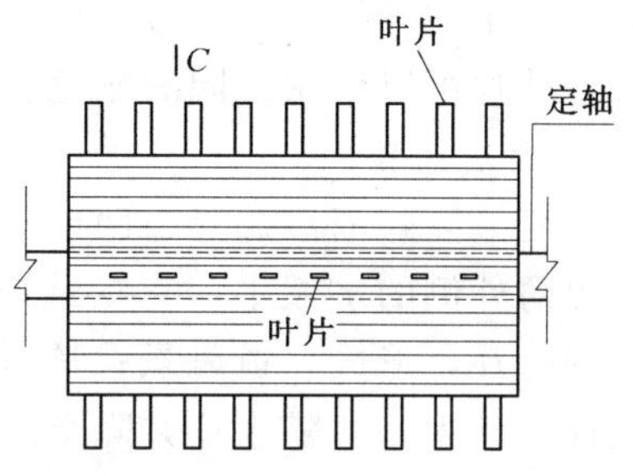

图 5.25 单节箱体立面图

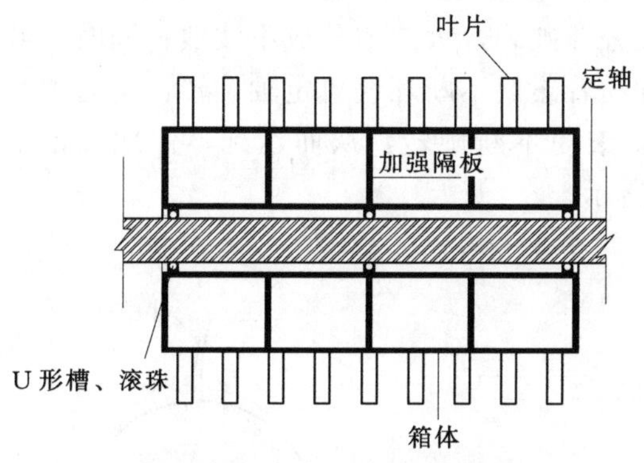

图 5.26 单节箱体纵剖面图

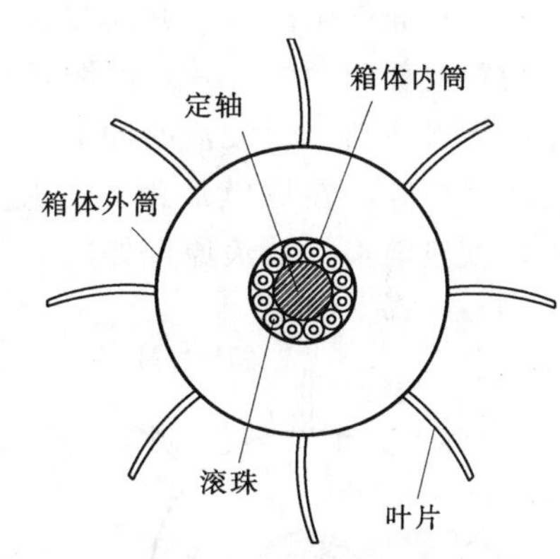

图 5.27 箱体横剖面图（*C*—*C* 剖面）

(4) 滚筒。由一根定轴和若干节圆形箱体组成。圆形箱体串联于定轴上，均可围绕定轴转动，箱体表面布置叶片，箱体提供浮力，叶片为箱体提供旋转的动能，并击碎波浪从而消能。箱体分为多节，以减小箱体消浪时的扭矩，并减少箱体的变形。滚筒长度一般为 3～5m，每套滚筒由不少于 3 节箱体串联，箱体间设轴卡分隔。

(5) 定轴。定轴水平设置，两端由套筒上的轴承座支撑，为箱体转动的定轴，钢材制作，其直径根据长度、挠度要求、承担的箱体重量和运用工况，按照满足强度和刚度需要计算确定；定轴挠度宜小于 $l/600$（l 为定轴长度）。定轴上于箱体的中间设置轴卡，阻止箱体沿定轴滑动，将箱体分开、限位，避免相互影响；轴卡为厚度 7mm 左右的环形钢板，内径与定轴相同，外径宜为箱体外径的 1/2。

(6) 叶片。叶片为弧形竖板，类似于水泵的叶片，与箱体同一材料制作，以梅花形焊接于箱体表面，其数量、长度和宽度宜通过计算确定。叶片长度计算应满足上述第（5）条的要求，一般宽度可为长度的 2/3。

叶片以圆周等分布置于箱体，一般可以设置 6～8 片，即沿轴方向设置 6～8排，均衡布置，如图 5.28 所示，不宜过密，应保证有一定宽度的波浪承接口，接纳波浪。同一排的叶片间距一般为0.5～0.8m；两排间的叶片相互错开，后一排的叶片在前一排两个叶片之间，即梅花形布置。为丰富该装置景观效果，叶片可以采用不同的颜色。

2. 消浪原理

一套滚筒式消浪装置由两根桩轴支撑，一排消浪装置，按照设计的间距布置于堤防外侧的水域中，它默默地守卫着，构成一道消浪屏障；彩色的箱体、彩色的叶片，形成一道风景；该装置利用水的浮力升降、利用波浪动能旋转，无须提供动力；它随水位升降半浮半沉，时刻处于最佳的消浪位置，随时可以自动投入工作。

当水面产生波浪，并向被保护的堤防涌进时，由于波能集中于水体表层，该装置上部竖向的叶片，不断将波浪分开破碎，大波浪分成小波浪；同时，叶片承接着波浪，在波浪的冲击下，推动着滚筒不断环绕着定轴旋转，同时继续将波浪粉碎，在后续波浪的作用下，滚筒不断旋转，从而达到不停地破浪消能，以浪消浪。消浪原理如图5.29所示。

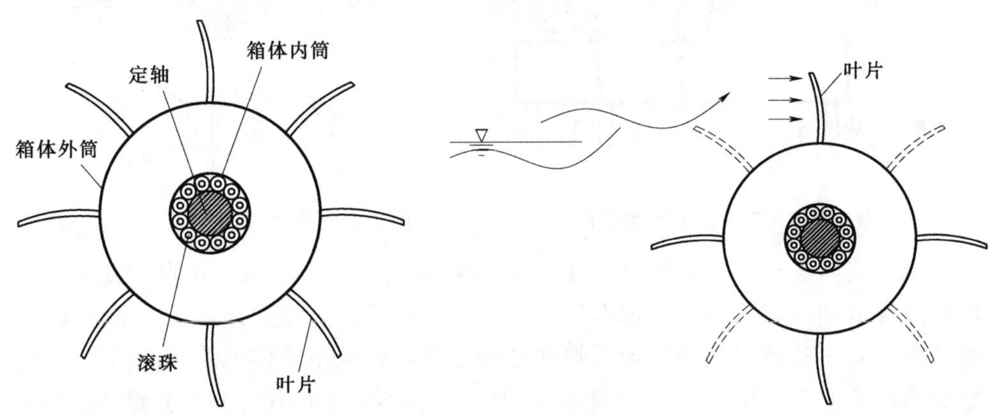

图5.28　叶片布置示意图

图5.29　消浪原理示意图

5.4.3　实施方法和有益效果

1. 实施方法

为了使本发明实现的技术手段、创作特征、达成目的与功效易于明白了解，下面结合具体图示，进一步阐述本发明。

(1) 在海堤外侧需要护滩处，按设计桩径、桩距、桩长打入一排预制圆形桩或钢桩；平面布置可以采用一字形，也可以采用折线形。

(2) 圆形箱体形状尺寸相同，因而可做成标准构件在工厂生产；按照单节箱体尺寸，采用钢板制作；内套筒与外筒按同心圆焊接，中间设置加筋板。

(3) 加工U形槽，槽内嵌入滚珠。

(4) 圆形箱体内套筒端口内侧各设置1道U形槽，U形槽焊接于内套筒的内壁。

(5) 加工叶片，叶片形状尺寸相同，可做成标准构件在工厂生产；并与箱体焊接，从而完成单节箱体。

(6) 将单节箱体套装于定轴，套装轴卡；完成多节箱体套装，从而完成一套滚筒组装。

(7) 加工套筒，安装U形槽，内嵌滚珠；套筒槽口内焊接定轴的轴承座。

(8) 套筒、滚筒用船运至现场后，将套筒从圆形桩轴的顶端套下，放置于船面高度，打开套筒上的轴承座上盖，并安装滚筒的定轴，滚筒两端完成安装，与套筒连接为一体，放至水面，即完成一套消浪装置安装。

2. 有益效果

有益效果如下：

(1) 本发明提供一种滚筒式消浪装置，一种全新的消浪技术，无须提供动力，该装置通过转换利用波浪的动能消减波浪。

(2) 本发明以滚筒为消浪的载体，充分利用水的浮力，带动滚筒上下运动；根据波浪能量集中在水体表层的特点，合理确定滚筒没入静水深度；利用波浪的动力冲击，推动滚筒旋转，滚筒在旋转的过程中粉碎波浪，从而消能。

(3) 本发明采用滚筒技术，既可随水位变动而上下移动，又是消浪构件，无须提供任何动力。

(4) 所述滚筒，包括若干节圆形箱体，可以绕定轴转动；其特征在于，所述滚筒为可以提供浮力的若干节圆形箱体组成，箱体表面安装有叶片，所述叶片既承纳波浪的冲击力，推动滚筒滚动，同时又是消浪构件，将波浪击碎。

(5) 如权利要求第(4)条所述箱体分节，同定轴串联，各自转动，避免了受力不均衡，减小了影响程度。

(6) 如上述要求第(1)条所述的一种滚筒消浪装置，其特征在于，所述消浪装置由桩轴、滚筒和套筒组成，滚筒箱体的高度按所需要的浮力计算确定；叶片顶露出水面的高度一般为 $2h$（h 为平均波浪高），其中没入静水中的高度为 $2h/3$，以便于能足够承接大部分波浪。

(7) 套筒依靠桩作为轴随水位升降，其内壁安装多层滚珠，将内壁的滑动摩擦转化为滚动摩擦。

5.5 发电消浪一体机

5.5.1 背景技术

海堤设计都有消浪要求，在传统的消浪方式中，消浪构件都是堆放于堤脚外侧，由于消浪构件未“生根”，抗冲击的稳定性较差，降低了消浪效果。其次，传统的消浪方式，因消浪块体堆放高度所限，只能消减某一潮位下的波浪，超过该潮位时就无法有效地消浪；即只能满足一定潮位下的消浪，当潮水高出块体后，块体在淹没的情况下，其消浪效果很不理想；而实际情况是高潮位时风浪更大，更需要消浪。

传统的消浪方式多数是采用消浪块体，因此，存在只能被动消浪的不足和缺陷；工程表明，需要消浪的水域往往具有波浪发电的潜能，如果为了保护海堤等工程而单纯采取消浪措施，则波浪的能量资源又白白浪费。另外，传统的利用波浪发电与消浪都是“各自为政”，且实施效果极不理想，材料和施工费用大，景观效果差，已难以满足工程使用要求；在这样的背景条件下，如何既能消浪，又能利用波浪发电；合二为一开发波浪动能，一举两得，这是科技创新之所在。

5.5.2　方案构思

利用消浪来发电是一个大胆的设想，但这不是狂妄的臆想。

引申已有专利，形成新的发明。善于有效地利用科技专利，是新的创造发明诞生的重要源泉。让我们充分对自己的成果再发掘、再开发，对自己的专利再完善、再改革。根据自己创作的专利未曾涉及的需要和权利要求，可拓展专利的新用途，构思新产品。发电消浪一体就是第 5.3 节所述专利的引申，创造出一种新的技术。

现有的波浪发电只是单纯利用波浪的动能发电，功能单一，没有与消浪相结合。浮筒式消浪装置将波浪的动能转化为机械能，研究完成了一半任务，引申的工作是将机械能转化为电能，有了前面的工作，后续工作也就变得简单容易。这是一种利用事物的缺点，将缺点变为可利用的东西，化被动为主动，化不利为有利的思维发明方法。

经过上述背景技术分析，确定创新技术的目标和解决问题的思路。

一种发电消浪一体机，提供一种发电与消浪融为一体的装置，该装置由浮箱、消浪装置和发电装置组成。波浪冲击消浪装置旋转，从而驱动发电机发电；消浪装置消除波浪的动能，同时通过能量转换，先将波浪的动能转换为机械能，再利用机械能转化为电能，实现消浪和发电并举。

该装置简单实用，安全可靠，便于安装和更换；浮箱随潮位升降，始终保持消浪和发电的最佳状态，以解决传统的消浪构件只能消减某一潮位下的波浪，传统的发电装置受潮位的影响较大；且所有的发电装置都在水面之上，以避免受到海水侵蚀。

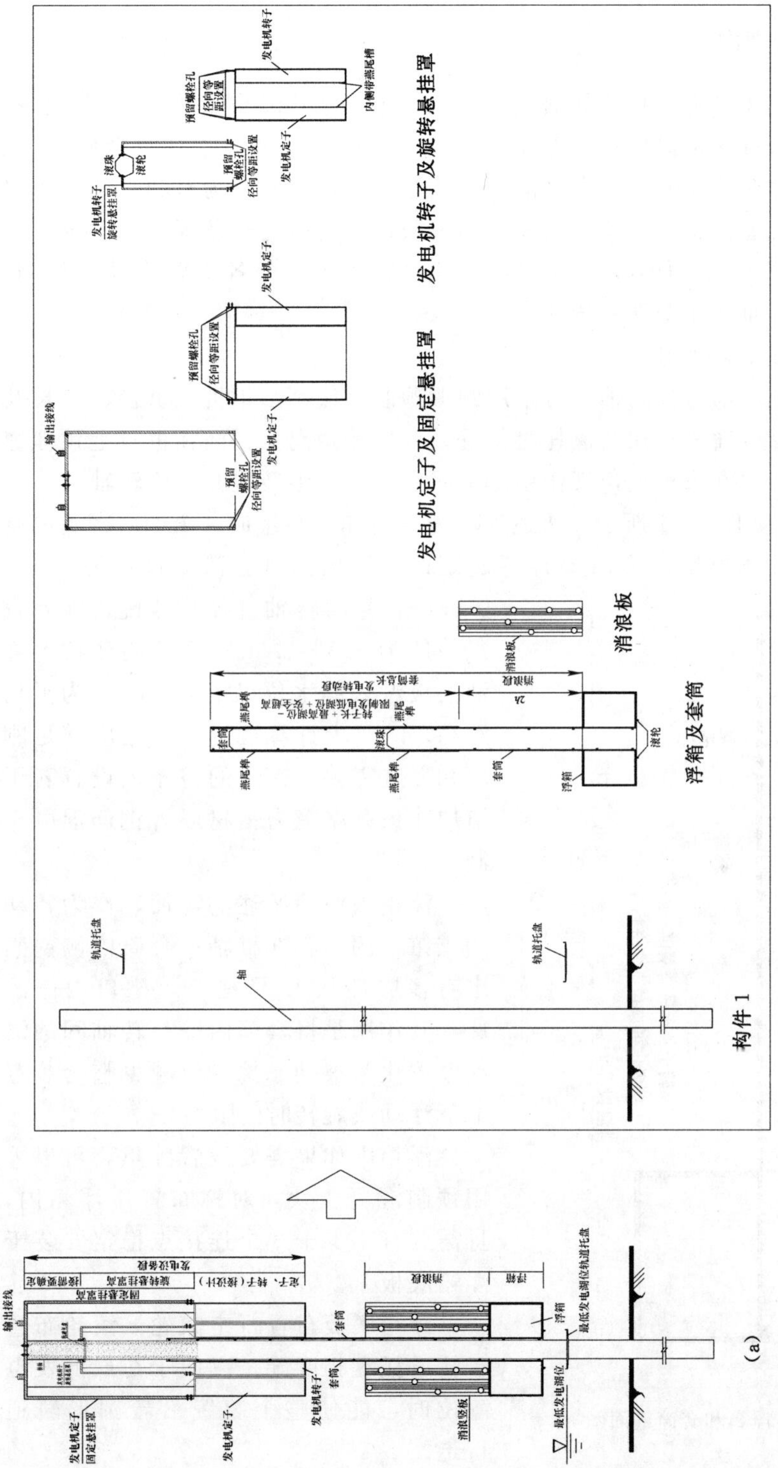

(a)

(b)

图 5.30 发电消浪一体机整装和拆分示意图

(a) 整装图；(b) 拆分单件图

5.5.3　实用新型内容

发电消浪一体机是一种旋转叠合式装置，包括浮箱、消浪板、发电设备。本实用新型技术目的是提供一种消浪和发电二合一的装置，以实现低碳环保、自动消浪，同时在消浪的过程中又能利用波浪发电，化不利为有利。本实用新型主要由轴及轨道托盘、浮箱及套筒、消浪板、发电机定子及固定罩、发电机转子及旋转罩等组成，如图 5.30 所示。其主要内容，分各主要构件和作用、消浪原理和发电原理 3 个部分阐述。

1. 各主要构件和作用

（1）转轴。该轴为竖向轴，可采用圆形预制桩或圆形钢桩，桩径、桩长及桩间距按设计要求确定；在两道托盘位置处，按等距离、径向在桩身上预埋螺栓；该轴以沉桩的方式布置，其作用是承载发电和消浪装置并作为转轴。

（2）浮箱，如图 5.31 所示。所述浮箱为内筒和外筒组成一个四周密封的空心圆柱体，其尺寸根据浮力需要计算确定；一般内筒（套筒）直径为 0.6～0.8mm，并与转轴直径相匹配，外筒直径一般为 1.5～2.5m；浮箱高度按上部消浪板没入静水位以下 $2h/3$（h 为平均浪高）的要求计算确定；浮箱应满足刚度和强度需要，密封的空箱内设置若干道加筋板；浮箱为钢材或者钢筋混凝土制作。

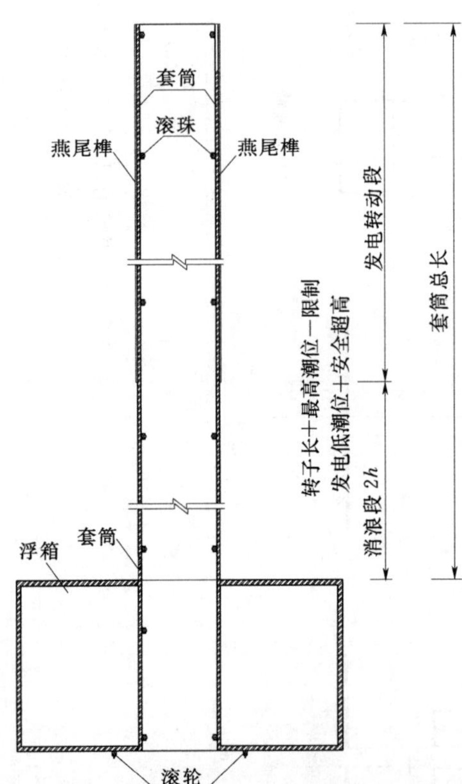

图 5.31　浮箱和套筒剖面图

浮箱内筒即所述的套筒，作为转动的支撑，用于套在桩轴；套筒内侧壁固定有多层环状 U 形槽口，槽口内嵌滚珠，其作用是将套筒内壁与转轴间的滑动摩擦化为滚动摩擦，以减少整套装置上下浮动或旋转时的阻力。

浮箱内如果需要设置配重，可以采用预制混凝土块，对称布置于浮箱内，且需要有不少于 3 个连接点稳定安装于浮箱底板。

浮箱底板布置行走滚轮，滚轮布置于轨道托盘相匹配，以便于在最低发电潮位时，能使整个装置沿着圆形轨道行走。

（3）套筒。两种典型潮位时，发电消浪装置如图 5.32 所示，由图 5.32 可以计算套筒的高度。套筒高度＝最高潮位－限制发电潮位＋$2h$＋安全超高＋转子长度（h 为平均浪高）。

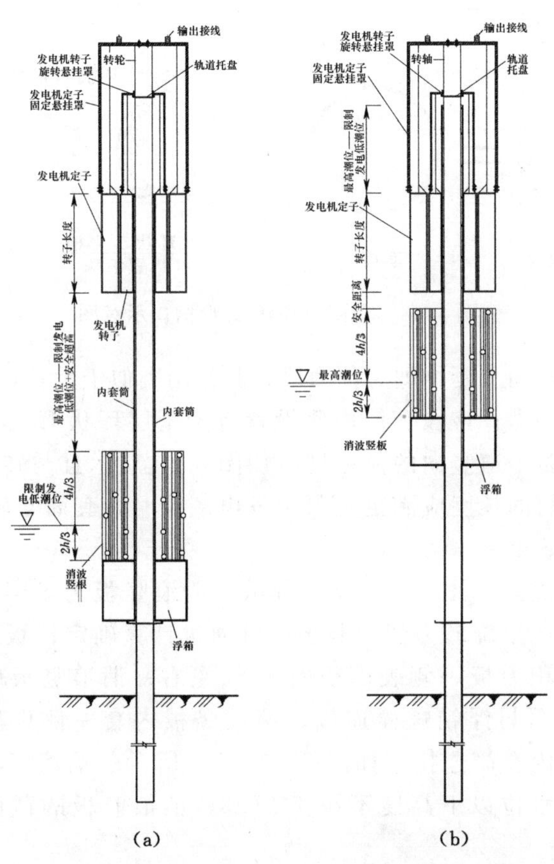

图 5.32　两种典型潮位时发电消浪装置示意图

（a）最低限制发电潮位；（b）最高潮位

套筒由钢材制作，其作用主要是作为发电消浪装置的轴承，安装和支撑消浪竖板、传递旋转作用力；套筒与浮箱内筒为同心圆筒，于浮箱顶板固结，套筒内侧按需要配置多层环状 U 形槽口，槽口内嵌滚珠，如图 5.33 所示。滚珠作用于轴，使浮箱及消浪构件，可以围绕轴旋转，也可以沿着轴上下滚动。

套筒分为 3 段，即浮箱段、消浪段和传力段。在浮箱段，套筒即浮箱的内筒，由浮箱的内筒向上的延伸段为消浪段，其作用是固定消浪竖板，且通过绕轴旋转；该段套筒内侧设置若干层环状 U 形槽口，槽口内嵌滚珠，外侧预埋螺栓，以便于消浪竖板连接。

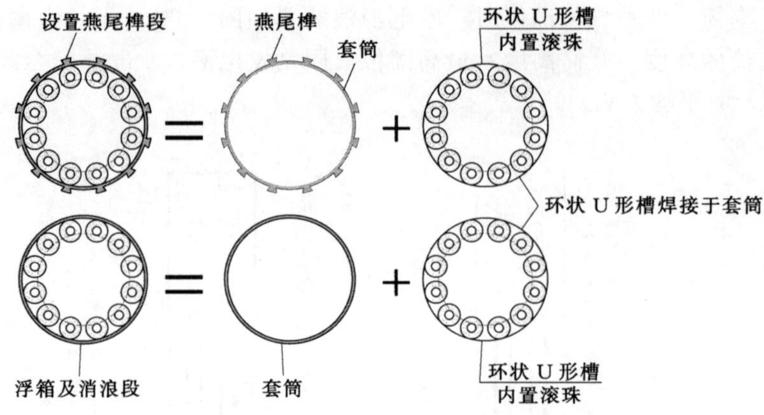

图 5.33　套筒与环状 U 形槽口示意图

套筒的消浪段向上延伸即为传力段，其作用类似于齿轮，将套筒与转子咬合，传递旋转作用力；该段套筒内侧设置有若干层环状 U 形槽口，槽口内嵌滚珠；外侧设置若干道竖向的燕尾榫，如图 5.33 所示且与转子上的燕尾槽相互对应。该段套筒的长度应满足在限制发电潮位时，套筒与转子应全段咬合，以保证传递力的效果。

（4）消浪竖板，如图 5.34（a）所示。消浪竖板为 S 形，S 形外端比内端稍长，以便于产生旋转力偶，其长度宜通过计算确定；板上梅花形布置消浪孔，消浪孔面积为板一侧表面积的 10%左右；消浪竖板底端设置水平基脚，其上设置孔洞与浮箱螺栓连接，消浪竖板内套一侧设置竖向基脚、留孔，采用螺栓与内套筒连接；如图 5.34（b）所示。消浪竖板高度与消浪套筒高度相同，静水位以下高度不小于 $2h/3$；消浪竖板的截面尺寸由所需要的强度确定。

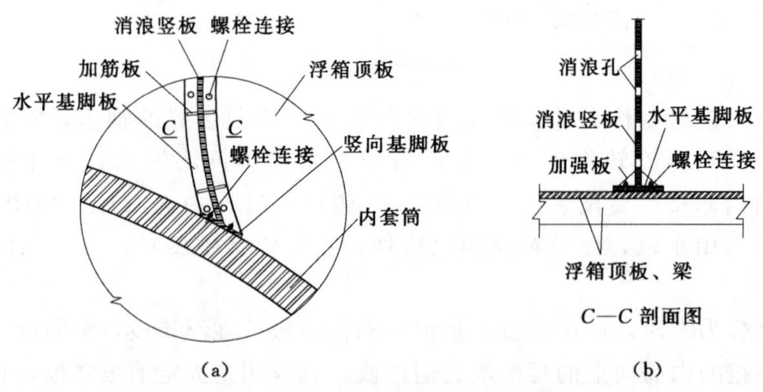

图 5.34　消浪竖板的连接示意图

（a）消浪板平剖面及连接；（b）消浪板剖面图

消浪竖板以圆周等分布置于浮箱顶板，一般可以设置 6～8 块（片），均衡布置，如图 5.35 所示，不宜过密，应保证有一定宽度的波浪承接口，以方便接纳波浪。

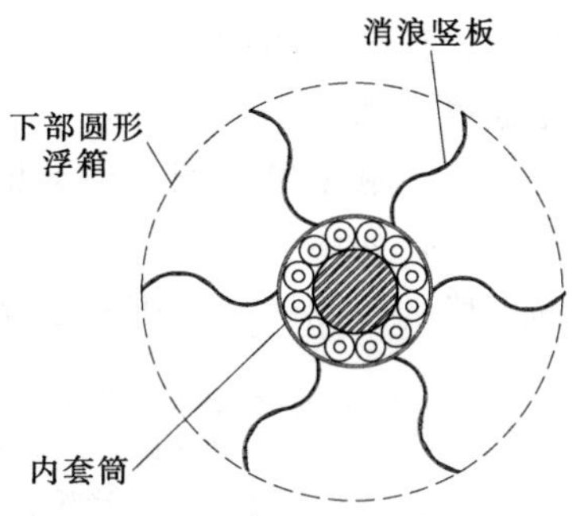

图 5.35 消浪竖板平面布置

发电机固定悬挂罩及定子，如图 5.36 所示。固定悬挂罩为发电机定子的悬挂支撑，固定于轴的顶端。整个发电设备都安装在最高潮位以上，保证在风暴潮时，发电机组能安全运行。固定悬挂罩的罩顶为圆形平面，其上可以根据需要设置进人孔和输出接线，进人孔作为进入下部空间的通道；固定悬挂罩下端部对称均匀布置螺栓孔，作为悬挂定子的构件；悬挂罩内侧，均匀、对称、径向布置加强筋板，以提高悬挂罩的强度。固定悬挂罩的内部空间，可以环绕轴布置发电所需要的控制设备、现场操作设备等。

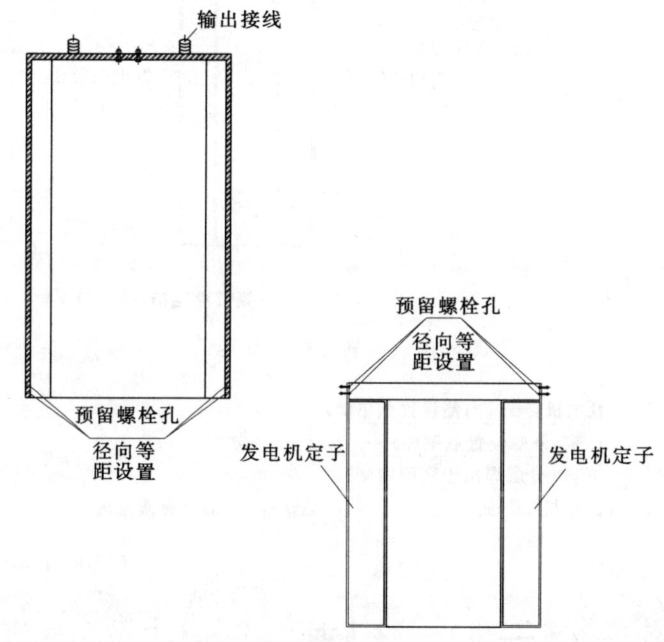

图 5.36 固定悬挂罩及定子

发电机旋转悬挂罩及转子，如图 5.37 所示。旋转悬挂罩为发电机转子的支撑构件，且随转子同步旋转；罩顶为中孔的圆形平面，罩顶设置进人孔，方便转子检修和保养；罩顶中孔上翻边形成环绕轴旋转的轴承，其上设置两层环状 U 形槽口，槽口内嵌滚珠；罩顶下面设置滚轮，滚轮行走于轨道托盘上，为转子的竖向支撑且能环绕轴旋转；旋转悬挂罩下端部对称均匀布置螺栓孔，作为悬挂转子的构件；悬挂罩内侧，均匀、对称、径向布置加强筋板，以提高悬挂罩的强度。

（5）燕尾槽和燕尾榫。槽和榫分别等间距均匀、对称、径向布置于转子和套筒上，如图 5.38 所示。燕尾槽竖向布置于转子内侧，燕尾榫竖向布置于套筒上段的外侧；燕尾榫在燕尾槽内可竖向移动。

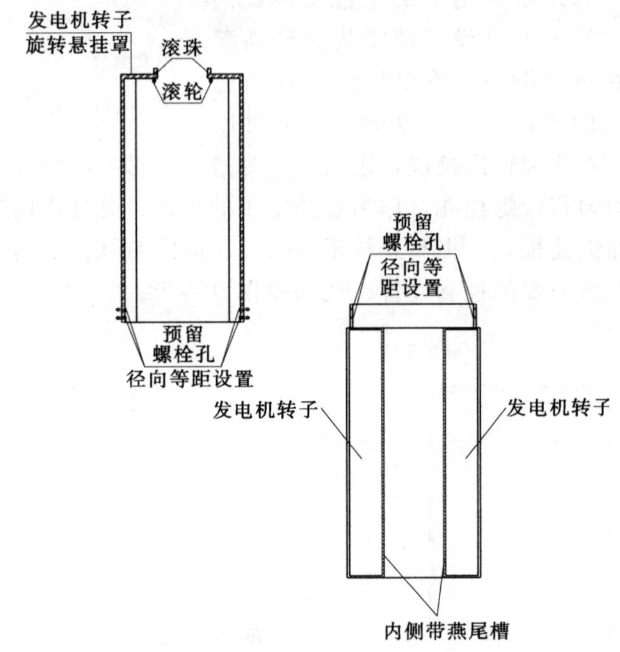

图 5.37　旋转悬挂罩及转子

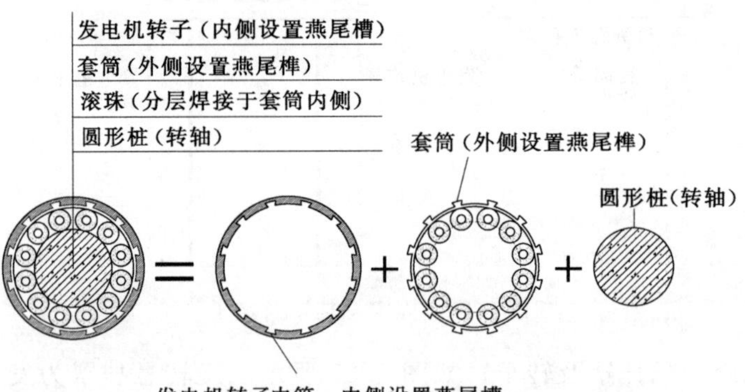

图 5.38　燕尾槽和燕尾榫平剖面示意图

（6）轨道托盘。为一个完整的圆形托盘，如图 5.39 所示（也可采用两个对称相等的半圆形托盘组成）。其作用一是作为行走的轨道；二是作为支撑和限位构件；圆形托盘为钢结构或混凝土结构制作。是一个卡在轴上的圆形轨道，沿着轴身竖向共设置两道，最上面一道托盘为转子旋转罩的支撑，且为转子旋转罩的行走轨道，其位置主要由套筒在最高潮位时，伸出转子的长度确定；最下面一道托盘为限制浮箱最低位置，为浮箱在低潮位时的行走轨道，其位置主要由最低发电潮位确定。

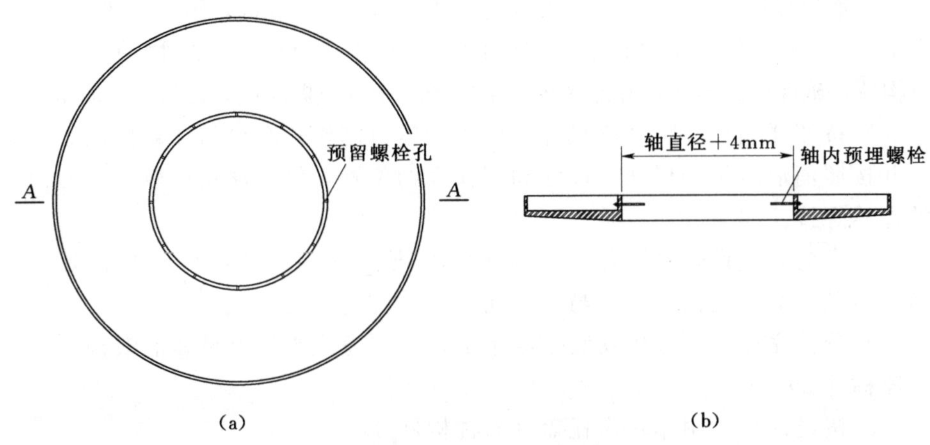

图 5.39 轨道托盘示意图

(a) 轨道托盘平面图；(b) A—A 剖面图

2. 消浪原理

浮箱式消浪装置按照设计的间距布置于堤防外侧的滩地上，它默默地耸立在水中，构成一道消浪屏障；彩色的消浪竖板，形成一道风景；该装置利用水的浮力升降、利用波浪动能旋转，无须提供动力；它时刻浮于水面，随时可以自动投入工作。

当水面产生波浪，并向被保护的堤防涌进时，由于波能集中于水体表层，该装置上部竖向的纳潮口，不断地接纳涌进的波浪，S形消浪竖板在波浪的冲击下，推动着浮箱不断环绕着竖向轴旋转，同时将波浪粉碎，在后续波浪的作用下，浮箱不断旋转，从而达到不停地破浪消能；在连续地旋转中，消浪竖板上的消浪孔也同时参与消浪。

3. 发电原理

由于套筒的传力段类似于齿轮，将套筒与转子啮合，传递旋转作用力；该段套筒的长度应满足在限制发电潮位时，套筒与转子应全段啮合设计，以保证传递力的效果。

竖向燕尾槽和竖向燕尾榫的巧妙设置，使套筒的上段与转子始终保持啮合，当浮箱和消浪段在波浪作用下共同旋转时，套筒同步旋转，并带动转子旋转而发电。

4. 具体实施方法

为了使本实用新型实现的技术手段、创作特征、达成目的与功效易于明白了解，下面结合具体图示，进一步阐述本实用新型。

（1）在需要护滩处，按设计桩径、桩距、桩长打入一排预制钢筋混凝土圆形桩或钢桩（简称构件1）；平面布置可以采用一字形，也可以采用弧线形。

（2）消浪竖板由彩色塑料按设计尺寸制作，形状尺寸相同，因而可做成标准构件在工厂生产；这样制作加工方便，还可以提高效率，而且可降低材料消耗；改进节点构造，确保产品质量，并能减少大量现场工作量，提高该装置的工程质量。

（3）按照浮箱尺寸、套筒尺寸，可采用钢材制作；套筒与浮箱按同心圆焊接，并按照消浪竖板的形状、尺寸和螺栓孔的位置，做好浮箱顶板和内套筒外侧的螺栓焊接。

（4）套筒内侧设置多层环状U形槽口，槽口内嵌滚珠；U形槽口焊接于套筒的内壁，滚珠提供了浮筒与桩之间上下、旋转的滚动。

（5）分件完成消浪竖板安装于浮箱上，从而完成单件浮箱和消浪构件的组装（简称件2）。

（6）按设计尺寸制作轨道托盘（简称构件3）。

（7）按设计尺寸制作转子和旋转悬挂罩（简称构件4、构件5）。

（8）按设计尺寸制作固定悬挂罩和定子（简称构件6、构件7）。

（9）上述（1）～（7）中各构件，如图5.40所示，采用船运至现场后，按照以下步骤操作完成组装。

1）将构件3安装于构件1的下部位置，即将构件3从构件1（桩轴）的顶端套下，于设计位置螺栓连接或焊接于轴上；然后采用船上沉桩，按设计桩距布置已带构件3的构件1。

2）桩轴就位后，将构件2从构件1（桩轴）的顶端套下，放置于水面即完成单件安装。

3）安装构件4，即从桩轴顶端套下转子。

4）安装构件3，将构件3从构件1（桩轴）的顶端套下，于设计位置螺栓连接或焊接于轴上。

5）安装构件5，即将旋转悬挂罩从构件1顶套下，放至轨道托盘上（构件3），同时将构件4与构件5螺栓连接。

6）安装构件6，即将定子从轴顶套下。

7）安装构件7，即将固定悬挂罩安装于轴顶部；同时将构件6与构件7螺栓连接。

8）从固定悬挂罩顶面的进人孔进入，于旋转悬挂罩与固定悬挂罩之间形成的空间里，安装控制设备和蓄电池等，并布置输出接线。

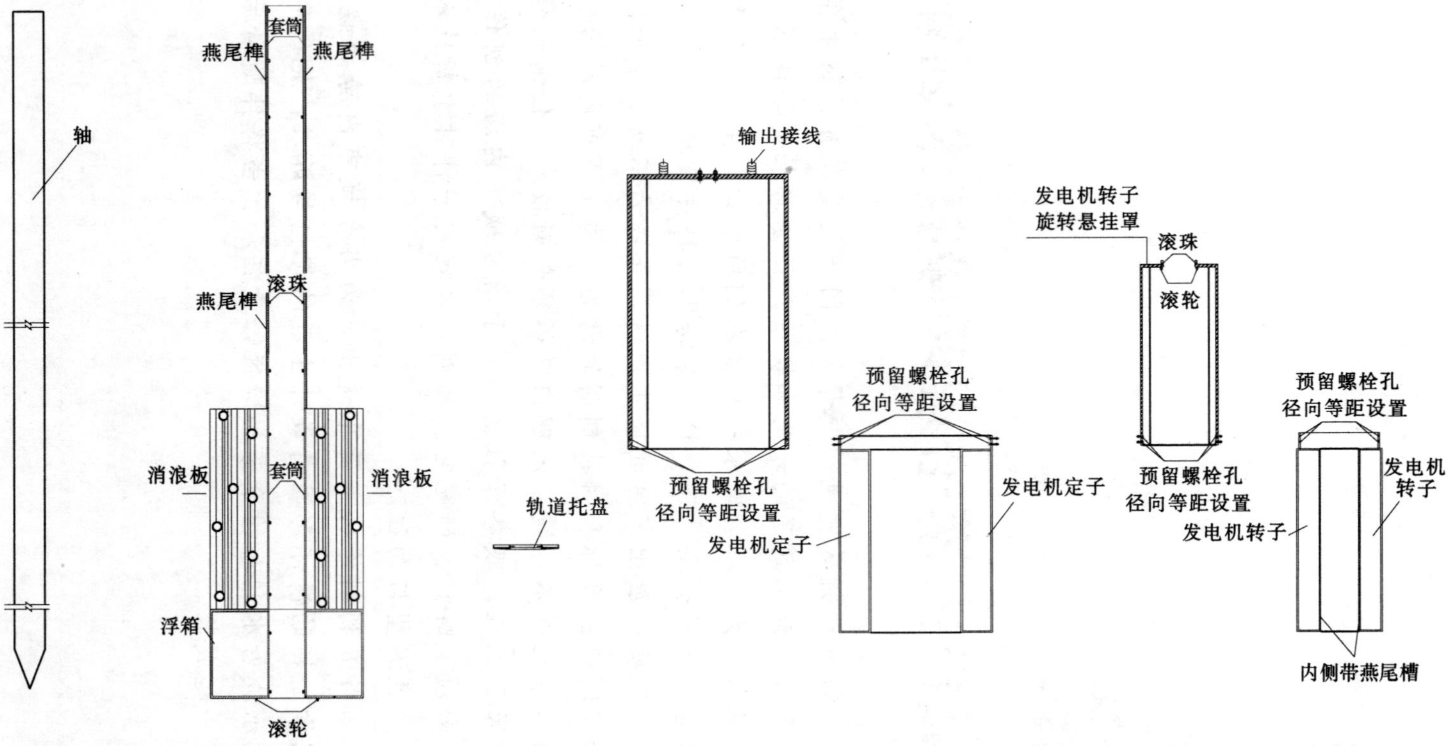

图 5.40 发电消浪一体机拆分构件

(a) 构件 1；(b) 构件 2；(c) 构件 3；(d) 构件 7；(e) 构件 6；(f) 构件 5；(g) 构件 4

第6章

城市内涝治理呼唤技术创新

科技创新从发现问题开始，问题就是在背景技术条件下人们意识到了的矛盾和疑难。社会需求是科技创新的根本动力，社会需求一旦被人们所意识，在一定的知识基础和社会条件下，它就会转化为科技目标。

这些年层出不穷的城市内涝，正成为不断引申内涝治理的科技目标和科技创新的动力。构建城市内涝治理的体系已刻不容缓，治理内涝亟须创新技术。任何创作都源于工程，服务于社会。对于治理城市内涝的创作，就必须了解它、研究它。其创作，就是一种对于新技术的热衷渴望与向往。

当专利创作从书斋中走出，为当今城市内涝呐喊、问诊，她的情怀彰显着设计生涯的记忆与诉求，她的智慧承载着水利人的辛劳和愉悦，责任和担当将伴随着城市一起成长。

城市治涝工程内容丰富，本章撷取4个专利实例予以论述。这4个专利都是用于解决城市内涝问题，其中2个是调蓄，2个是排水。蓄和排是两种不同的解决内涝的方法，但在本章有一个共同点，那就是一种水工逆止阀的应用。4个专利表明，应用发散思维和组合原理，同样一种水工逆止阀用于不同的工程中，将承担着不同的角色，产生不同的创新产品。

6.1 城市内涝治理方法专利创作综述

6.1.1 内涝治理工程创新设计

城市内涝治理的方法有很多，本章所述具有独立知识产权的两项新技术：在不改变绿地规模和用途的前提下，利用地下空间调蓄雨水；在不改变河道规模的前提下，利用河道护岸增大河道调蓄量。

1. 绿地地下调蓄装置

城市绿地量大面广，不仅具有美化环境、吸尘消音等作用，还具有涵蓄雨水的潜能，但目前并未充分挖掘这种蓄水潜能。为解决城市雨水发生大规模的径流问题，就地部分消纳是最佳的方法，但需要一个吸纳雨水的场所。基于城市用地越来越紧张，不具备规划专门场地消减内涝的条件。因此，急需寻求其他空间来吸纳雨水。

绿地地下调蓄装置，是一种分散式的绿色基础设施，可结合城市绿地进行综合设计。在不增加用地面积的前提下只需置换绿地地下土体，在绿地功能不变、规模不变的情况下，能实现就地消纳雨水、减少外排雨水量、雨水资源化利用、改善生态环境等多种目标。

2. 河道增大调蓄量装置

城市河道起着重要的"汇水"作用，担当着蓄积雨洪、分流下渗、调节行洪、增补地下水资源和缓解热岛效应等诸多功能，特别是缓解和防止城市内涝。但现在这些天然排涝系统的减少，使城市缺少储存多余雨水的空间。由此可见，防止内涝最有效的手段之一是增大河道的调蓄量。

该装置是结合我国城市发展的现实，根据当地的降雨条件、雨水径流、城市生态环境状况、基础设施建设与发展水平以及城市的总体规划，科学、合理、安全地利用河道两岸的护岸结构和空间形成调蓄池，用于增大河道调蓄量。城市河道两岸均有一定宽度的陆域控制范围可以利用。例如，上海市河道两岸各有 6～20m 的陆域控制宽度。

雨水调蓄作为一种滞洪和控制雨水的手段，该技术是在不增加河道用地、不改变河道规模和功能的前提下，设置调蓄装置，增大河道调蓄容量，减少并延迟暴雨径流和峰值，是一种实现低碳、节能、生态和可持续的涝水控制理念。

在河道蓝线内，包括水域、边坡、陆域（含防汛通道）等区域，或与河道相邻的绿地地下空间，运用该调蓄装置，可以有效地增大河道调蓄量，从而提高了河道的防涝能力；同时，比较方便在现有河道增设调蓄装置并进行改造。该装置实用简单、安全可靠、便于施工且节省投资，在城市中小型河道中有着广阔的应用前景。

6.1.2　主要创作方法

1. 本章专利创作总结

对本章 4 个专利的创作予以总结，可以标榜为发散思维和组合原理。先进行发散思维再应用组合原理，是本章专利创作的特点。

从水工逆止阀可以利用水位差自动排放，防止外水倒灌，想到了它的功能和原理可能在其他方面很有应用价值。从这一点出发、引申，并经过不断地研究和扩展，取得了若干个很有实用价值的成果。如：水工逆止阀与泵站出水管结合，构成泵站截流新装置；水工逆止阀与排水管道出口结合，代替了传统所采用笨重的拍门；水工逆止阀用于地下蓄水装置的排水控制，既可以排水，又可以防止倒灌。本章创作特点综合列于表 6.1。

表 6.1　城市内涝治理新技术解析表

名　称	功能	现状技术	控　制	特　点
城市绿地地下调蓄装置	调蓄	绿地下沉式蓄水	水工逆止阀	自动蓄排
河道增大调蓄量装置	调蓄	无	水工逆止阀	自动蓄排
排水管道出口防倒灌装置	排水	拍门	水工逆止阀	自动排放
泵站截流新装置	排水	拍门或快速闸门	水工逆止阀	自动控制

2. 相应的创作方法和理论

（1）发散思维。发散思维，即从某一思考点或信息出发向四面八方各个方向进行思索，以出发点的事物为基础，与尽可能多的信息相交合而产生新构想的思维模式。发散思维更多运用的是联想、组合和灵感等非逻辑性思维。

发散思维在方案构思中，选择创造课题或探索产品开发方案时应用的比较广泛。很多创造性颇高的发明成果，其中就大量运用了发散思维。例如，发泡技术在不同产品中的应用取得了众多的成果。发泡技术与冰制品结合，制成了雪糕、冰激凌；发泡技术与香皂结合，制成了易溶香皂；发泡技术与橡胶结合，制成了橡胶海绵，发泡技术与塑料结合，制成了泡沫塑料；发泡技术与水泥结合，制成了气泡混凝土；发泡技术与玻璃结合，制成了气泡玻璃等。

（2）组合原理。组合原理的应用，是将两种或两种以上的学说、技术、产品的一部分或全部进行适当叠加和组合，用以形成新学说、新技术和新产品的创新原理。组合既可以是自然组合，也可以是人工组合。在自然界和人类社会中，组合现象是非常普遍的；组合创新的机会是无穷的，组合原理也是创新的主要方式之一。

（3）功能移植。功能移植，系指把诸如激光技术、超声波技术、超导技术、光纤技术、生物工程技术以及其他信息、控制、材料、动力等一系列通用技术所具有的技术功能，以某种形式应用于其他领域。如采用液压技术便可较好地解决远距离传动的问题，且简化机构并操作方便；电子计算机的应用则使机械加工程序化和自动化。

6.2 城市绿地地下调蓄装置

6.2.1 创新技术内容

城市绿地地下调蓄装置，是一种新型的生态型雨洪多功能调蓄利用设施，对于缺水和水涝严重的城市，多功能雨水调蓄是一种综合性的生态型治水方案。因地制宜地研究实施适用的多功能调蓄设施，科学地开发利用城市雨洪，不仅可增加可用水资源，回补地下水，缓解城市严重的缺水局面，还更能明显地削减洪峰流量，提高城市防洪防涝标准，改善城市环境，充分地利用土地资源，最大限度地发挥城市土地资源的综合效益。

本技术的目的是提供一种用于城市绿地地下雨水调蓄装置，以实现利用城市绿地地下空间调蓄雨水的目标。该地下调蓄装置由进水口、蓄水体和排水构件等部分组成；该装置标准段平面布置如图 6.1 所示；其主要内容分以下各构件组成和作用、运行模式及有益效果 3 个部分阐述。

1. 进水口

地面或路面的雨水经有组织的坡面、排水沟引至进水口，进水口是地面径流进入蓄水体的接口，其位置、数量和洞口尺寸应根据集水面积、蓄水层蓄水量、设计标准等计算确定，一般集水面积 8～30m^2 宜设置一个进水口，在条件允许的情况下宜多设，以便于就近收集雨水。

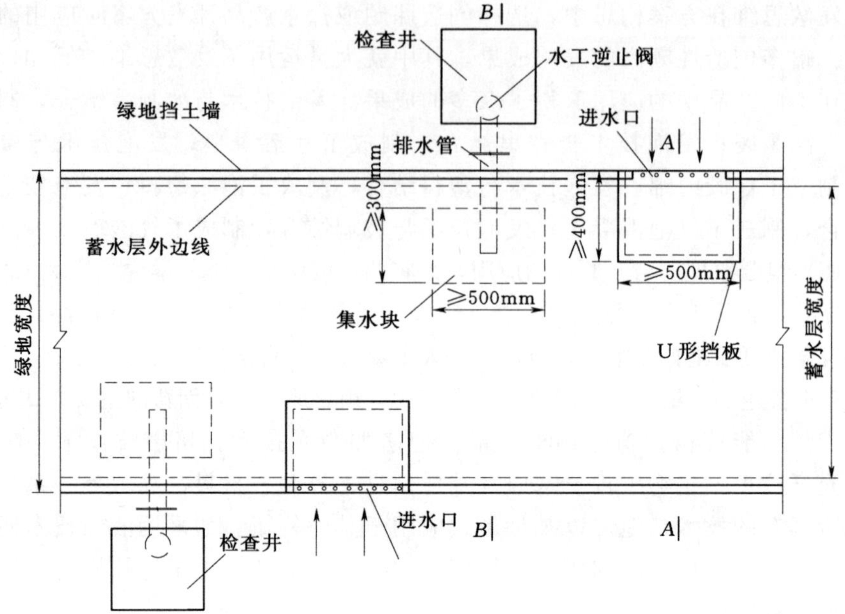

图 6.1　绿地地下调蓄装置平面图

进水口可单边设置，或双边设置，其位置尚应根据检查井的位置而定；距检查井宜近，以便于排水和管道布置。

进水口应设置于绿化池边墙体上的一个矩形口，为防止树叶、垃圾和较大悬浮固体等污染物进入，在进水口处设置竖向钢筋拦污栅，作为承接雨水的第一道拦污。进水口与种植土之间设置一个 U 形预制挡土墙，上设置盖板；U 形构件凹槽内为进水井，该井为粗粒材料填筑至蓄水层，如鹅卵石和碎石等；U 形构件高度为种植土层厚度；U 形挡板和盖板为常规钢筋混凝土预制，这里不做详述。该井顶面覆盖可移动的拦污网，以便于清污；顶面低于进水口坡面底 50～100mm，该井的作用是将雨水尽快引致蓄水层，并且在雨水排入蓄水体前把水流中的泥沙等杂物进行沉淀，防止杂物进入蓄水层。

道路与绿地间有人行道，当需要收集道路雨水时，路边雨水口按道路要求设置，雨水口后设一竖井，由管道连接于蓄水层上的进水井，如图 6.2 所示。其他区域与绿地地下调蓄装置距离较长时，可采用相同方法引排。

2. 蓄水体

蓄水体由城市绿化地及地下空间组成，从空间上分为 3 层：种植层、蓄水层和基底层，如图 6.3 所示。利用的绿地形状不限，可以是各种形状；蓄水体消减内涝主要是利用蓄水层中的多孔材料快速吸附和存储雨水的特性，利用绿地设置该装置量大面广，可以达到就地吸纳雨水、避免集中径流的目的；同时利用蓄水层储存大量雨水，逐渐将雨水补充到地下水，实现雨水的综合利用。

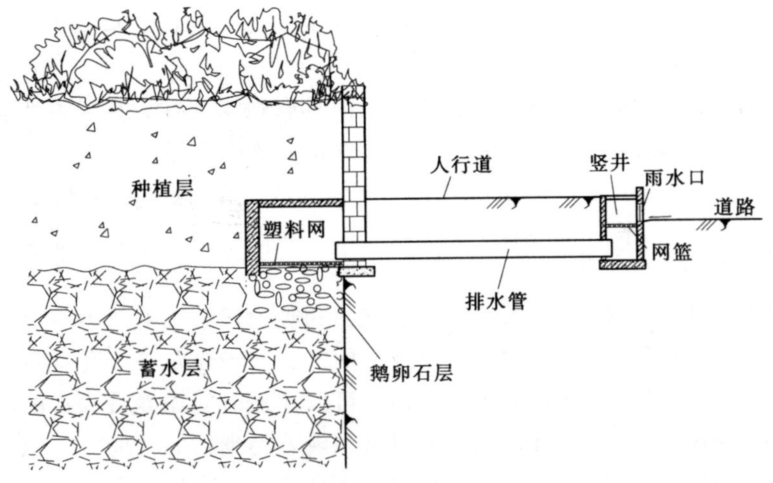

图6.2　道路雨水排放至地下调蓄装置

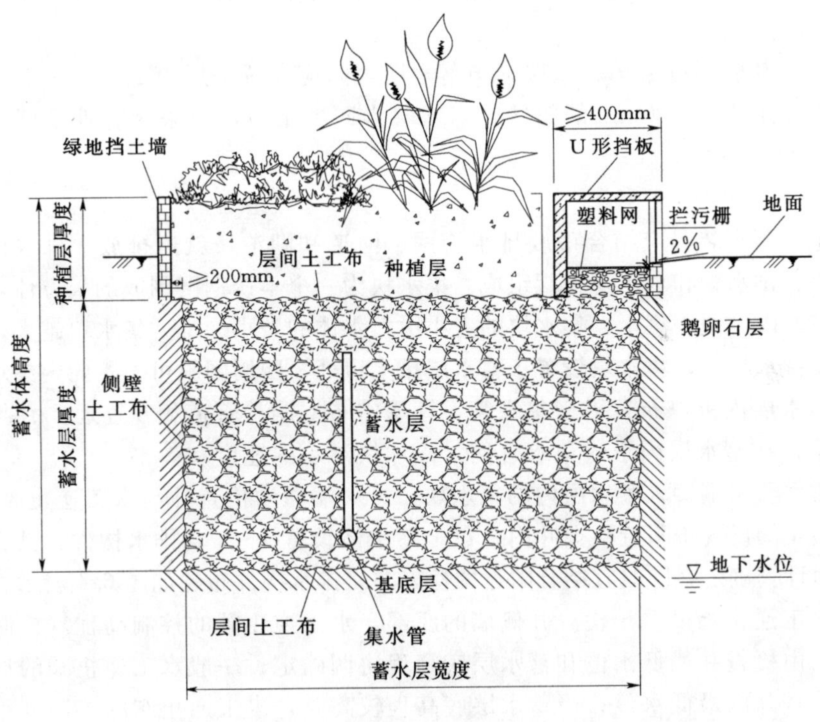

图6.3　调蓄装置剖面图（A—A）

（1）种植层。种植层是绿化地最上面的一层，一般都高于地面或路面，当低于路面或地面时通常称为下沉式。种植层覆土厚度首先要满足植物生长的最小厚度，其厚度还跟植物的种类和覆土的种类有关，一般覆土厚度宜大于30cm；对于乔木应留出足够的范围，保证所需土体。种植层下为蓄水层，两层之间设置一层土工布。种植层的作用是为植物提供生长的基床，下雨时也能吸收并存储少量雨水。

(2) 蓄水层。蓄水层位于种植层下，由具有强渗透性、高吸附性能的多孔材料填充，如：建筑砖渣和煤渣等，其尺寸由所需要的蓄水量确定；一般蓄水层底面宜高于地下水位，蓄水层四面与外围相邻土层间，均应设置一层土工布；蓄水层顶面应平整后再铺设土工布，土工布的作用是限制相邻土层的土颗粒随水流入蓄水层。

蓄水层的作用是增大蓄水体的蓄水能力和吸附污染物的能力，但同时也要兼顾经济适用的原则。因此，建筑垃圾中的红砖和粉煤灰等多孔材料均可成为选择的对象。这些多孔材料吸水能力强，可以在短时间内涵蓄大量的雨水，达到削峰减排的作用。多孔材料具有吸附氮、磷等污染物的功能，避免地面雨水直接排入地下，污染地下水。材料来源广泛且廉价，合理地利用，可以达到节能减排、变废为宝的效果。蓄水层填充材料应去除草根、塑料袋和木块木屑等无吸附能力的杂物。

(3) 基底层可采用原土层，与蓄水层之间应设置一层土工布，土工布上面铺满厚度不小于 100mm 的粗砂。当基层为回填土时，应采用黏性土回填，并分层夯实。

3. 排水构件

地下蓄水装置应结合市政排水管网、河道和湖泊，就近排放。排水构件由集水块、排水管和水工逆止阀组成。集水块为一个不锈钢网围成的长方体，外包土工布，内空便于集水；集水块的大小由蓄水体的大小确定，集水块越大，集水越多，排水越快；集水块设置于蓄水层排水口处，四周网眼可不断向内渗水。

蓄水层内可以布置纵横集水管，管壁密布空洞；管道相互连通，并与集水块连接；在蓄水层内形成集水管网，以加快渗水的速度和效果。

排水管一端接入蓄水层内的集水块，另一端通向检查井与水工逆止阀连接，水工逆止阀设置于附近检查井内。每个蓄水体设置 1～3 套排水构件，其套数和规格由计算确定，同时宜结合附近的检查井。排水构件布置如图 6.4 所示。

水工逆止阀设置于检查井侧墙的底部，水工逆止阀的控制高程（控制排水高程）由检查井最低水位和蓄水层底高程协调确定；一般水工逆止阀的控制高程为检查井内最低水位；当蓄水层底高程较高时，水工逆止阀的控制高程可以高于检查井内最低水位。水工逆止阀为球芯阀，球芯为一个中空的圆形球体，由不锈钢制作；球芯阀的相对密度要求略大于水的相对密度，其作用是依靠自重及在水压力的作用下，与漏斗形阀座形成球面密封从而切断检查井内的水流倒灌；当蓄水体水位高于检查井水位时，在管道内水压力的作用下，球芯浮起从而排水。

4. 雨水利用

雨水需要利用时，可以将各排水管接入一根总管，然后再接入蓄水池，总管由水工逆止阀在蓄水池内控制，标准段平面布置如图 6.5 所示。

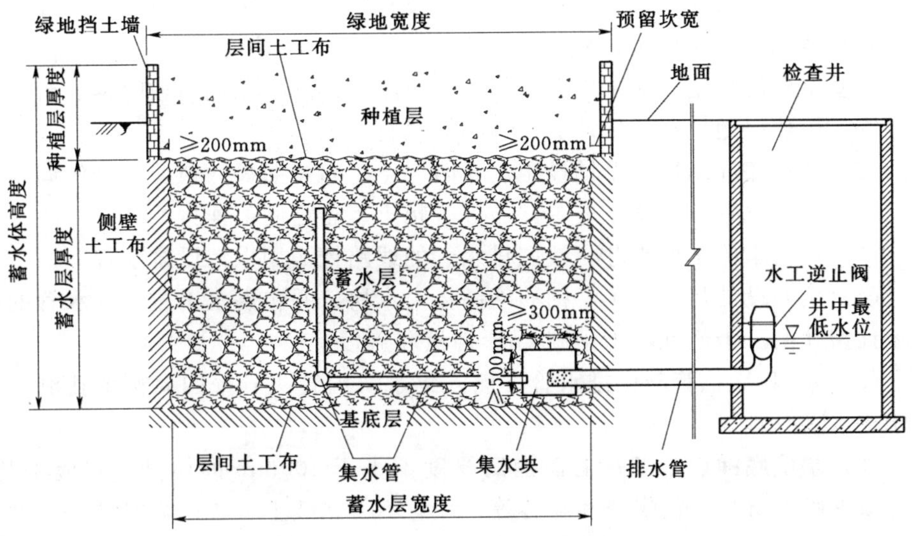

图 6.4 调蓄装置 *B*—*B* 剖面图

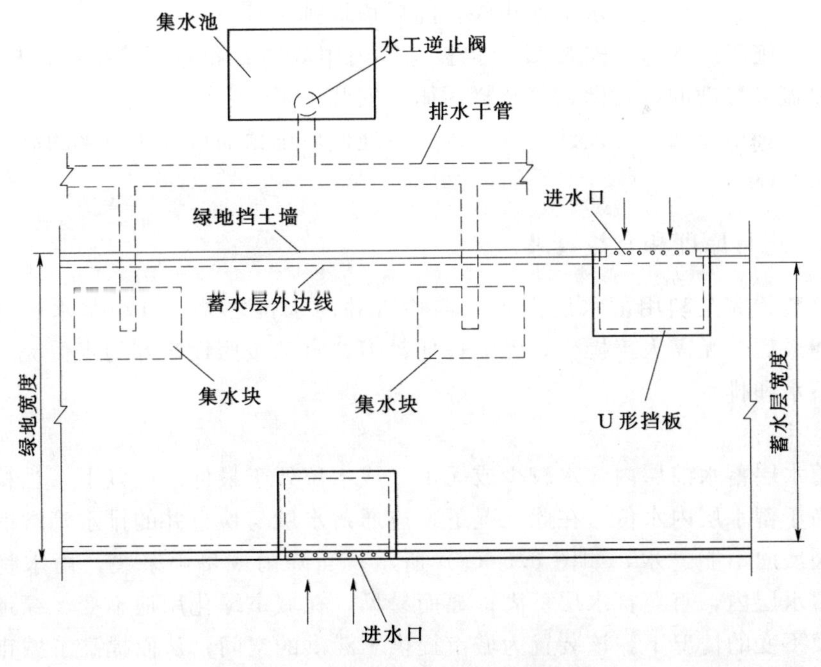

图 6.5 雨水利用平面布置示意图

5. 具体实施方法

为了使本装置实现的技术手段、创作特征、达成目的与功效简单易懂，下面结合具体图示，进一步阐述本创新技术的特点。

（1）新建或改建绿地，按蓄水层的深度挖出土体后形成基坑；改建绿地应保证花池两侧挡土墙稳定，蓄水层两侧应预留一定的宽度。基坑开挖过程中，为保证基坑壁的稳定，应采取合适的工程措施。例如，采用边坡喷锚、台阶形开挖等。改建绿地应结合绿地更换植物时进行。

（2）基坑底和基坑侧壁铺设土工布时，土工布按照尺寸裁剪后，先固定上端，然后沿基坑壁放至基坑底，并做好各幅土工布之间的连接。

（3）从蓄水体至检查井，按照排水管的线路挖沟用以铺设排水管。

（4）按照设计尺寸，工厂钢筋网制作集水块，并包裹土工布，排水管的插入处预留孔洞。钢筋混凝土预制 U 形挡板和盖板。

（5）采用 PVC 管制作排水管，插入集水块内管头管壁四周预留孔洞，以便于进水。

（6）基坑底铺设土工布上面铺满厚度不小于 100mm 的粗砂，并应平整；人工填埋吸附材料——煤渣和碎砖等，注意不得扎破土工布；填埋时，在设计位置处放置集水块，同时铺设排水管道，如果需要宜设置固定支撑；填埋至设计高程，蓄水层顶面平整，铺设一层土工布，并与基坑壁的土工布连为一体。

（7）检查井内安装水工逆止阀，随后填埋排水管。

（8）施工进水口，安装 U 形挡板，井内用鹅卵石和碎石等粗粒材料填筑，顶面覆盖可移动的拦污网；安装拦污栅，安装盖板。

（9）种植土回填至设计高程；改建绿地回填土顶面可以比原来的高程高出 50～100mm。

6.2.2　运行原理和有益效果

该装置完全利用蓄水层内水位与检查井内水位之差，自动蓄水、自动排放；建成后，无需人工操作，无需任何动力，自动按照设定好的水位完成蓄水体的蓄水和排水。

1. 蓄水

蓄水层蓄水前层内含水较少或无水，或水位处于最低水位以下，当检查井水位高于蓄水层内水位，在此工况下，连通蓄水层与检查井的排水管端的水工逆止阀反向不能进水，如图 6.6（a）所示；当降雨或暴雨来袭，雨水将不断流进蓄水层内，直至蓄水层蓄满；显而易见，在城市绿化用地不变、绿地功能和规模不变的情况下，该装置为城市提供了滞洪的空间，从而提高了城市的防涝能力。

2. 排水

降雨过后，检查井水位随城市排水管网排水会不断下降，且可降至最低水位；在检查井水位不断降低的过程中，当蓄水层内水位高于检查井内的水位时，球芯阀在蓄水层内水压力的作用下而打开，如图6.6（b）所示，蓄水层内的水不断汇集于集水块内，且将沿着排水管道不断流出，直至放空，从而为下次调蓄雨水腾空蓄水层的空间。

综上所述，该装置在调蓄和排放雨水时无需动力，无需人工操作，完全根据水位差，自动蓄水、自动排水，如此循环。

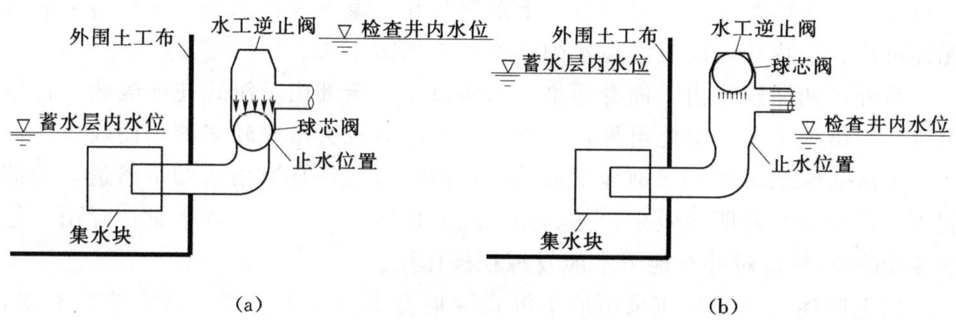

图6.6 地下调蓄装置工作原理示意图

（a）蓄水状态；（b）排水状态

3. 有益效果

该地下调蓄雨水装置将产生如下效益：

（1）只需通过在绿化带下方合理设置煤渣或碎砖蓄水层，可以吸收15％～25％蓄水层体积的雨水；结合城市绿地，量大面广，完全有能力在下暴雨时迅速吸水，减小城市内涝发生的概率。该装置不仅能有效地消减城市内涝，而且还不影响景观，与绿化设施一体，便于实施。

以上海市为例进行估算，1m^2的绿地，实施该地下调蓄装置后（1.0m深度），可以调蓄雨水0.15～0.25m^3，能接纳4.2～6.9m^2范围内1年一遇（36mm/h）的降雨；如果按5年一遇（57mm/h）的标准，接纳3.5m^2范围内5年一遇的降雨，则需要在17.54m^2的绿地下设置该装置。

（2）绿化带下方设置煤渣或碎砖石蓄水层，煤渣和碎砖能有效的吸附磷酸根离子，避免磷酸根离子随雨水流入地下水，使地下水富营养化。

（3）储存在蓄水层内的雨水，可以自动排放，也可以有组织的排至蓄水池，进行合理应用；同时，蓄水层中的蓄水，又可以传送到种植层中被植物根系吸取，使城市雨水能被充分利用。

本装置最大的特点是能充分结合城市绿地，形成量大面广，能就地消减雨水；对雨水可以起到能蓄、能排、能利用的作用。

（4）蓄水体填埋的蓄水材料大多用多孔的建筑废弃物，为城市建筑垃圾的再利用提供了新渠道。

（5）雨水需要利用时，可以将各排水管接入一根总管，然后再接入蓄水池，总管由水工逆止阀在蓄水池内控制，如图6.5所示。

4. 雨水调蓄方式对比分析

目前，分散式雨水调蓄方法主要是采用下沉式绿地调蓄装置，此装置又被称为建设生态城市与绿色雨水的基础设施，其重要举措是将绿化池下沉，利用下沉部分和土壤蓄水。显而易见，下沉部分和土壤下渗蓄水有限，且蓄水后又无处可排，植物长时间浸泡在水中，不利于植物生长。

另外，初期雨水由于面源污染，水质较差，全部由下沉式花池吸收，污染土壤、污染地下水。由此可见，下沉式的蓄水方式会带来较多的负面效应。

下沉式绿地调蓄和绿地地下调蓄，这两种方法都具有雨水储留渗透，对抑制雨水流出量具有明显效果，尤其是在北方地区，每年可渗透水量占降雨总量的30%～80%，对补充地下水能发挥积极作用。

以上所述表明，目前采用的下沉式绿地蓄水构成不合理，蓄水非常有限，不利于内涝治理，且蓄满的雨水不能排放，影响植物生长和植物的多样性。绿地地下调蓄蓄水装置能更好地就地调蓄雨水，能真正发挥城市绿地的滞洪作用。

6.2.3　蓄水层填充材料与参数

1. 材料的选择

煤渣其结构膨大，有蜂窝状细孔，不溶于水，经筛选洗净后可用作过滤材料，可以滤除肉眼可见的颗粒材料，它对水中臭气、悬浮物和显色物质的吸附作用良好，是一种廉价的过滤、吸附材料。

煤渣的综合利用大大地减少了固体废物的产生量，节约了固体废物的占地面积，避免其造成的许多污染问题。大量地利用煤渣，即节约了资源、能源又创造了经济价值。

吸水层是绿地消减方案的关键，其作用是增大绿地的蓄水能力和吸附污染物，但同时也要兼顾经济适用的原则。因此，建筑垃圾中的红砖和粉煤灰等多孔材料均可成为选择的对象。这些材料的优势是：

（1）多孔材料吸水能力强，可以在短时间内涵蓄大量的雨水，达到削峰减排的作用。

（2）多孔材料基本无污染且具有吸附氮、磷等污染物的功能，避免地面雨水直接排入地下，污染地下水。

（3）材料来源广泛且廉价，如城市建设中产生的大量建筑废弃物中黏土砖约占70%。我国对建筑垃圾的处理方式大多采用填埋的方式，这样不仅会占用大量的土地而且还会污染环境。合理地利用建筑垃圾可以达到节能减排、变废为宝的社会效益。

2. 设计参数的确定

（1）种植层厚度。种植层厚度首先要满足植被生长的最低厚度，其大小跟植被的种类和植被层土壤的种类有关，一般宜大于30cm；故植被层厚度需依据种植的植物种类而定。

（2）材料参数。种植层、吸附层和基层材料计算参数，一般可按表6.2选取。

表6.2 **部分材料计算参数**

材料	单位体积饱和含水量 /%	单位体积残余含水量 /%	饱和渗透系数 /（$cm \cdot s^{-1}$）
根植土	0.35	0.15	4×10^{-6}
吸附层	0.45	0.08	9×10^{-5}
底基层	0.30	0.10	2×10^{-7}

（3）蓄水层厚度的计算。蓄水层厚度（h_s）以及吸附材料的单位体积饱和吸附量（q_{max}）共同决定了绿化区消减内涝的能力。则有

$$h_s = \frac{V'}{q_{max} B} \tag{6.1}$$

式中 h_s——蓄水层厚度，m；

V'——单位长度内设计调蓄容积，m^3/m；$V'=V/L$，其中V为设计调蓄容积，m^3，L为蓄水层长度，m；

q_{max}——吸附材料单位体积饱和含水量，m^3/m^3；可根据试验确定，煤渣一般为0.15～0.2；

B——蓄水层的宽度，m。

（4）填充材料的要求。

对于蓄水层设计时要计算沉降和渗透，提出填充材料要求。

煤渣等填充材料的压缩性指标主要用于沉降计算。因此，必须掌握煤渣的压缩性，根据煤渣层的厚度、物理力学性质和上部荷载，计算蓄水层的变形值。

在无侧向约束条件下，压缩时垂直压力增量与垂直应变增量的比值，称为压缩模量。通常采用压缩模量来判定土的压缩性，压缩模量越大，则煤渣的压缩性越低。参照土力学，煤渣的压缩模量按式（6.2）计算，则有

$$E_s = \frac{p_{i+1} - p_i}{1000(s_{i+1} - s_i)} = \frac{1+e}{a} \tag{6.2}$$

式中　E_s——压缩模量，MPa；

p_i、p_{i+1}——与 e_i、e_{i+1} 相对应的压力，kPa；

s_i、s_{i+1}——p_i、p_{i+1} 压力下固结稳定后的单位沉降量，即应变值；

a——压缩系数，MPa^{-1}；

e——天然孔隙比，即煤渣的初始孔隙比。

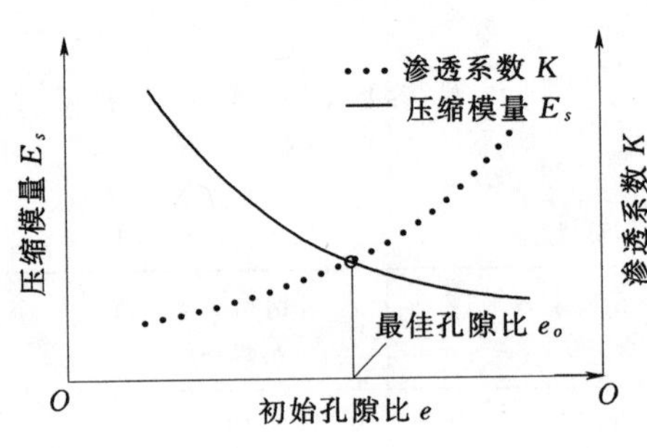

图6.7　最佳填筑孔隙比的确定方法

压缩变形实际上是孔隙体积压缩，孔隙比减小所致。因为压缩模量（E_s）随初始孔隙比（e）的增大而减小；渗透系数（K）随初始孔隙比的增大而增大，如图6.7所示。蓄水层的压缩沉降量越小、渗透系数越大，达到消减内涝的效果最佳。

因此，可通过压缩模量和渗透系数两个指标随初始孔隙比的变化规律联合确定，二者交叉点对应的孔隙比可作为初始填筑孔隙比的参考值，称之为最优孔隙比。

在实际工程中，填充材料很少被拿去做试验，此时，可根据各地经验来确定，设计应要求回填煤渣的干重度不小于 $8.0kN/m^3$。蓄水层的沉降改变了原有的顶面高程，根据预估的沉降量预留蓄水层的沉降厚度，一般可以按照蓄水层厚度的10%预留沉降量，即填充煤渣时提高顶面高程。

3. 蓄水层蓄水量的计算

绿化带地下的涵水能力，主要是由蓄水层的吸附能力来决定的。故选择高吸水能力材料组成蓄水层，才能达到消减城市内涝的目的。

蓄水层的尺寸、填充材料的单位体积饱和吸附量共同决定了蓄水层的蓄水量，在工程应用中，可按式（6.3）进行简化计算，则有

$$V_{dx} = KLBh_s q_{\max} \tag{6.3}$$

式中　V_{dx}——单个地下调蓄装置调蓄量，m^3；

K——折减系数，一般取0.8～0.9；

L——蓄水层的长度，m；

B——蓄水层的宽度，m；

h_s——蓄水层的厚度，m；

$q_{\max}$——吸附材料单位体积饱和含水量，m^3/m^3；可根据试验确定，煤渣一般为0.15～0.2。

6.2.4 蓄水层对污染物的吸附分析

对于雨水利用需要考虑蓄水层的吸附作用，使用一段时间后，需要置换吸附材料；而对于只有调蓄功能的地下调蓄装置，吸附层则无需置换。

1. 煤渣的化学成分

蓄水层宜首先将煤渣作为填充材料，煤渣的化学成分为：SiO_2 含 40%～50%、Al_2O_3 含 30%～35%、Fe_2O_3 含 4%～20%、CaO 含 1%～5%，以及少量镁、硫、碳等。其矿物组成主要是由钙长石、石英、莫来石、磁铁矿和黄铁矿、大量的含硅玻璃体（$Al_2O_3 \cdot 2SiO_2$）和活性 SiO_2、活性 Al_2O_3 以及少量的未燃煤等组成。

由于煤渣具有疏松多孔的结构，有较大的比表面积，煤渣的比表面积为 500～2000m^2/m^3；还有一定数量的碳粒存在。因此，具有一定的吸附作用，可用于吸附初期雨水中的污染物。初期雨水中的有机污染物通常有较大的分子量，易被疏松多孔的煤渣吸附截留。

2. 煤渣吸附能力分析

考虑到初期雨水携带磷等富营养物进入地下水后会污染土体和水源。因此，需要考虑吸附蓄水层对上述污染物的吸附能力。根据有关试验资料表明，通过配置相同的初始浓度含磷酸根的溶液，对同一煤渣试样进行多次循环过滤试验，确定煤渣对磷酸根的吸附能力。不同循环次数后蓄水层对磷酸根的吸附比例，有一定的变化规律，如图 6.8 所示。

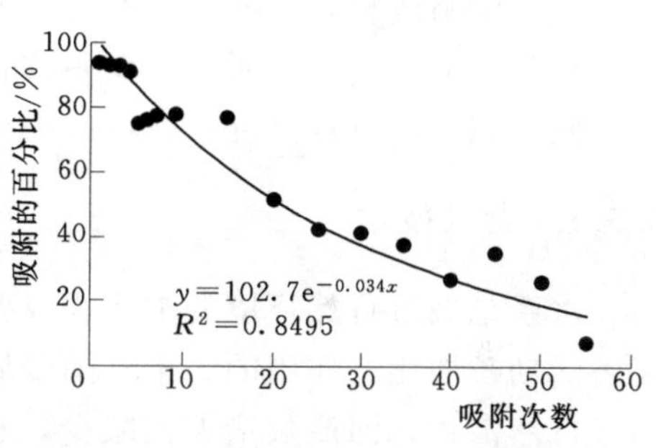

图 6.8 煤渣吸附磷酸根的能力

从图 6.8 中可以看出，蓄水层对磷酸根的吸附能力随吸附次数的增加而呈现出递减的趋势，说明煤渣对磷酸根具有吸附作用，这主要是由于磷酸根在煤渣材料中的累积效应引起的。试验所用溶液的初始浓度较大，初期雨水的磷酸根浓度比较小，吸附次数应更多。

对于需要利用的雨水资源，蓄水层使用一段时间后宜进行置换；可以根据年降雨情况和试验蓄水层的吸附次数，确定蓄水层的更换时间；蓄水层材料的置换，可以与绿化植物更换同时进行，以减小对市容的影响，减轻置换的工作量。

多孔材料对污染物的吸附能力与其自身的孔隙结构及比表面积相关。利用北京贝士德公司生产的氮吸附仪测试了不同粒径范围的煤渣颗粒特性。比表面积越大，孔径体积越大，吸附能力则越强。中粒径为0.25～0.5mm的煤渣，其平均孔径为44.21mm，孔体积为0.023mL/g，比表面积为15.85m²/g，其吸附能力最强。

6.3 城市河道增大调蓄量装置

一种用于城市中小型河道的调蓄装置，在不增加河道用地，不改变河道规模和功能的前提下，利用调蓄装置，增大河道调蓄容量，减少并延迟暴雨径流和峰值，是一种实现低碳、节能、生态和可持续的涝水控制理念。

调蓄装置由旁邻河道的蓄水箱体、进水口和逆止阀组成；进水口进水滞洪，逆止阀用于放空箱体；该装置完全利用箱体与河道之间不同的水位，自动蓄水、自动放空，无需人工操作，无需任何动力，自动完成河道的蓄洪和排涝。当装置外河道水位超过排水口时，该装置自动关闭，能有效防止水倒灌；当装置外河道水位低于蓄水箱体内水位时，该装置自动打开箱体排水，始终保持排水的最佳状态，无须人工操作。

运用该调蓄装置，可以有效地增大河道调蓄量，从而提高了河道的防洪能力；同时，也方便现有河道增设调蓄装置进行改造；该装置简单实用，安全可靠，便于施工，节省投资，在城市中小型河道中有着广阔的应用前景。

6.3.1 背景技术

水系是城市自然环境的重要构成要素之一，其数量和质量的变化是自然和人类活动长期相互作用的结果。随着城市化进程的深入，许多河流被填埋、淤堵或自然消亡，河流数量大大减少，水域面积大大缩小；降水量增加，河网调蓄能力下降，必然导致遭受暴雨或特大暴雨时，城区受淹，交通瘫痪。内涝如今对于城市来说，是一场几乎每年都会上演的“噩梦”。一场强降雨，街道成河、住宅进水、汽车没顶、河水倒灌地下室。愈加频繁的城市内涝，给人民生活、经济发展和城市的正常运转都带来了巨大影响。

城市河道起着重要的“汇水”作用，担当着蓄积雨洪、分流下渗、调节行洪、增补地下水资源、提高水蒸发量、缓解热岛效应等方面的功能，特别能缓解和防止城市内涝，但现在这些天然排涝系统的减少，使城市缺少贮存多余雨水的空间。由此可见，防止内涝最有效地手段是增大河道的调蓄量。

雨水调蓄作为一种滞洪和控制雨水的手段，在全世界范围内已得到广泛使用。目前，雨水调蓄的主要方式是建立雨水调蓄池，而雨水调蓄池往往占地面积很大，工程费用较大；且运行管理也具有较高的成本。根据国内外调查显示，在不改变河道用地，不改变河道功能和规模，对河道增设调蓄装置，尚未有先例。

6.3.2 方案设计内容

一种新型河道蓄水装置，可以实现自动蓄洪排涝的目标。调蓄装置由蓄水箱体、进水口和逆止阀组成，其主要内容分为主要构件和作用、运行模式两个部分阐述。

1. 各主要构件和作用

各主要构件和作用如下：

（1）蓄水箱体。蓄水箱体为空箱式钢筋混凝土结构，既作为雨水调节空间，也是河道空箱式护岸，因此，应同时满足蓄水和护岸这两种功能的需要。蓄水箱体于河口线一侧沿岸线布置，在软土地基一般 15～20m 长设置一道沉降缝，两个沉降缝间为一节蓄水箱体。单节蓄水箱体内沿岸线方向采用墙体分隔为多个蓄水箱体，隔墙底板上部设置箱体连通门洞将各单个箱体连通，洞底高程平底板顶面，单个蓄水箱体临河一侧墙体上部开设窗口作为蓄水时的进水口，墙体底部设置若干个排水逆止阀与河道连通。

蓄水箱体顶面用途不变，其上可设置绿化带、防汛通道等，如图 6.9 所示；每节蓄水箱体顶板均设置一个进人孔，以便于人工进入箱体内清淤，进人孔按常规做法设置盖板，如图 6.10 所示。蓄水箱体底板顶面高程宜比最低水位低 200～500mm，其最低水位以下的空间用于泥沙沉积；底板高程的确定尚应满足箱体的整体稳定和结构强度。

（2）进水口。进水口为矩形孔洞，设置于单个蓄水箱体邻河一侧的墙体上部，进水口底高程一般低于河道最高水位 300mm，进水口宽度和高度按需要计算确定；进水口外侧安装拦污栅，以防止河道漂浮的污物进入箱体内。

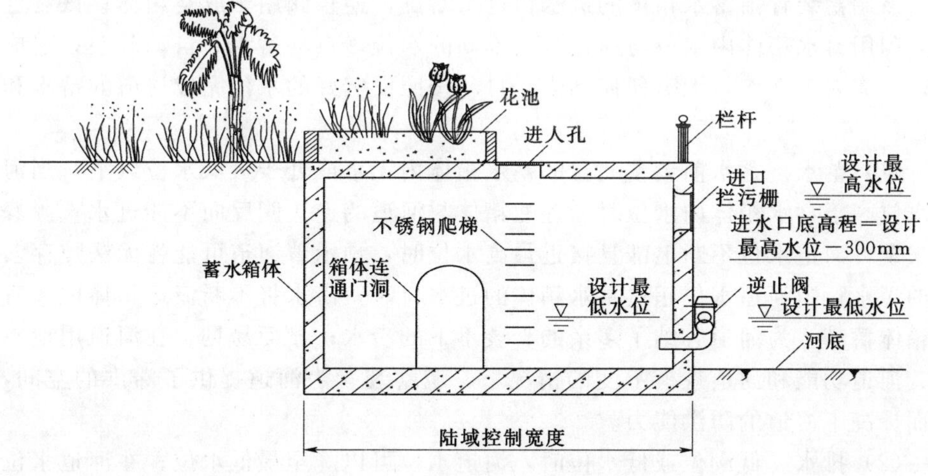

图 6.9 蓄水装置护岸横剖面图

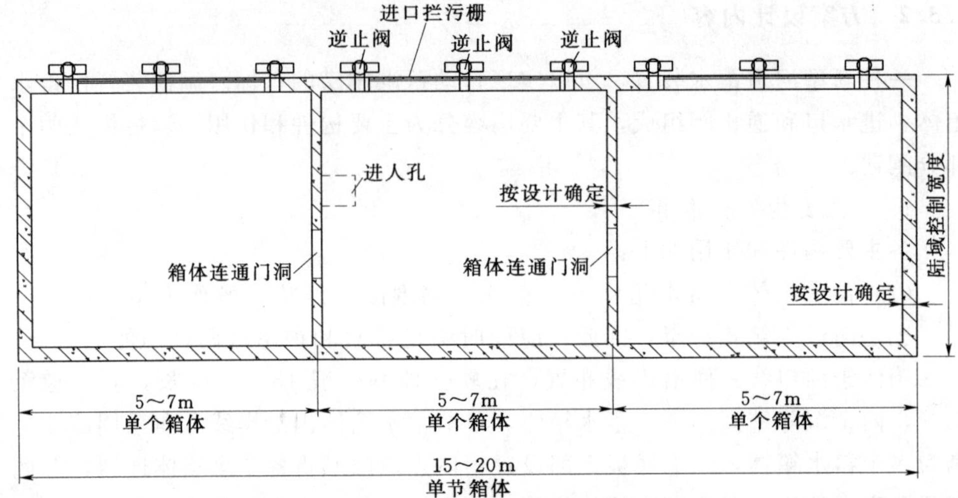

图 6.10 单节蓄水装置平剖面图

(3) 逆止阀。逆止阀设置于蓄水箱体临河侧墙的底部，逆止阀的控制高程为河道最低水位，每个箱体设置不少于两个逆止阀，其个数和规格由计算确定；逆止阀为球芯阀，球芯为一个中空的圆形球体，由不锈钢制作，其外径与圆形漏斗阀座相协调，一般可取 1.42D（D 为进水管直径），中空的直径由球形阀的比重通过计算确定；球形阀的密度要求略大于水的密度，其作用是依靠自重及在水压力的作用下，与漏斗形阀座形成球面密封从而切断河道水流倒灌。

2. 运行原理

该调蓄装置由蓄水箱体的进水口进水蓄洪，逆止阀用于放空箱体；该装置完全利用蓄水箱体内水位与河道之间不同的水位，自动蓄水、自动放空；建成后，无需人工操作，无需任何动力，自动按照设定好的水位完成河道的蓄水和放空。

(1) 蓄水。蓄水前调蓄装置的蓄水箱体内无水或处于最低水位以下，当河道水位高于蓄水箱体内水位时，连通箱体与河道的逆止阀反向不能进水；当暴雨来袭，河道水位不断上涨且接近最高水位时，预示着河道可能将无法贮存多余的涝水；当河道水位超过蓄水箱体的进水口时，涝水将不断流进箱体内，直至箱体蓄满，为河道容纳了多余的、装不下的涝水；显而易见，在河道用地不变、河道功能和河道规模不变的情况下，调蓄装置为河道提供了滞洪的空间，从而提高了河道的防洪能力。

(2) 排水。低潮位或低水位时，河道水位可以降至最低水位；在河道水位不断降低的过程中，当蓄水箱体内的水位高于河道水位时，球芯阀在蓄水箱体

内的水压力作用下而打开，箱体内的水沿着排水口（逆止阀）不断流出，直至放空，从而为下次调蓄腾空箱体空间。

无需动力，无需人工操作，自动蓄水、自动排水，如此循环。

3. 具体实施方法

具体实施方法如下：

（1）按设计尺寸，现场浇筑蓄水箱体，施工时，按设计间距和高程，做好河道一侧墙体上部预留进水孔洞，做好河道一侧墙体下部的逆止阀穿墙管道预埋，做好箱体顶板进人孔预留。

（2）工厂制作球芯逆止阀、拦污栅和进人孔盖板。

（3）现场安装球芯逆止阀、拦污栅和进人孔盖板。

6.3.3 排水流量计算

1. 短管淹没出流计算

根据排水设置高程，第 6.2 节、6.3 节所述逆止阀排水为短管淹没出流，从有关水力学知识可知，水力分析如图 6.11 所示。

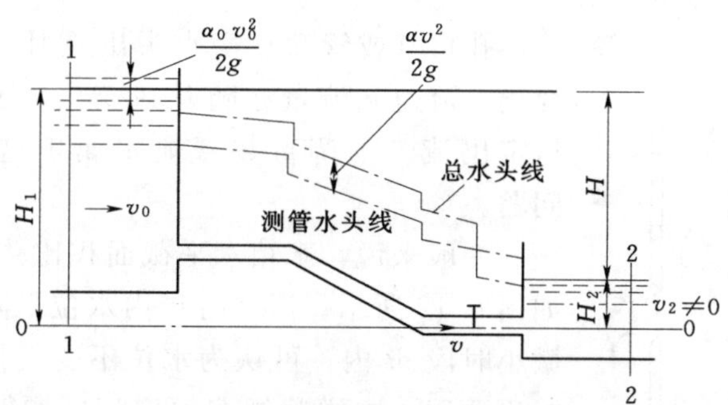

图 6.11 管道淹没出流水力分析图

以管道出口中心的水平面 0—0 为基准面，取渐变流断面 1 和 2，列能量方程：

$$H_1+\frac{\alpha_{01} v_{02}^2}{2g}=H_2+\frac{\alpha_{02} v_{02}^2}{2g}+h_w \tag{6.4}$$

相对于管道断面面积来说，上下游水池过水断面面积一般都很大，式 (6.4) 中，$\frac{\alpha_{01} v_{02}^2}{2g}=\frac{\alpha_{02} v_{02}^2}{2g}$，可得

$$H=H_1-H_2=h_w \tag{6.5}$$

上式说明淹没出流时，它的总水头完全消耗在克服沿程水头损失和局部水头损失上。

$$h_w = \sum h_f + \sum h_j = \sum \lambda \frac{l}{d} \frac{v^2}{2g} + \sum \zeta \frac{v^2}{2g} \tag{6.6}$$

由此可得管内流速及流量为

$$v = \mu_c \sqrt{2gh} \tag{6.7}$$

$$Q = \mu_c A \sqrt{2gh} \tag{6.8}$$

$$\mu_c = \frac{1}{\sqrt{\lambda \frac{l}{d} + \sum \zeta}} \tag{6.9}$$

式中　μ_c——流量系数；

A——管道净面积，m^2；

v——管内流速，m/s；

Q——排水流量，m^3/s；

$\sum\zeta$——管道进口、转弯（两处）、阀门及淹没出流出口处的局部水头损失系数之和，可查表计算；

其余符号意义如图6.11所示。

2. 孔口变水头出流计算

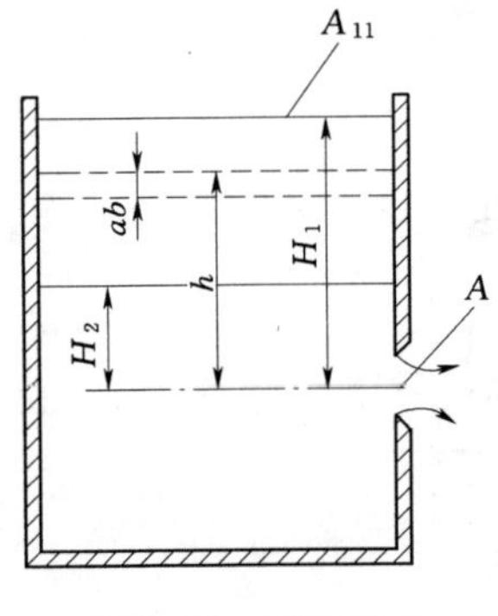

图6.12　箱体排水计算示意图

孔口（或管嘴）变水头出流时，其水头随时间变化，流速和流量亦随时间变化，这种出流属于非恒定出流。本调蓄装置泄水属于这类非恒定流动问题。

一般来说，水箱水平截面积比孔口面积大得多，如图6.12所示。泄水时箱内水位下降比较缓慢，在微小时段 dt 内，可认为水位不变，孔口恒定出流公式仍适用。这样就把非恒定流问题转化为恒定流问题处理。通常称这种恒定流为准恒定流。

当水箱内水面降落至孔口中心，即 $H_2=0$ 时，所需时间为

$$T = \frac{2A_0\sqrt{H_1}}{\mu A\sqrt{2g}} = \frac{2A_0 H_1}{\mu A \sqrt{2gH_1}} = \frac{2V}{Q_{max}} \tag{6.10}$$

式中　V——箱体中的水体体积，m^3；

Q_{max}——变水头出流的初始最大流量，m^3/s。

3. 逆止阀出流计算

调蓄装置在排放时，箱体内水位逐渐下降，因此，属于非恒定流动问题。其出流计算目的是选取逆止阀的大小，选择时一般由箱体排空所需时间（T）确定，这里排空所需时间应是在能排放的时间内。例如，在感潮型河道，潮涨

潮落，期间逆止阀均有排放的机会；排放时间可能是连续的，也可能是分成几段。

相机排水时，箱体内水位和河道水位同时在变化，因此，准确计算排放时间有一定的难度；结合工程实际，一般按落潮时间计算即可满足工程需要。其步骤为：

（1）根据可能的排放时间确定箱体排空所需时间（T）。

（2）按式（6.10）计算 Q_{max}。

（3）将 Q_{max} 作为 Q，按式（6.7）～式（6.9）计算管道尺寸。

选择逆止阀尚有多种方法，以上所述只是其中一种方法；其他方法设计人员可根据条件要求，按《水力学计算手册》即可完成计算。

6.3.4 调蓄装置结构设计

1. 新建护岸结构设计

当新建的河道护岸采用本章第 6.3 节所述的增大调蓄量装置时，护岸结构和调蓄装置相结合，其结构为空箱式挡土墙，由底板、顶板、侧墙及一定数量内隔墙构成的整体刚度较大的钢筋混凝土箱形结构，依靠箱体自重维持稳定的挡土建筑物。因此可以按照常规的空箱式挡土墙设计，即需要进行地基计算、抗滑稳定计算、渗流稳定计算、抗浮稳定计算、结构强度和裂缝开展宽度验算。抗浮稳定计算要求，基本荷载组合条件下的抗浮稳定安全系数不应小于 1.10，特殊荷载组合条件下的抗浮稳定安全系数不应小于 1.05。

（1）构造要求。

1）内外墙：外墙沿建筑物四周布置，内墙一般纵横均匀布置，墙体水平截面面积不宜小于基础底面面积的 1/10。对板式建筑，空箱的纵墙配置量不得小于基础底面面积的 1/8。内墙的厚度一般采用 200mm，外墙因承受土压力和水压力，同时有防渗要求，厚度一般不应小于 250mm。

2）顶板和底板：顶板和底板通过纵横墙联系在一起而共同工作，因此，顶板也是基础结构的组成部分。

顶板按薄板强度和稳定性的要求，其厚度采用 150～200mm 已经足够；底板厚度通常取为 400～500mm，应视基底反力和板跨度大小而定。实际工程中也有采用大于 1000mm 厚的底板，这样做有利于防渗。

3）配筋：空箱基础的顶板和底板及墙体内应设置双面双向钢筋，墙身竖向钢筋不宜小于 $\phi12@200$，其他部位不宜小于 $\phi10@200$。顶板和底板配筋不宜小于 $\phi14@200$。钢筋的搭接长度和转角处的连接长度，不应小于钢筋的受拉搭接长度的要求。

4）混凝土：空箱基础混凝土强度等级不应低于 C20，如采用密实混凝土防水，其外围结构的混凝土抗渗等级不应低于W6。当空箱长度超过30～40m时，为了避免因温差在混凝土中产生应力，应设置贯通空箱基础横断面的后浇带，带宽不宜小于800mm，后浇带处钢筋必须连通并适当加强。

空箱结构设计内容包括各构件（顶板、底板、内墙、外墙）的强度，以及配筋和构造要求。强度计算是以内力为依据，而基底反力的大小及分布直接影响内力值，因而，地基反力的求解是空箱基础设计的关键。

(2) 空箱式挡土墙地基计算要点。

1) 地基承载力验算：空箱在轴心荷载下应满足 $P \leqslant R$，在偏心荷载下满足 $P_{max} \leqslant 1.2R$；在偏心荷载下还应满足 $P_{min} \geqslant 0$ 的要求。

在计算基底压力时，空箱在地下水位以下部分的自重，应扣除扬压力。

2) 应满足空箱基础底面应力不均匀系数的计算值不应大于允许值，或偏心距的计算值应不大于允许值的要求。

如有软弱下卧层，应验算其下卧层强度，验算方法与天然地基上的浅基础相同。

3) 沉降计算：空箱有较大的埋深时，深开挖引起的地基土回弹，以及随后的再压缩产生的沉降量，往往在总沉降量中占重要地位，已不能忽略。即除了建筑物荷载产生的基底附加压力 P_0 引起的沉降外，土的自重 P_c 也会产生一定的沉降。但后者是一个再压缩过程，计算时应该采用土的再压缩参数。为此，在做室内压缩试验时，应进行回弹再压缩试验，其压力的施加应模拟实际加、卸荷的应力状态。

基础的沉降值应小于允许沉降值 $[s]$，沉降量可按分层总和法或按规范规定的方法计算，如果基础埋置较深，应适当考虑由于基坑开挖引起的回弹变形。当预估沉降量大于150mm时，宜增强上部结构的刚度。

(3) 相关问题。新建空箱式挡土墙结构应按照《水工挡土墙设计规范》(SL 379—2007)、《水工混凝土结构设计规范》(SL 191—2008) 等规范进行设计，这里不作详述。设计工作中，有以下几点认识供设计人员参考。

1) 河道护岸挡土墙的稳定计算中，根据荷载计算、荷载组合，完建期和墙前最低水位情况，对稳定最为不利。在城市河道中，最低水位情况应是出现概率比较大的水位之一，其组合应为基本组合，不应按特殊荷载组合；在《水工挡土墙设计规范》(SL 379—2007) 的荷载组合表中没有标明最低水位情况，设计人员不得遗漏。最低水位工况漏算或按特殊荷载组合，都会影响到挡土墙的安全。

2) 在中小型工程中，很少做回填土抗剪强度试验，挡土墙整体稳定计算采用的抗剪强度指标，目前多由地基土的剪切试验求得。在土压力计算中，回填土抗剪强度指标是否准确，对计算结果影响很大。挡土墙的稳定计算，完建期是主要控制工况，墙后回填土宜采用饱和快剪试验指标。墙后回填土的填土质量不容易控制，且加荷速率快，排水条件差，比较符合饱和快剪试验条件。饱和快剪试验所得的抗剪强度值最小，对稳定计算有利。对于填土质量较好的情况，一般采用固结快剪指标。所以，挡土墙墙后的回填土无抗剪强度试验时，设计人员宜采用地基土的饱和快剪试验所得的抗剪强度指标。

挡土墙整体稳定计算采用的抗剪强度指标，也可根据各地经验确定；如上海市，采用等代内摩擦角法计算时，设计要求回填土干重度不小于14.5kN/m^3，回填土的等值内摩擦角 φ 水下取25°，水上 φ 取30°，黏聚力 c 不计。回填土要分层夯实。

3）当挡土墙后填土为黏性土时，工程中常采用等值内摩擦角法计算作用于挡土墙上的主动土压力。等值内摩擦角法，就是将黏性土中的黏聚力 c 折算成一定的内摩擦角，再用库仑土压力理论计算。等值内摩擦角有两种方法确定：

a. 根据抗剪强度相等原理。

$$\varphi_D = \tan^{-1}\left(\tan\varphi + \frac{c}{\sigma}\right) \tag{6.11}$$

b. 根据土压力相等原理。

$$\tan\left(45° - \frac{\varphi_D}{2}\right) = \tan\left(45° - \frac{\varphi}{2}\right) - \frac{2c}{\gamma H} \tag{6.12}$$

式中 φ_D——等值内摩擦角，(°)；将黏性土的黏聚力折算在内；

σ——滑动面上的平均法向应力，kPa；

φ——土的内摩擦角，(°)；

c——土的黏聚力，kPa；

γ——土的重度，kN/m^3；

H——挡土墙的高度，m。

2. 改建护岸结构设计

在改建工程中，河道护岸为悬臂式、扶壁式和空箱式挡土墙，均可以改建为调蓄装置。

（1）空箱式挡土墙在箱底高程、调蓄量等均满足要求时，可以考虑改建，对于依靠箱内填土维持稳定的空箱式挡土墙，其箱体内填土清除后，应增设抗滑措施满足抗滑稳定，并应重新进行抗浮稳定计算。

（2）河道护岸为悬臂式、扶壁式挡土墙，在底板顶面高程符合调蓄装置要求时，可以考虑改建。这两种形式的挡土墙改建方案基本相同，都是要加宽基础底板、设置立墙和顶板，采用植筋技术进行施工。

6.4　用于排水管道出口的逆止阀

6.4.1　背景技术

目前，市政工程排水管出口防止外河水倒灌，基本都是采用拍门。拍门是安装在江河边排水管出口的一种单向阀，当江河水（潮）位高于出水管口，且压力大于管内压力时，拍门自动关闭，以防止外河水倒灌进排水管道内。在排水管道的尾端安装拍门，用于防止外水倒灌，在水利工程、市政污水、城市防洪排涝、污水处理厂、自来水厂等工程中，随处可见。

拍门在工程运用中存在两大缺陷：①出口损失较大，影响管道排水；②关门时，在水压力和拍门自重作用下产生较大的撞击力，对拍门本身和管道（建筑物）造成损坏。当管道内水位与外河水位相差不大时，拍门往往难以完全打开，管道难以排水。由此可见，排水管道出口采用拍门存在的这些问题，给市政工程排水安全和正常运用带来诸多不利的影响。

6.4.2　方案构思

本实用新型公开了一种新型防止外水倒灌的简易逆止阀，一种可替代拍门的截流装置，由漏斗形阀座和圆形球芯组成；所述漏斗形阀座，既是排水口也是控制口，与圆形球芯构成控制阀；所述圆形球芯是一个密度适宜的空心球体，随不同方向的水压力自动开启和关闭，从而控制排水管的排水或防止外河水倒灌。球芯坐落于漏斗形阀座密封面上，并且可以自由地升降，当排水管内水压力较大时，排水管道水压力使球芯从阀座密封面上升起，从而排水；当外河水位较高，水压力大于排水管内水压力时，球芯自重和回流压力使球芯回落到阀座上，并切断水流、防止倒灌。

根据不同方向的水压力自动打开球芯相机排水，始终保持排水的最佳状态，无须人工操作，无需任何运行费用，避免了传统的排水管产生倒灌现象。该装置简单实用，安全可靠，便于安装，节省投资，在市政工程、水利工程、城市防洪等工程中有着广阔的应用前景。

本实用新型提供一种新型防止外水倒灌的简易逆止阀，一种可替代拍门、竖向安装的逆止阀。该装置无需任何启闭机械，在水压力作用下，能自动启闭。安全稳定可靠，节能高效。维护方便，使用寿命长。

6.4.3　实用新型内容

本实用新型技术目的是提供一种新型用于市政排水工程中的简易逆止阀，

以实现排水管道自动排水、自动截流闭锁的目标。其主要内容分为主要构件和要求、工作原理两个部分阐述。

1. 主要构件和要求

(1) 排水管道防倒灌用逆止阀，由圆形球芯、进水管、漏斗形阀座、出水管和阀帽组成，如图 6.13 所示；球芯宜采用不锈钢制作，其余均可采用聚氯乙烯材料分段制作，再采用胶粘接，如图 6.14 所示。其应用如图 6.15 所示。

(2) 出水管。出水管直径应小于球芯的外径，宜为球芯直径的 0.6～0.8 倍，出水管可以为一个或两个，根据排水需要设定；一个出水管时，出水管与进水管平行布置；两个出水管时，出水管与进水管垂直布置如图 6.16 所示。

(3) 进水管。进水管的直径应与排水管尾端直径相匹配，进水管端头设承插口，其内壁周边设置止水橡皮，排水管插入后压紧而止水。

(4) 球芯。为一个中空的圆形球体，由不锈钢制作，其外径与漏斗阀座相协调，一般可取 $1.42D_1$（D_1 为进水管直径)，中空的直径由球形阀的密度通过计算确定；球芯的密度要略大于水的密度，其作用是依靠自重及在水压力的作用下，与漏斗形阀座形成球面密封，从而切断水流倒灌。

(5) 球芯库。球芯库置于顶端，形状宛如帽形，逆止阀开启后，球芯上升置于库内；库表面开有通孔，其面积为库表面积的 20%。

球芯库的作用有两个：①逆止阀开启后，球芯置于库内，排水通道畅通；②防止漂浮物进入管道，防止球芯逃逸。设置少量小孔，以减少库帽的浮力；但孔洞不宜过大，以避免污物落入。

(6) 漏斗形阀座。漏斗形阀座为一个中空圆锥形台体，类似于漏斗，下部圆形直径与水平管相同，采用弯直管连接，上部圆形直径和台体的高均可以取 $2D_1$。

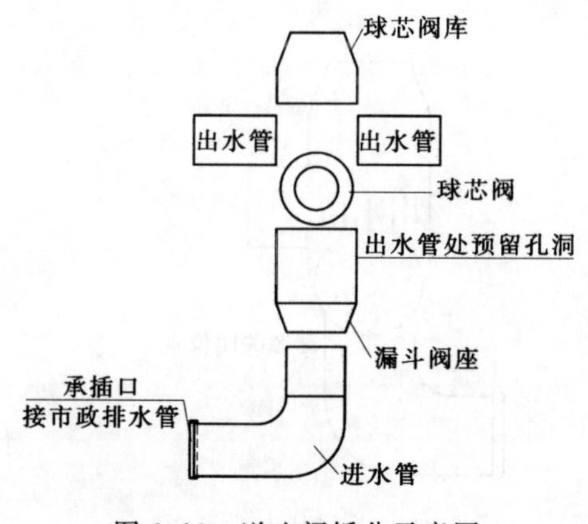

图 6.13 逆止阀拆分示意图

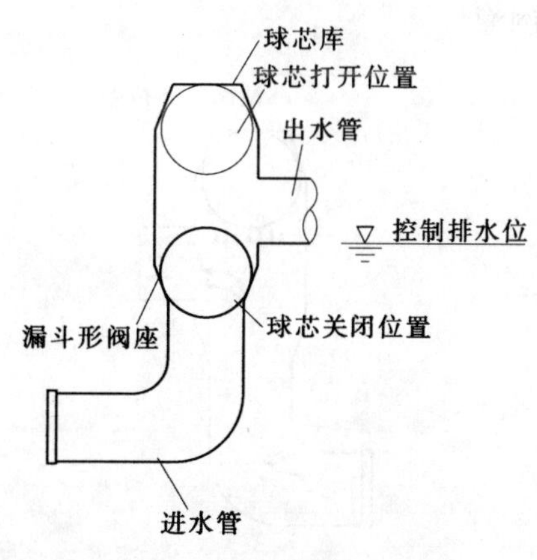

图 6.14 逆止阀组成示意图

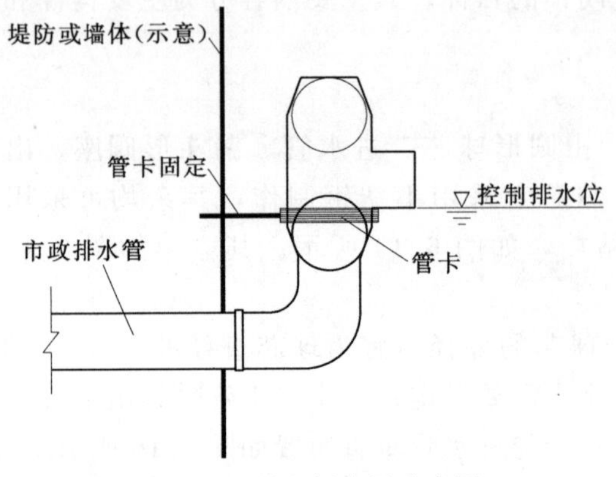

图 6.15　逆止阀应用示意图

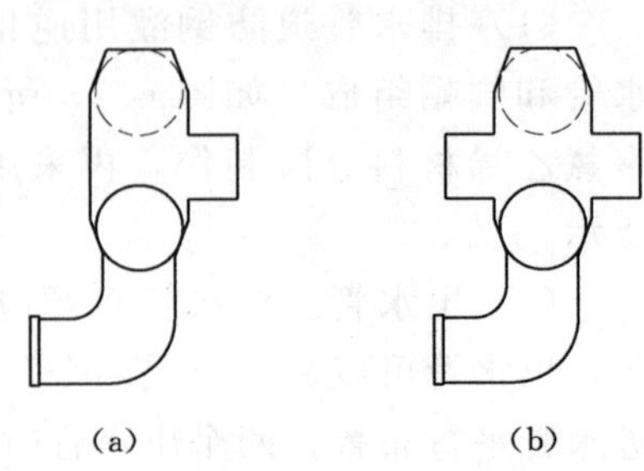

图 6.16　不同形式的逆止阀示意图

(a) 一个出水管；
(b) 两个出水管（与进水管垂直）

2. 工作原理

球芯与漏斗形阀座组成逆止阀，其工作原理是利用球芯自重和内外水压差，完成逆止阀的启闭；即通过水压力推动球芯的升降来实现阀门的开启和关闭。

(1) 开启。该逆止阀是自动工作的，在一个方向（排水管）流动的水体压力作用下，排水管内的水压力大于球芯自重和外河水压力之和时，球芯上升至球芯库，从而打开阀，不阻碍水流，形成水流通道，阀门处于开启状态，从而排水，如图 6.17 所示。

(2) 关闭。当外河压力大于排水管的压力时，即将形成倒灌，球芯在自重和外河水压力作用下，落于漏斗形阀座上，并与阀座形成球面密封从而切断水流，逆止阀处于关闭状态，如图 6.18 所示；切断倒灌水流通道，防止外水倒灌。

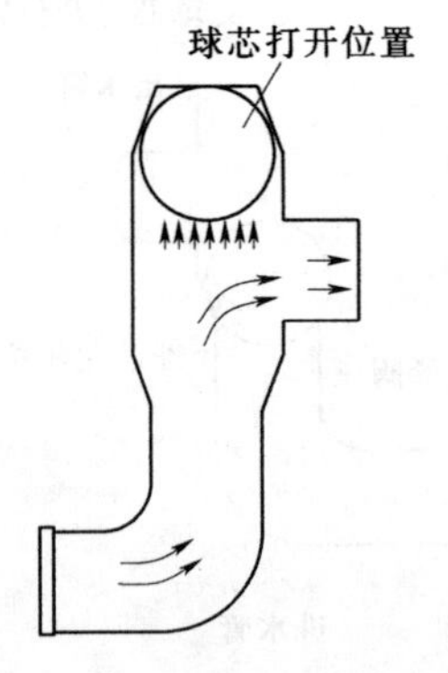

图6.17　开启状态示意图

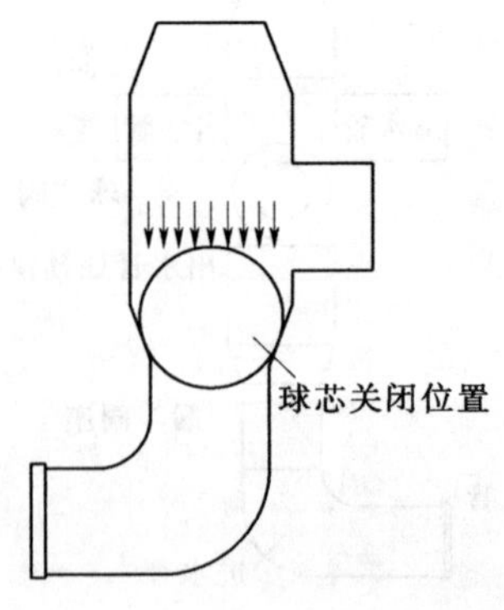

图 6.18　关闭状态示意图

3. 具体实施方法

为了使本实用新型实现的技术手段、创作特征、达成目的与功效易于明白了解，下面结合具体图示，进一步阐述本发明。

(1) 按设计尺寸，分部件制作。即由工厂分别制作进水管、出水管、漏斗形阀座、球芯和球芯库，如图 6.13 所示。出水管根据需要设置一个或两个。

(2) 人工将球芯放入漏斗形阀座，随后装上进水管、出水管、球芯库，并做好连接，从而完成单件组装，如图 6.14 所示。

(3) 现场将单件逆止阀，安装于排水管出口，插接长度应与承插口深度一致，且插接长度不小于 50mm；并应做好逆止阀的固定。

(4) 球芯为密封空心钢球，为增加止水效果，球芯外可以加 5mm 厚密封橡胶，橡胶应为无毒天然橡胶，球芯的比重应满足开启水头的要求。

6.5 小型泵站截流新装置

6.5.1 方案构思

目前，小型泵站截流一般都是采用拍门或快速闸门断流。拍门是安装在排水管出口的一种单向阀，当江河潮位高于出水管口，且压力大于管内压力时，拍门面板自动关闭，以防江河潮水倒灌进排水管道内。

但是现状的拍门运用存在着两大缺陷：①出口损失太大，影响泵站排水效率；②关门时，在水压力和拍门自重作用下会产生较大的撞击力，对拍门本身和泵站出水管道（建筑物）造成损坏。拍门关闭时产生的撞击力，对安装拍门的结构和拍门座环都影响很大，经常性高强度的撞击，会使混凝土结构开裂，座环与结构间产生裂隙，门体变形等。

同样，快速闸门断流也存在一些问题，诸如，快速闸门与泵组启动较难协调，启门速度慢了，电机要超载，启门速度快了，外河水要倒灌。工程应用表明，现状采用的拍门或快速闸门存在的这些问题，给泵站工程安全和正常运用带来诸多影响。工程需要呼唤创新技术，以推动截流闭锁装置技术的进步。

6.5.2 方案设计内容

本技术目的是提供一种新型的用于水利工程的逆止阀装置，以实现中小型泵站自动截流闭锁的目标。其主要内容分主要构件和要求、工作原理两个部分阐述。

1. 主要构件和要求

(1) 小型泵站截流新装置，由圆形球芯、进水管、漏斗形阀座、出水管和阀帽组成，如图 6.19 所示；球芯宜采用不锈钢制作，其余均可采用聚氯乙烯材料分段制作，再采用胶粘接；也可采用钢材分段制作，焊接组装。

（2）出水管。出水管直径应小于球芯的外径，宜为球芯直径的 0.6～0.8 倍，出水管可以为一个或两个，根据排水需要设定；一个出水管时，出水管与进水管平行布置；两个出水管时，出水管与进水管垂直布置。

（3）进水管。进水管的直径应与排水管尾端直径相匹配，进水管端头设承插口，其内壁周边设置止水橡皮，排水管插入后压紧而止水。

（4）球芯，如图 6.20 所示，为一个中空的圆形球体，由不锈钢制作，其外径与漏斗阀座相协调，一般可取 $1.42D_1$（D_1 为进水管直径），中空的直径由球形阀的密度通过计算确定；球芯的密度要略大于水的密度，其作用是依靠自重及在水压力的作用下，与漏斗形阀座形成球面密封从而切断水流倒灌。

（5）球芯库，或称“库帽”。球芯库置于顶端，形状宛如帽形，截流装置开启后，球芯上升置于库内；库表面开有通孔，其面积为库表面积的 20%。

球芯库作用有两个：一是截流装置开启后，球芯置于库内，排水通道畅通；二是防止漂浮物进入管道，防止球芯逃逸。设置少量小孔，以减少库帽的浮力；但孔洞不宜过大，以避免污物落入。

（6）漏斗形阀座。漏斗形阀座为一中空圆锥形台体，类似于漏斗，下部圆形直径与水平管相同，采用弯直管连接，上部圆形直径和台体高均可以取 $2D_1$。

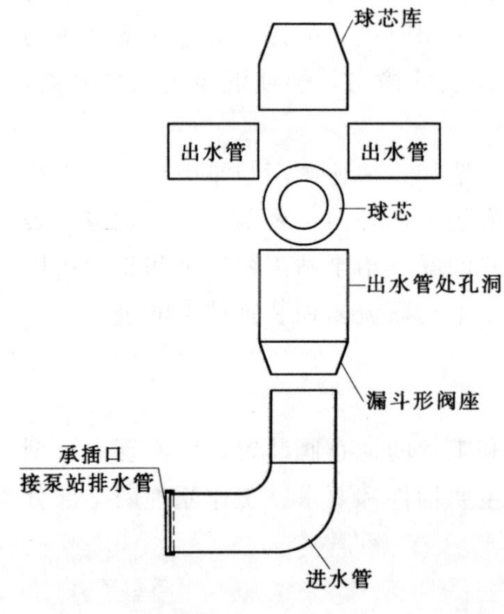

图 6.19　截流装置组成（拆分）示意图

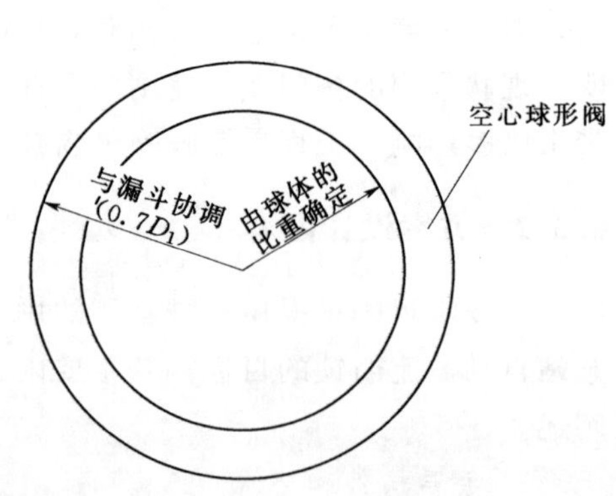

图 6.20　球芯剖面图

2. 工作原理

球芯与漏斗形阀座组成截流装置，其工作原理是利用内外水压力差，完成球芯的启闭；主要是通过水压力推动球芯升降来实现阀门的开启和关闭。

(1) 开启。该截流装置是自动工作的，无需任何机械设备；在一个方向（排水管）流动的水体压力作用下，排水管内的水压力大于球芯自重和外河水压力之和时，球芯上升至球芯库，从而打开阀，形成水流通道，阀门处于开启状态，从而排水，如图 6.21 所示。

泵站开机后，在水泵出水管流动的水流压力作用下，球芯快速上升至球芯库内，从而打开阀门，保持排水管畅通。

(2) 关闭。当水泵停机后，外河水位的压力大于管内水压力，水体形成反方向流动，此时，球芯在水体压力和自重的作用下，快速落于漏斗形阀座上，并与阀座形成球面密封从而切断水流；球芯与漏斗壁压紧而形成球面密封，即两个密封面紧密接触而达到密封，切断水流通道，防止外水沿水泵出水管倒灌，如图 6.22 所示。

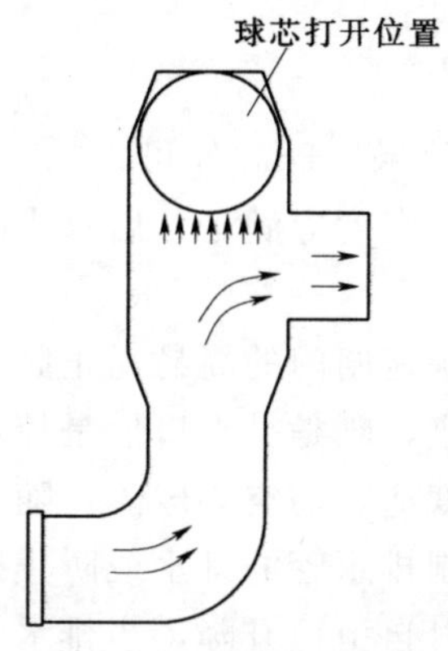

图 6.21 开启状态示意图

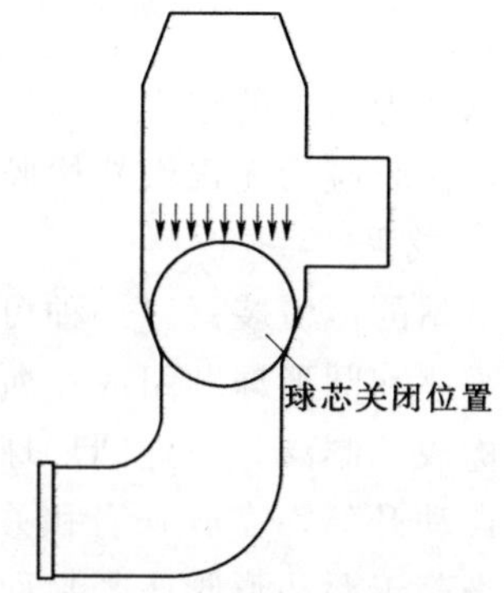

图 6.22 关闭状态示意图

6.5.3 实施方法和有益效果

1. 实施方法

(1) 按设计尺寸，分部件制作。即由工厂分别制作：进水管、出水管、漏斗形阀座、球芯和球芯库，出水管根据需要设置一个或两个。

(2) 人工将球芯放入漏斗形阀座，随后装上进水管、出水管、球芯库，并做好连接，从而完成单件截流装置。

(3) 安装泵站排水管，并注意调整排水管出口高程，以便于安装截流装置。

(4) 现场将单件截流装置，安装于泵站出水管的出口，插接长度应与承插口深度一致，且插接长度不小于 50mm；并应做好该装置与泵房结构的固定，如图 6.23 所示。

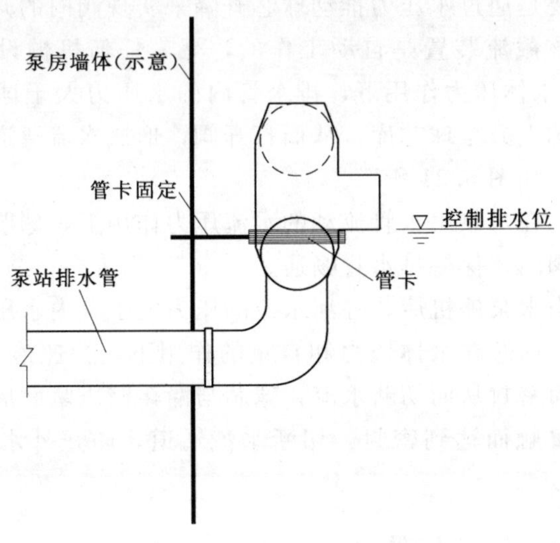

图 6.23　截流装置应用示意图

(5) 球芯为密封的空心钢球，为增加止水效果，球芯外可以加 5mm 厚的密封橡胶，橡胶应为无毒天然橡胶，球芯的相对密度应满足开启水头的要求。

2. 有益效果

小型泵站的截流装置，一种可替代拍门和快速闸门的简易逆止阀。该装置由漏斗形阀座和圆形球芯组成；所述漏斗形阀座，既是排水口也是控制口，与圆形球芯构成控制阀；所述圆形球芯是一个密度适宜的空心球体，随不同方向的水压力自动升降，完成开启和关闭，从而控制排水管的排水或防止外河水倒灌。球芯坐落于漏斗形阀座密封面上，并且可以自由地升降，当排水管内水压力较大时，排水管道水压力使球芯从阀座密封面上升起，从而排水；当外河水位较高，水压力大于排水管内水压力时，回流使球芯回落到阀座上，并切断水流、防止倒灌；随不同方向的水压力自动开启和关闭，并与水泵同步，从而有效地控制泵站的运行。

该装置简单实用，安全可靠，便于安装，节省投资。当水泵停机时外河水位高于管道内水位，该装置自动关闭，能有效防止外水倒灌，且对泵站结构和排水管无任何撞击力；当水泵启动时，该装置自动打开排水；始终保持排水的最佳状态，无须人工操作。

第7章

水工构件和构造创新设计

一项工程的涉及面较广，实施创新很难一下子把握住。为此，可对组成工程的主要系统进行分解，然后针对各个局部加以改进。提出问题，找出缺陷，再从材料、结构、功能等方面加以改革创新；水到渠成，从而形成专利。

水工构件和构造的作用是保证设计的实现和结构安全。构造既是设计概念的应用，也是设计经验的体现。因此，无论是作为工程设计的需要，抑或作为技术本身的发展，都需要不断丰富和创新。水利工程设计中创新无处不在，细节决定成败，水工构件和构造的创新设计，也同样需要付出心血和创造；唯有如此，才有发展、才有进步。

专利创作本身也是一种经历，不在于事，而在于心。我们在平凡的设计中能做什么，靠的不仅是双手，而是思想，是智慧。正所谓：勤劳砥砺品性，智慧创造未来。

本章容量比较大，选取有 8 个专利，都是水利工程中司空见惯的构件和构造。创新思维使它们获得了新的亮点，在整体工程中更能发挥应有的作用。对于水工构件和构造，切莫视而不见，小事也能出成果，“小事”决定成败，工程中没有“小事”。对待工程设计中的“小事”需要有一种眼光、一种胸怀、一种领悟、一种创新技巧，让我们从这些“小事”做起。

7.1　本章专利创作综述

7.1.1　构件与构造

水利工程综合性强，它涉及土力学、结构力学和钢筋混凝土结构等，其工程本身又涉及工程技术、工程经济和所处的环境等诸多方面问题。同时，这些问题共存于一个系统中，相互关联、相互制约、相互影响。随着社会不断进步、工程技术的不断发展，水利工程系统中的各个层面，都在不断地发生变化，它们之间的相互关系也在随之发生变化。也就是说，水利工程中的结构、构件和构造是相辅相成，没有严格的划分。

一般构件是指在结构中承受荷载，传递荷载的部件。例如闸墩、柱、梁、楼梯、基础等；其他的填充墙、窗、门等属于建筑构件。通常，独立柱基是以一根柱的单个基础为一构件；条形基础是以一个自然间一轴线单面长度为一构件；墙体是以一个计算高度、一个自然间的一面为一构件；柱是以一个计算高度、一根为一构件；梁是以一个跨度、一根为一构件；板是以一个自然间面积为一构件；屋架、桁架等是以一榀为一构件。

构造是结构计算以外的措施。譬如，钢筋混凝土结构，设计中许多细节问题，如截面形状、混凝土保护层、钢筋直径和间距大小、钢筋锚固、构造钢筋的设置等，必须采取合理的构造措施，以确保构件在使用阶段能充分发挥作用。构造设计，它是保证结构安全和正常使用的重要措施。例如工程结构设计时，难以完全依赖于计算配筋，构造配筋是保证设计节点的实现和结构安全。

组成构件间的基本构成关系和相互连接的方式，就是构造设计。随着科技水平的不断进步，各种新材料、新工艺的应用，会不断派生出新的构造型式。例如，永久变形缝和止水，是水利工程中不可或缺的设计内容，彼此形影相

随，相伴而生。设计中它们可能不像结构构件容易受到重视，但缝的设置将会改写结构的受力单元，改变传力体系，可以解决结构中产生过大的变形和内力问题。

构造创新在设计中往往不被重视，究其原因是对构造的认识不足。例如，永久变形缝的设置看似简单，但缝的利用、设计正确与否，体现出设计人员对结构体系的理解。质量在于细节，设不设缝这是大的概念，而构造设计决定了设缝的效果。缝的设计包含概念设计和构造设计，缝的设置改变了结构的受力单元、传力体系，这是设计概念；止水是与缝相对而生，没有缝也就没有止水，因此，止水完全属于一种构造。

水工构件和构造是保证设计的实现和结构安全，构造既是设计概念的应用，也是设计经验的体现，因此，无论是作为工程设计的需要，抑或作为技术本身的发展，都需要不断丰富和创新，水利工程设计中创新无处不在，细部决定成败，水工构件和构造的创新设计，也同样需要付出心血和创造；唯有如此，才有创新、才有进步。

7.1.2 主要创作方法

构件和构造的创新设计比较适用于列举法，而在此类专利创作中应用较多的有特性列举法和缺点列举法。

1. 特性列举法

特性列举法是美国布拉斯大学教授 R. 克劳福特发明的一种创造方法。克劳福特认为每个事物都是从另外的事物中产生发展而来的。一般的创造都是旧物改造的结果，所改造的主要方面是事物的特性。

特性列举法就是通过对拟革新改进的对象作出观察分析，列举该事物的各种不同的特征或属性，然后确定应加改善的方向及如何实施。一般来说，要解决的问题越小、越简单，特征列举法就越容易获得成功。对较大的事件，若从整体着手，往往一时难以得出新的设想，因为它涉及面广，很难一下子把握住。为此，可对组成的主要系统进行分解，然后针对各个局部加以改进。对于工程而言，这个局部就是构件或构造。

创作构思的主要任务是对设计对象进行深入分析，找出为达到设计要求应该解决的主要问题及最可能的解决方法。当采用特性列举法进行创作构思时，一般可从以下几个方面入手：

(1) 功能分析。现有的功能要求，可以拓展的功能和附加值。

(2) 结构分析。结构形式是关键，现状的结构形式存在的问题，适宜的结构形式新设想。

(3) 运行分析。针对原运行存在的问题，创新设计运行的设计方案；运行要求运行费用低、运行方便、安全可靠。

(4) 材料分析。根据工程性质，是采用常规的混凝土、金属，还是创新采用塑料、木材等轻质材料。

(5) 施工分析。针对原工程的施工不足，新技术施工要求方便，工期短，投资省。

(6) 管理维修。新技术应便于管理和维修，整个工程要便于联网、联控，构件和构造要和整个工程融为一体。

根据分析对象，选取分析项目。经过上面几个方面的分析，并初步确定了所采用的方案后，就为创作的构思奠定了基础。

2. 缺点列举法

任何发明和研究都是从发现问题开始的，而缺点列举法正是从发现问题，即从发现事物的缺点出发，因而缺点列举法是一种非常重要的、易被掌握的创造技法。缺点列举法是抓住事物的缺点进行分解，以确定创新目的的创造方法。此法与特性列举法相比，有其独到之处。特性列举法列出的特性很多，逐个分析需要花很多时间。缺点列举法的特点是直接从社会需要的功能、审美、经济等角度出发，研究对象的缺陷，提出改进方案，简便易行。此法主要是围绕着原事物的缺陷加以改进，一般不改变原事物的本质与总体，属于被动型的方法。它一方面可用于老产品的改造，也可用在对不成熟的新设想、新产品的完善工作。

任何产品或商品，都不可能十会十美，它们或多或少有这样或那样的缺点。然而，对于习惯了的事物，人们往往不容易，甚至不愿意去发现它的缺点。相反，如果对产品"吹毛求疵"，有意去找毛病，然后用新的技术加以改进，就会创造出许多新的产品来。

使用缺点列举法，并无十分严格的步骤，一般可按如下程序进行：

(1) 从性能、作用等方面，列举拟定对象的缺点。

(2) 按照结构、材料、施工、运用等，将缺点加以归类整理。

(3) 针对所列缺点逐条分析，研究其改进方案或能否缺点逆用、化弊为利；通过列举法找出需要改进的问题，再根据问题提出改进措施。

7.2 一种装配式止水结构

一种装配式止水装置，在变形缝施工时，按设计要求预留槽型口，并在混凝土结构上预埋螺栓；止水带两侧按螺栓间距和大小预留孔洞，止水带安装后由钢板通过螺栓压紧，从而发挥止水效果；止水带下增加设置P型橡胶带，既可调节钢板下止水带的受压状态，同时，又增加了一道P型止水，防渗止水双保险。

该实用新型适用于水工建筑变形缝的止水、地下室变形缝的止水，较好地解决了止水带损坏后无法进行更换维修的难点问题；装配式止水装置，可以维修、可以更换；有两道止水同时发挥作用，因此，在水利工程、地下工程中具有较好的推广应用价值。

7.2.1　背景技术

水工建筑有大量的变形缝，为了防止渗流，有缝的部位都需要设置止水；同样，在地下工程中，也有较多的变形缝；例如，地下室、地下车站等建筑中的变形缝，也都需要进行止水防渗。

目前，变形缝的止水带都是采用中埋式，即将止水带埋设于沉降缝两侧的混凝土结构中。但在实际工程中，尤其是地下室防水，变形缝处仍经常发生渗漏，说明止水带的防水并不十分可靠。究其原因，采用缺点列举法可得出以下问题：

（1）混凝土和止水带不能紧密黏结牢固。在压力下，水可以缓慢地沿着结合缝处渗入。

（2）沉降缝两侧建筑发生不均匀沉降时，止水带受拉，部分止水带变薄，与混凝土之间的缝逐渐变大，因此，加大了渗水通道。当沉降差过大，止水带遭到破坏而彻底丧失功能。

（3）沿缝的长度方向，一条止水带常有几处搭接，搭接方式基本是叠搭，不能封闭，即成为渗水隐患。

（4）止水带施工时，变形缝一侧先施工，止水带埋入状态较好；再施工另一侧混凝土时，止水带下方的混凝土难以密实，甚至有空隙，止水带没有被紧密地嵌固在混凝土中，使止水作用大减。

中埋式止水不但存在以上弊端，而且还不可能维修、不可能更换。在沉降差的作用下，一旦沉降缝的止水出现破坏，常用钻斜孔并进行压力注浆堵漏，但封堵后沉降缝调节沉降的功能也随之丧失，今后不均匀沉降如果继续发展，则该处漏水的可能性仍然存在。

7.2.2　实用新型内容

1. 各主要构件和作用

本实用新型技术目的是提供一种新型止水装置，如图7.1所示，以实现可维修、可更换的目标。

（1）槽型口，按设计要求预留槽型口，其宽度以便于止水安装。

（2）螺栓，由不锈钢制作，在混凝土结构上预埋，螺栓大小、间距按设计设置。

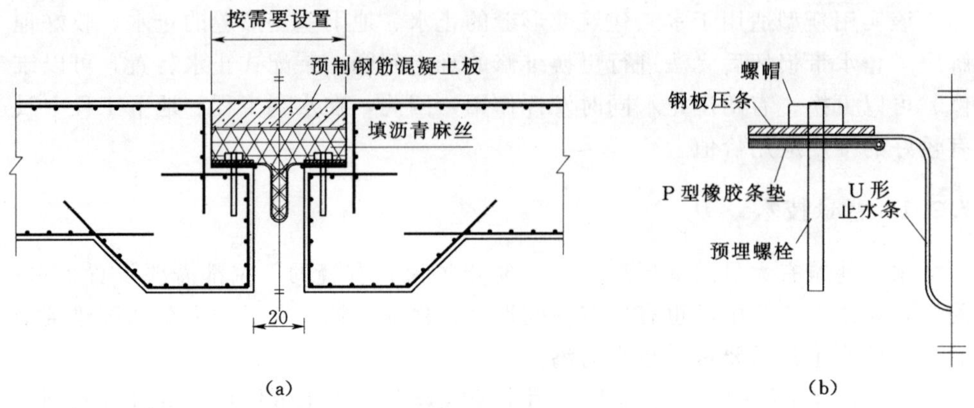

图7.1　装配式止水剖面示意图

(a) 水平止水剖面；(b) 止水大样

(3) 止水带，可选择紫铜片、铝片、不锈钢片、镀锌铁片以及塑料制成的止水片；现状宜选择V形、U形；止水带两侧按螺栓间距和大小预留孔洞。

(4) P型橡胶带，既可调节钢板下止水带的受压状态，同时，又增加了一道P型止水，防渗止水双保险。

(5) 钢板，由不锈钢制作，其作用主要是通过螺栓施加外力压紧止水带。

(6) 螺帽，由不锈钢制作，其作用是对钢板施加外力；止水带安装后由钢板通过螺栓压紧，从而发挥止水效果。

(7) 封堵板及填料，封堵板可采用钢筋混凝土预制；为增加固定效果，板边两侧预留U形槽，以便通过板钉固定（一般情况下不需要）；挂板钉条，由不锈钢制作，其作用是固定预制板；填料为柔性材料，如麻丝和沥青等。

2. 使用方式

使用方式如下：

(1) 止水带两侧均为装配式，变形缝具有安装止水带的空间时，可采用这种型式；例如边墩与翼墙之间的垂直止水，翼墙前趾与护坦之间的水平止水等。

(2) 止水带一侧为预埋，另一侧为装配式；当一侧为主体建筑，可以采用中埋式，另一侧为护坦，则可以采用装配式；例如，闸室与消力池之间的水平止水，于消力池一侧可采用装配式。

7.2.3　具体实施方法

(1) 混凝土结构现浇时，按设计要求预留槽口并预埋螺栓，如图7.2 (a) 所示。

(2) 按设计尺寸制作钢板压条、重新加工橡胶带和U形止水带、预制封

堵板，所述构件均需预留孔洞。

(3) 在沉降缝两侧安装止水装置，先安装P形止水橡胶、U形或V形止水带，再放置钢板压条，用螺栓压紧，如图7.2(b)所示。

(4) 沉降缝内填沥青麻丝，其上用混凝土预制板封堵，如图7.2(c)所示。

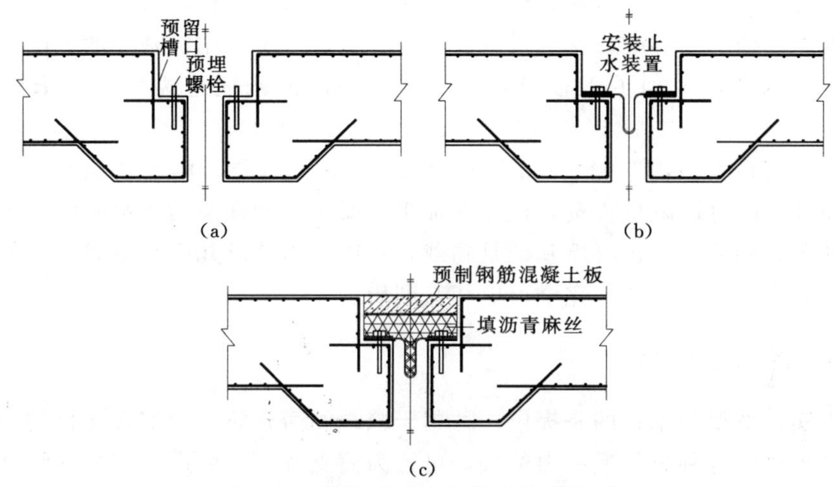

图7.2 装配式止水组装步骤示意图

(a) 预留槽口、预埋螺栓；(b) 安装止水装置；(c) 槽口封堵

7.3 一种用于调整基底应力的简支铰

本实用新型提供一种用于减载的简支铰，从整体布局上协调考虑，利用相邻建筑之间的相互影响，化不利为有利，对相邻基础相互借力，充分利用。

在基础设计中，为消除相邻建筑之间的不利影响，可在设置永久变形缝的两个相邻基础间，设置一种只传递剪力的铰，将相邻两基础连接起来，使基底压力小的基础分担一部分荷载；使两者既能共同承担荷载、抵抗表面滑动，而又能各自伸缩和沉降。本实用新型解决了相邻水工建（构）筑物基础设计中的难题，因此，有着一定的应用价值。

7.3.1 背景技术

水利工程中，相邻建（构）筑物较多，虽然相邻建筑之间一般都设置了沉降缝，但由于两者基础相距太近，建筑整体稳定和基底应力相互影响；以致基底应力重叠，沉降加大。由于水利工程组成的复杂性，相邻建（构）筑物较多，虽然相邻建筑之间一般都设置了沉降缝，但由于两者基础相距太近，建筑整体稳定和基底应力相互影响。

例如，在应用较多的泵站、水闸、船闸工程中，主体结构基础翼墙基础与护坦相邻，两个基础互为边荷载；而主体结构基础和翼墙基础，其边缘地基反力往往很大，有时会超过地基允许承载力，或基底应力不均匀系数超过允许值；同时，相邻建筑的沉降差也难以满足要求。

上述“一轻一重”的相邻建（构）筑物，在水利工程中很普遍，为消除相邻建筑之间的不利影响，基础设计时，设计人员只得采用桩基或增大底板尺寸等措施，因此，增加了工程投资。而相邻基础的基底应力较小，未能充分利用。

工程实践表明，“一轻一重”的相邻建（构）筑物，两个基础如果采用铰结构相连，既可以减少投资，也可增加工程安全。如在泵站、水闸中，翼墙和护坦的基础相邻，一边翼墙基础是超载，一边护坦基础几乎是空载，相邻基底又位于一个平面，因此，完全可以相互利用。

7.3.2　实用新型内容

本实用新型技术目的是提供一种用于减载的简支铰，为实现此目的，本实用新型提供的这种只传递剪力的铰，可称为简支铰，一般设置在沉降缝处；铰点的数量按计算确定，一般间距为 300～500mm。

铰可以采用圆钢筋配套钢管等形式，即钢管插钢筋形式。这种剪力铰结构简单，施工方便；用于分担荷载或顶撑抗滑时都可以用，这种钢管插钢筋形式的简支铰，如图 7.3 所示。

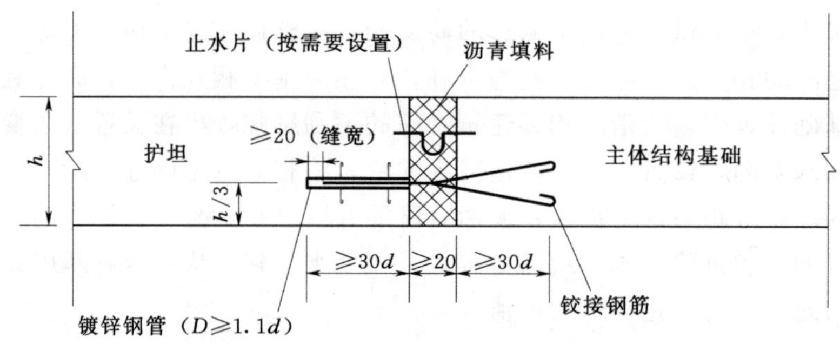

图 7.3　简支铰剖面示意图

铰的钢筋应采用 HPB 235 级钢筋（Q235）制作，埋入深度应大于 $30d$（d 为钢筋直径）；宜采用镀锌钢管，钢管内径应大于钢筋直径，钢管的长度应大于插入钢筋长度和缝的宽度之和；所有外露钢材均应做好防锈处理。

铰的竖向位置，宜设置于底板底面以上 $h/3$ 高度处，h 为被利用的底板的厚度。

7.3.3 简支铰计算

1. 分担荷载的简支铰计算

以分担荷载为目的而设置的简支铰，主要传递剪力。铰所受的剪力，与基底应力的不均匀性、相邻两个基础的刚度、相邻两个基础的长度、地基条件等都有影响，可采用弹性地基梁法作相对准确的计算。

铰的设置主要是传递荷载，在传递荷载的过程中，相邻地基都在发生不同的变形，铰也在不断地调整剪力的传递；铰所能提供的剪力，一般由可利用的基础所决定，相邻可利用的基础基底应力越大，则能提供的剪力越大，如图 7.4（a）所示。当相邻基础基底应力均匀分布为 p，基础长为 l，则可形成铰的剪力为

$$v=\frac{pl}{2} \tag{7.1}$$

式中 v——利用基础可以提供的剪力，10～3kN；

p——利用基础底面平均压力，10～6kPa；

l——利用基础的长度，m。

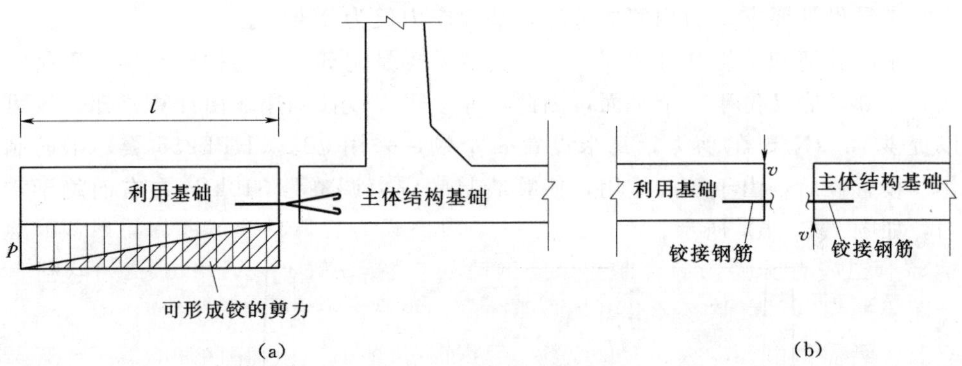

图 7.4 铰的受力计算

（a）剪力估算；（b）受力示意图

被利用基础可以提供的剪力为 v，基于作用和反作用原理，如图 7.4（b）所示，相邻基础接缝处铰的数目可按式（7.2）计算，则有

$$n=\frac{v}{\frac{\pi d^2}{4}f_y}=\frac{2pl}{\pi d^2 f_v} \tag{7.2}$$

式中 n——计算单元上铰的数目；

v——利用基础可以提供的剪力，10～3kN；

p——利用基础底面平均压力，10～6kPa；

l——利用基础的长度，m；

d——钢筋直径，10～6mm（采用扁钢时，$\pi d^2/4$ 为扁钢截面面积）；

f_v——钢筋抗剪强度设计值，MPa，按表7.1取值。

表7.1　　钢材抗剪强度设计值　　单位：N/mm²

种类或牌号	直径或厚度/mm	抗剪强度 f_v
HPB235级钢筋（Q235）	≤16	125
	>16～40	120
	>40～60	115
	>60～100	110

2. 工程应用分析

近年来，水工设计中积极采用新技术、新材料、新工艺，铰在水工基础工程中不断得到应用。例如，在泵房、闸室上下游连接段中，如不采取工程措施，翼墙的稳定和基底应力，往往很难满足设计要求；如图7.5（a）所示的翼墙，经计算，运行期基底最大应力为803.84kPa（完建期为742.8kPa），最小应力为310.35kPa，基底应力不均匀系数为1.94。最大应力和不均匀系数都不能满足设计要求；而相邻的护坦，基底应力仅为22kPa。

水闸翼墙和护坦基础相邻，一边翼墙基础是超载，一边护坦基础几乎是空载；相邻基底又位于一个平面，因此，完全可以设铰利用。由计算可知，铰可以提供120kN/m的剪力，每米设置4个铰，采用 ϕ20（HPB235级）钢筋制作。设置铰后，由于铰的作用，使翼墙基底应力调整为310kPa左右而趋于均匀，如图7.5（b）所示。

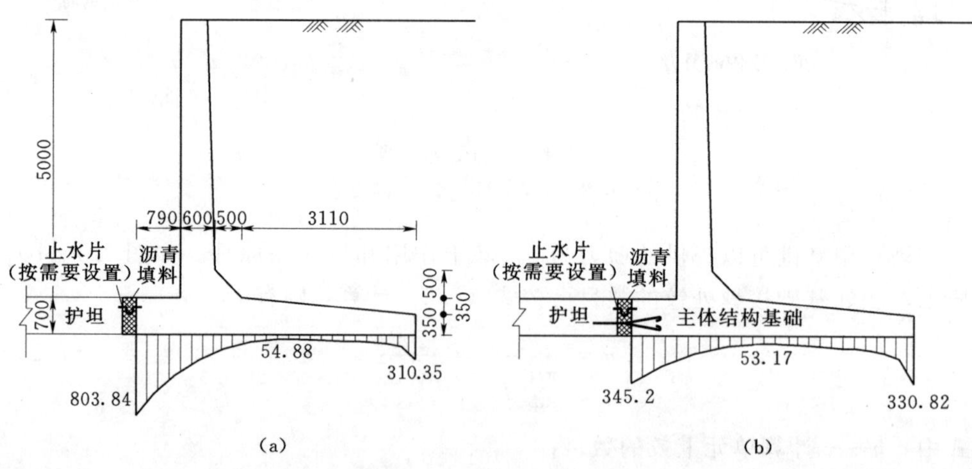

图7.5　水闸翼墙中铰的应用（尺寸：mm；应力：kPa）
（a）未设铰前基底应力分布；（b）设置铰后基底应力分布

7.4 用于防震-沉降缝的弹性装置

7.4.1 背景技术

防震-沉降缝是水利工程、建筑工程中不可或缺的设计内容。当建筑物需要抗震设计时，一般都需要设置防震缝；在既需要设置防震缝又需要设置沉降缝时，一般两缝合并设置，以使整个建筑物的缝数减少，这种缝称为防震-沉降缝。防震-沉降缝的作用是，当建筑发生不均匀沉降或地震时，每个结构单元能够独立自由变化，不至于发生互相约束与挤压现象。

现在的情况是设置在水闸、泵站、水电站等水工建筑中的防震-沉降缝，水下部分都是只设置止水，缝内无其他任何构造物；同样，房屋建筑中的防震-沉降缝也是如此。理论上，防震-沉降缝的设置改变了结构的受力单元，分缝后的建筑分割为若干个结构单元。显而易见，分缝使中间单元无法向两边传递水平荷载，因此，无法将地震水平荷载传递于两岸的土体。当地震发生时，因为各单元之间的振动情况是不同的，分缝处容易压碎、拉断，从而发生严重的结构破坏，同时止水受拉或受压而变形失效。

在汶川 5·12 地震、鲁甸 8·3 地震中，大量的水工建（构）筑物防震-沉降缝处均遭受不同程度的破坏。这充分表明防震-沉降缝构造不合理，存在着结构单元之间不能传递水平地震荷载，且难以避免两边结构发生相互挤压、碰撞。地震后调查发现，水工建（构）筑物中的防震-沉降缝两侧结构受损、止水破坏的情况屡见不鲜，工程安全存在隐患。

7.4.2 方案构思

一种用于建（构）筑物中防震-沉降缝的弹性装置，该装置包括弹簧和设置在弹簧两端的钢板，钢板承插于分缝两侧的结构的凹形槽内；该弹性装置水平连接于分缝两侧的结构单元，但可以上下移动。地震发生时建筑物在地震作用下产生侧向变形，从而压缩或拉伸弹簧，弹簧既可以吸收建筑物摆动所产生的巨大动能，减小建筑物之间的冲击力，还可以有效避免结构单元间直接相碰产生破坏，且可以将水平荷载传递于岸边的土体。

本装置原理是通过弹簧变形吸收地震能量，将地震作用转化为压缩弹簧的压缩或拉伸，从而有效地减少结构单元之间的挤压、碰撞，保证结构安全；同时，又可以利用压缩弹簧将水平荷载传递到两岸土体。机理简单，结构简单，施工方便；防震-沉降缝在水利工程或建筑工程中应用较多，因此，该项技术在土木工程中有着广阔的应用前景。

7.4.3 方案设计内容

本技术的目的是提供一种新型防震-沉降缝的弹性装置，以实现减小地震作用的目标。该装置一般设置于分缝的中墩顶部、厂房或启闭机房顶部位置，对称设置，一般一个平面内不少于两套。该装置由压缩弹簧装置和固定连接装置两部分组成，其主要内容主要从主要构件和要求、应用机理分别予以阐述。

1. 主要构件和要求

(1) 弹簧装置。弹性装置由一根压缩弹簧、两个钢板块组成，如图7.6所示。压缩弹簧装置与固定连接装置配套使用，宜均匀、对称布置于防震-沉降缝中，其数量、压缩弹簧长度和规格（强度和刚度）由计算确定。

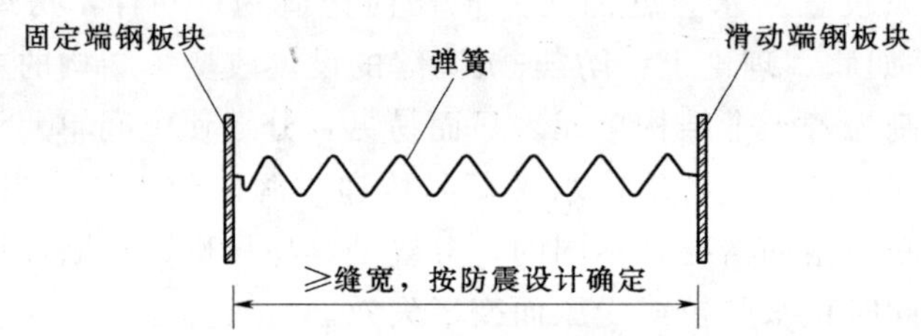

图7.6 压缩弹簧装置示意图

压缩弹簧一端连接于固定端钢板块，该端为压缩弹簧装置的固定端，固定钢板块两边设有槽口，两槽口宽度、距离与锁定杆对应，如图7.7所示；另一端连接于可滑动的钢板块，如图7.8所示。

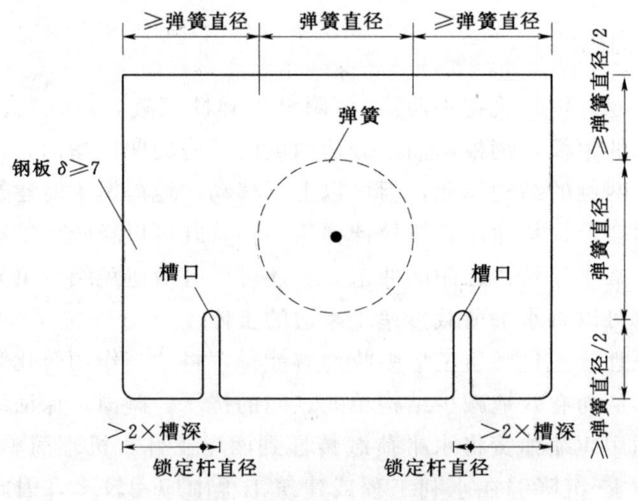

图7.7 固定钢板块立面示意图

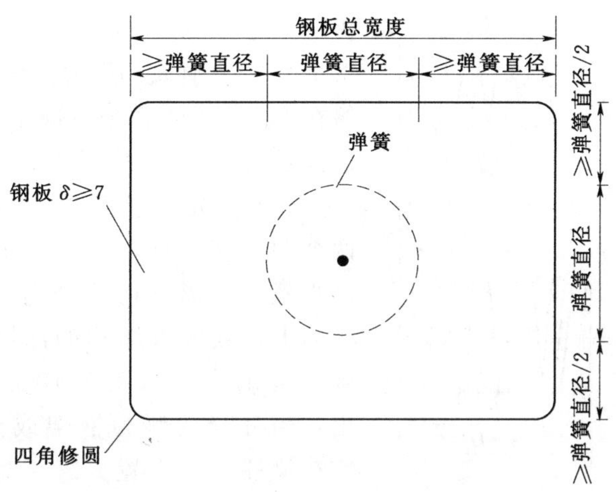

图 7.8 滑动钢板块立面示意图

为充分利用压缩弹簧的弹性变形，来吸收地震能量，设计中由地震作用的大小来确定压缩弹簧装置，即压缩弹簧装置的压缩位移要达到吸能效果，并足以承担传递地震的作用。

(2) 弹簧弹性力计算。在弹性限度内，弹簧弹性力的大小与弹簧的伸长量或压缩量呈线性关系，根据胡克定律，弹簧发生弹性形变时，弹力的大小 F 与弹簧伸长（或缩短）的长度成正比，即

$$F=-k(H-H_0) \tag{7.3}$$

式中 H ——变形后的长度，m；

H_0——原长，m；

k ——劲度系数，或称为弹性系数，刚度系数等，与弹簧的材料、长度、粗细、截面积有关。

用于防震-沉降缝的弹性装置，其弹簧一般为等节距圆柱螺旋压缩弹簧。表征弹簧轴向载荷 F（或扭矩 T）与其压缩或伸长变形量 λ（或扭转角）之间的关系曲线称为弹簧特性曲线，如图 7.9 所示。

图 7.9 中的 H_0 是压缩弹簧在没有承受外力时的自由长度。

弹簧在安装时，通常预加一个压力 F_{min}，使它可靠地稳定在安装位置上。F_{min} 称为弹簧的最小载荷，即安装载荷。在它的作用下，弹簧的长度被压缩到 H_1，其压缩变形量为 λ_{min}。

F_{max} 为弹簧承受的最大工作载荷，一般可以按照地震作用计算。在 F_{max} 作用下，弹簧长度减到 H_2，其压缩变形量增到 λ_{max}。λ_{max} 与 λ_{min} 的差即为弹簧的工作行程 h，$h=\lambda_{max}-\lambda_{min}$。

F_{lim} 为弹簧的极限载荷。在该力的作用下，弹簧丝内的应力达到了材料的弹性

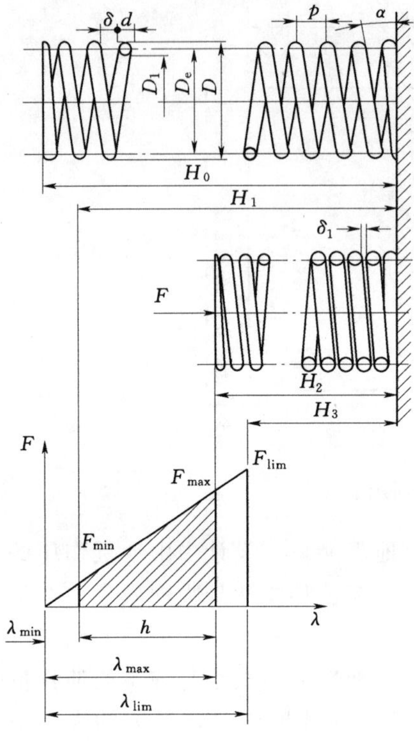

图7.9 弹簧特性曲线示意图

极限。与F_{lim}对应的弹簧长度为H_3，压缩变形量为λ_{lim}。弹簧的最大工作载荷F_{max}，由弹簧在机构中的工作条件决定。但不应到达它的极限载荷，通常应保持$F_{max} \leqslant 0.8F_{lim}$。

(3) 固定连接装置。固定连接装置为两个凹形钢构件，所述凹形钢构件两边带U形槽，凹形钢构件分别设置在缝两侧的墩墙上，其嵌入结构的深度由压缩弹簧装置长度确定，如图7.10所示。有必要指出，当分缝两侧为框架或框剪力结构时，宜在梁柱顶面设置分缝结构，并和主体结构连接，以免压缩弹簧装置的嵌入而削弱框架等主体结构。一侧凹形钢构件长度较短，作为压缩弹簧装置的支座，凹形钢构件内侧同一高度设置两根螺杆，作为压缩弹簧固支端钢板块的锁定杆，该锁定杆上部凹形钢构件内侧，设置两个螺栓孔；另一侧凹形钢构件长度较长，其长度宜大于100mm，一般宜大于2倍分缝两侧建筑允许的沉降差（水工规范规定沉降差不大于50mm），滑动端压缩弹簧钢板块插入槽内，可沿着凹形槽上下滑动。凹形钢构件横剖面如图7.11所示。

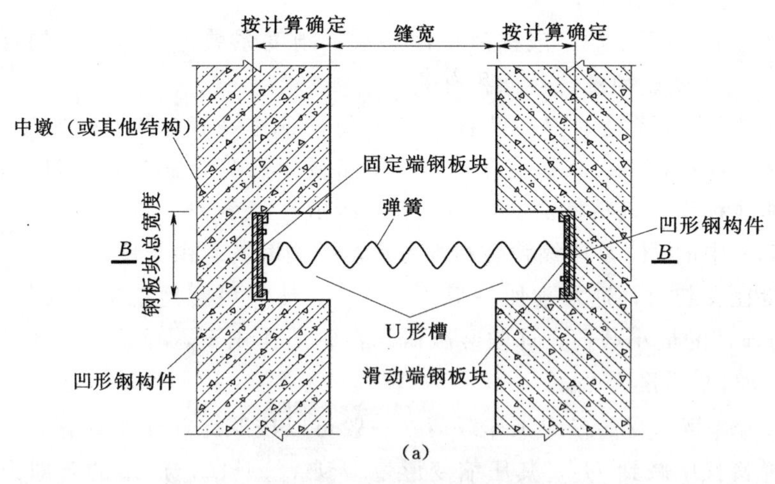

图7.10（一） 弹性装置示意图

(a) 弹性装置平剖面图（A—A）

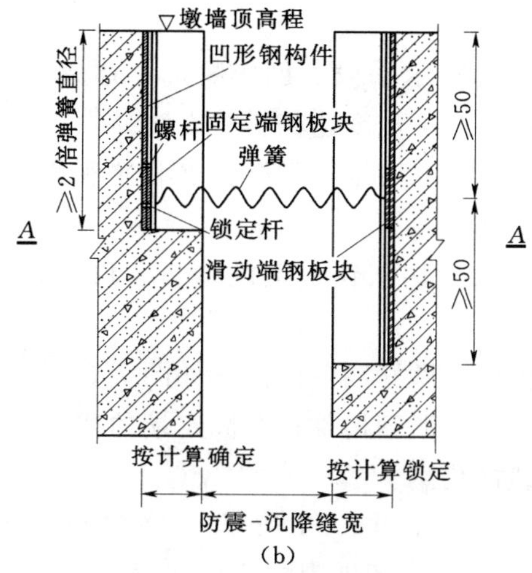

图 7.10（二） 弹性装置示意图

(b) 弹性装置剖面图（B—B）

2. 应用机理

本技术所要解决的问题是提供一种用于建（构）筑物中防震-沉降缝的弹性装置，以使分缝两侧的结构单元在地震作用时获得必要的侧向约束，但不影响两侧结构单元各自沉降；该弹性装置在压缩弹簧两端设置有钢板块，钢板块承插于分缝两侧结构上的固定凹形槽内；压缩弹簧一端连接的钢板块固定于凹形槽，另一端钢板块可沿着凹形槽上下移动。

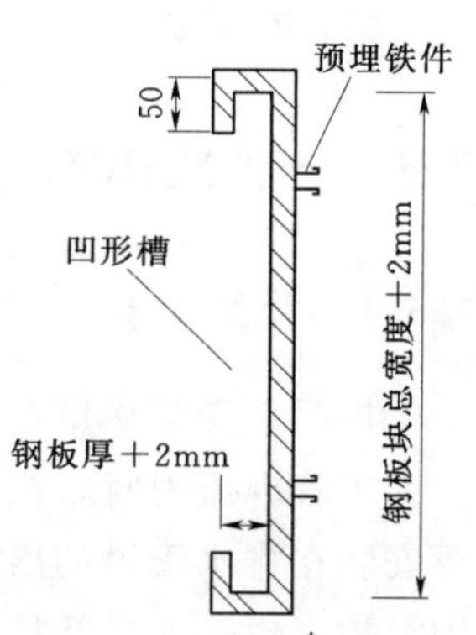

图 7.11 凹形钢构件平剖面图

地震发生时，建筑物在地震作用下产生侧向变形，变形压缩或拉伸压缩弹簧，压缩弹簧既可以部分吸收建筑物摆动所产生的巨大动能，减小建筑物之间的冲击力，有效避免建筑物直接相碰产生破坏，又可以传递部分水平荷载于岸边的土体。分缝两侧墙体之间通过弹性装置传递水平地震作用，减少位移；因此，能有效地解决地震时各结构单元之间碰撞对结构造成不利影响，能减少水平位移，而且能有效地将水平荷载传递到两岸的土体，减小地震作用。

分缝两侧建筑物发生不均匀沉降时，譬如压缩弹簧固定端一侧的建筑沉降，将同时带动压缩弹簧装置沿着滑槽向下移动；当分缝另一侧建筑沉降时，则连同凹形槽一同沉降，而压缩弹簧装置的钢板块不动，相对是沿着滑槽向上移动。总而言之，分缝两侧建筑产生不均匀沉降时，压缩弹簧一端的钢板块将沿着滑槽做向上或向下移动，不影响相邻结构单元的沉降。

3. 具体实施方法

为了使本方案实现的技术手段、创作特征、达成目的与功效易于明白了解，下面结合具体图示，进一步阐述其实施方法。

(1) 按设计尺寸，工厂分别制作压缩弹簧装置和固定连接装置，如图7.6所示。

(2) 加工固定钢板块，加工钢板上的槽口、口边打光，做好下部二角修圆，如图7.7所示。

(3) 加工滑动钢板块，做好四角修圆，如图7.8所示。

(4) 按照尺寸，加工凹形钢构件；在固定端的凹形钢构件上，做好锁定杆焊接，按照位置打好螺栓孔。

(5) 加工凹形钢构件，如图7.11所示。建（构）筑物施工时，结构上预留U形槽，并在结构的槽口内预埋固定连接装置。

(6) 安装弹簧装置。弹簧装置两端钢板块同时向下插入凹形槽，带槽口的钢板块对准锁定杆、插至锁定杆后，两端一并停止下插。

(7) 在需要锁定的钢板块顶端，安装螺栓以固定该端的钢板块。

7.5 一种减小拍门撞击力的装置

7.5.1 背景技术

拍门是安装在排水管出口的一种单向阀，当江河潮位高于出水管口，且压力大于管内压力时，拍门面板自动关闭，以防江河潮水倒灌进排水管道内。主要安装在排水管道的出水端，用于防止外水倒灌，应用非常广泛。在泵站工程中，拍门也是一种常见的截流装置，其结构简单、维修方便、迅速可靠、造价低廉，在中、小型泵站中得到广泛应用。但现状拍门在使用中都普遍存在撞击力问题，给工程安全和正常运用带来诸多影响。

拍门关闭时产生的撞击力，对安装拍门的结构和拍门座环都影响很大，经常性高强度的撞击，会使混凝土结构开裂，座环与结构间产生裂隙，门体变形等。但拍门简单、可靠，与其他断流方式相比，可以缩短出水管或流道的长度，并有利于水泵系统的启动；对于泵站工程兴建、改造节省投资及方便运行管理等均有突出的优点。

综上所述，拍门无疑是中小型泵站的一种理想的断流、防倒灌装置，但撞击力问题一直难以解决，使其在工程中的应用受到很大的限制。工程设计中好的装置不能用，令人爱恨交加，因此，如何减小拍门的撞击力是其应用的关键；工程需要在呼唤创新技术，以推动截流闭锁装置技术的进步。

7.5.2 方案构思

在泵站工程中，拍门启动和断流的可靠性都比较高，是用于断流和防止江河潮水倒灌的理想装置；但是拍门关闭时撞击力很大，影响机组运行和建筑物安全，因此，拍门的使用受到限制。

本实用新型为固定于拍门周边结构上的防撞装置，其原理是通过弹簧变形吸收拍门的撞击能量，将撞击力转化为弹簧的压缩，从而有效地减小撞击力，保证拍门安全关闭。

利用接触体结构的弹性变形，减小拍门撞击力是本专利解决问题的思路；与传统的方法依靠缓冲橡皮减小撞击力相比较，本实用新型具有明显减小撞击力的效果；机理简单，结构简单；在解决撞击力后，拍门的大小、门型等问题也就随之而解；在不改变拍门结构的条件下，只需要增设防撞装置，即可达到减小拍门撞击力的目的。该项技术在水利工程、市政污水、城市防洪排涝、污水处理厂、自来水厂等工程中都有着广阔的应用前景。

7.5.3 实用新型内容

本实用新型技术目的是提供一种新型拍门防撞装置，以实现减小拍门撞击力的目标。拍门防撞装置由弹簧装置和磁性锁定装置两部分组成，其主要内容以下从主要构件和作用、运行机理分别予以阐述。

1. 弹簧装置

弹簧装置由套筒、弹簧、导筒和垫块组成，如图 7.12、图 7.13 所示。

弹簧装置宜均匀、对称布置于出水管周边，其数量、弹簧长度和规格由计算确定。

弹簧一端连接于导筒顶板，另一端连接于套筒的底板，导筒外径略小于套筒内径，导筒在弹簧力的作用下在套筒内滑移，同时导筒也保证了弹簧沿着套筒压缩或伸长。为充分利用弹簧装置的弹性变形，来吸收拍门撞击能量，设计中由撞击力的大小来确定弹簧装置，即弹

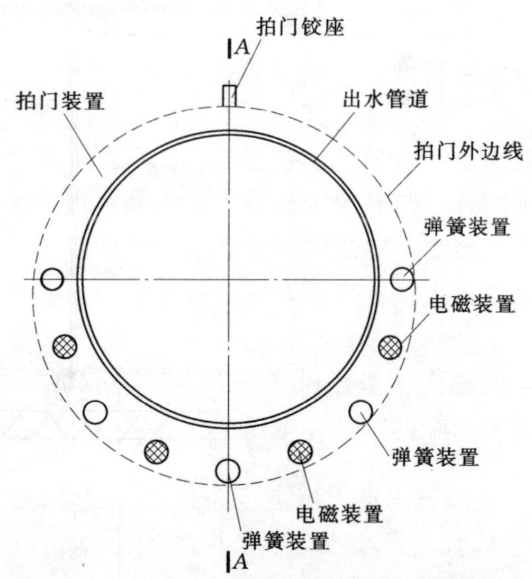

图 7.12 拍门防撞装置布置图（外侧立视）

簧装置的压缩位移要达到吸能效果。

套筒埋设与混凝土结构内，其底板可以根据弹簧所需要的长度设置于套筒内。导筒顶板外侧，安装防撞橡胶传力垫块，以承担并传递拍门的撞击力，垫块斜面夹角与拍门关闭时的夹角相等。

2. 磁性锁定装置

磁性锁定装置由电磁铁、不锈钢底盘和相应的线路组成，如图7.14、图7.15所示。

电磁铁和相应通电线路，按照设计尺寸在混凝土构件浇筑时做好预埋，其形状为斜面块体，其块体斜面夹角与弹簧装置中的橡胶传力垫块一致；底盘安装于拍门内侧，与拍门形成一体。电磁锁定装置宜均匀、对称布置于出水管周边，其数量和大小由计算确定。

电磁铁通电后产生电磁力，能牢牢吸住拍门中的不锈钢底盘，从而对拍门锁定。根据相关资料可知，电磁铁所能提供的吸力是自身重量的30～50倍，因此，可以根据拍门撞击力、弹簧反力和水压力，综合计算电磁力，从而完成电磁装置的设计。

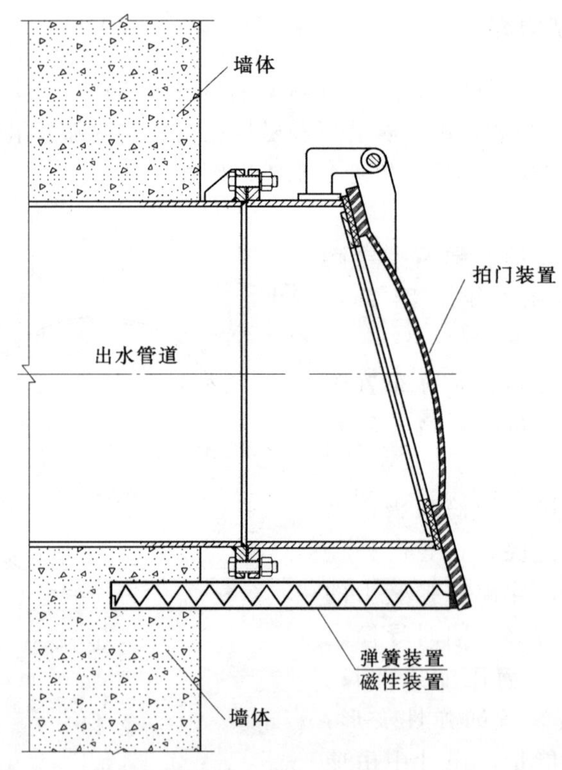

图7.13　拍门防撞装置剖面图（A—A）

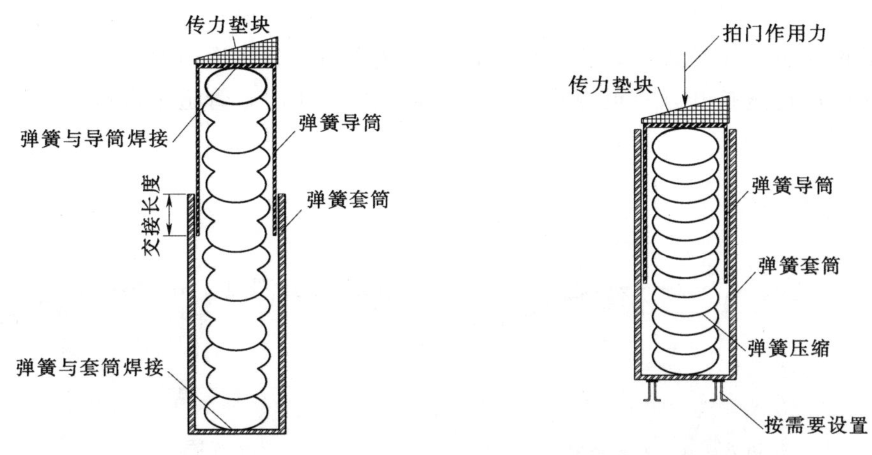

图 7.14 弹簧装置构成示意图（无压缩状态）　　图 7.15 弹簧装置压缩状态示意图

3. 运行机理解析

（1）拍门关闭。磁性锁定装置的作用是吸住拍门并予以锁定。当出水管道需要断流时，管道内水压力小于外河水压力，拍门在自重和水压力的作用下自行关闭；因弹簧装置长度大于出水管道长度。因此，拍门关闭过程中首先撞击弹簧传力垫块，由弹簧吸收撞击能量；弹簧在拍门的撞击力作用下压缩，显而易见，弹簧在压缩的过程中，拍门关闭前，弹簧反力最大；当拍门压缩弹簧到最大位置后，同时拍门也与电磁铁碰接，此时，电磁铁通电后由电磁材料提供的吸力而吸住拍门，水压力和电磁铁的吸力大于弹簧的反力，从而使拍门稳定关闭，安全锁定。弹簧处于压缩状态，电磁铁处于通电状态，如图 7.16 所示。

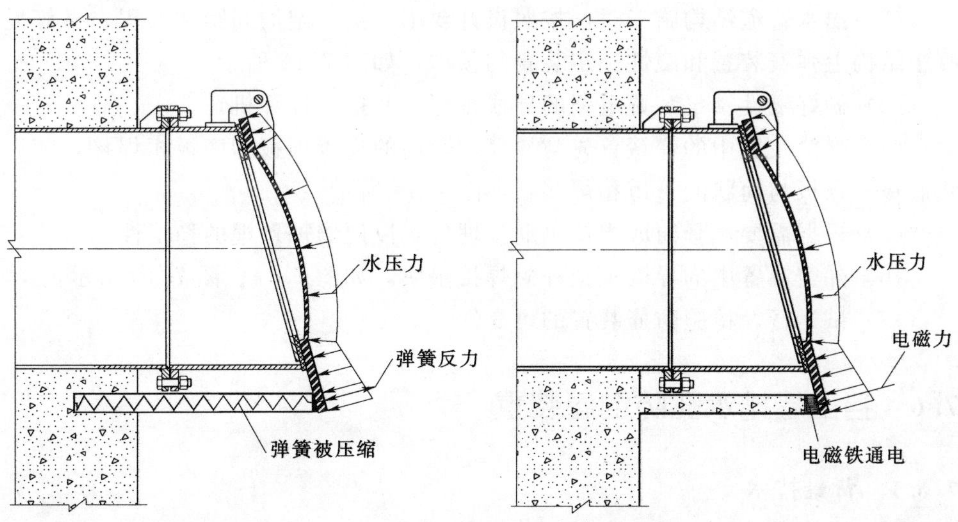

图 7.16 拍门关闭示意图

(2) 拍门打开。当出水管道需要排水时,拍门需要打开;此时,电磁铁首先断电,解除磁性锁定装置的作用;在弹簧作用力和管道内水压力的共同作用下,拍门迅速打开,管道内水压力大于管道外水压力,管道正常排水。弹簧处于无压缩状态,电磁铁处于不通电状态,如图 7.17 所示。

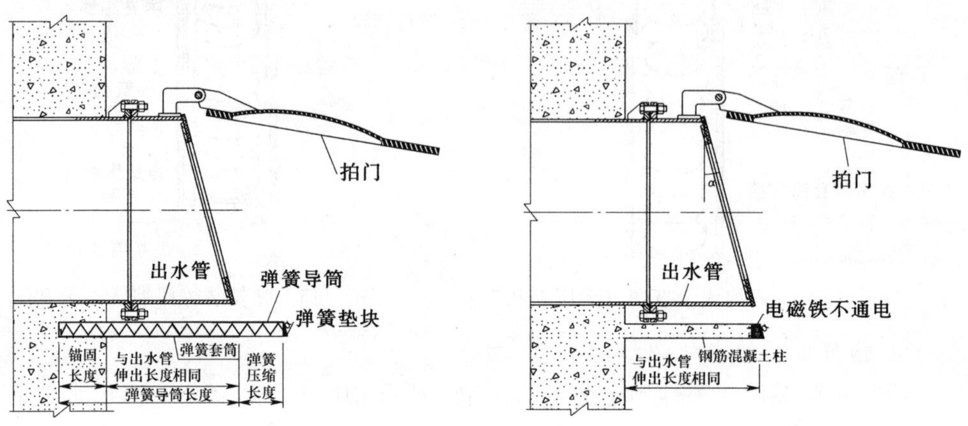

图 7.17 拍门打开示意图

4. 具体实施方法

为了使本实用新型实现的技术手段、创作特征、达成目的与功效易于明白了解,下面结合具体图示,进一步阐述本实用新型的实施方法。

(1) 按设计尺寸,分两个构件制作。即工厂分别制作弹簧装置和磁性锁定装置,如图 7.14～图 7.16 所示。

(2) 出水管道结构施工时,按照设计要求,按一定的间距和高程,做好混凝土结构上弹簧装置和磁性锁定装置的预埋,如图 7.12 所示。

(3) 做好磁性锁定装置电路的导线预埋,并接入计算机。

(4) 弹簧装置中的弹簧首先与导筒、套筒的连接顶板和底板相焊接,随后将底板、顶板与筒状的管道相焊接,如图 7.14 所示。

(5) 根据需要,套筒底焊接钢筋预埋件,以便增加预埋的稳定性。

(6) 弹簧装置中的导筒顶板外侧焊接垫块,如图 7.14、图 7.15 所示。

(7) 试运行,检验防撞装置的可靠性。

7.6 挡土墙排水孔防倒灌装置

7.6.1 背景技术

挡土墙是水利工程中常见的构筑物,其作用是用来支撑天然或人工填土边

坡以保持土体稳定的构筑物。在水利工程中它广泛应用于泵站、水闸、船闸等建筑物上下游的翼墙和岸墙，也常作为城市中的河道、海堤的护岸结构。为了防止墙后填土中积水形成静水压力，或减少寒冷地区回填土的冻胀压力，或消除黏性土填料浸水后的膨胀压力，因此挡土墙应设置排水措施。

为降低挡土墙墙后地下水位，通常是在挡土墙上按照一定距离设置排水孔，通过排水管道引排填土内的水体，如图7.18所示。此措施除减少静水压力外，对于回填黏性土的挡土墙还可以提高填土的强度指标，从而减少作用于挡土墙上的土压力。特别是寒冷地区，降低墙后填土含水量，对减少作用于挡土墙上的水平冻胀力具有显著作用；排水口一般设置于常水位，以保证排水效果。

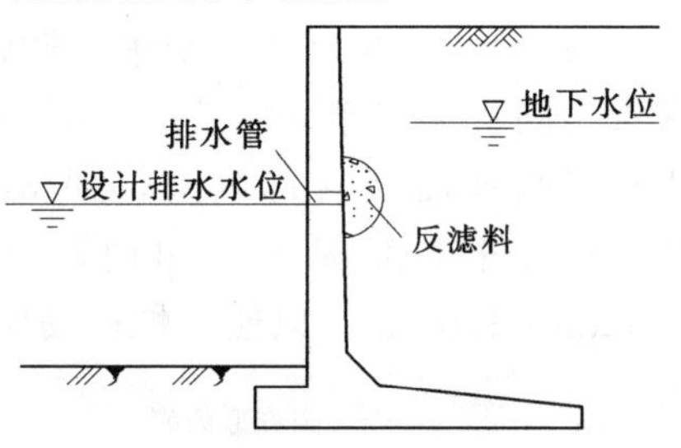

图7.18　现状挡土墙排水示意图

目前在水利工程中挡土墙普遍采用上述排水方式，显而易见，这种排水方式存在一些问题，当墙前水位高于排水口时，外河水体会向墙内倒灌，使墙后地下水位上升；而当墙外河水位下降后，填土内的水又难于及时排出。因此，倒灌水后墙后静水压力增大，填土抗剪强度降低，影响挡土墙的结构安全。

7.6.2　实用新型内容

本实用新型所要解决的技术问题是传统的挡土墙排水孔存在倒灌的不足和缺陷，本实用新型技术目的是提供一种新型防倒灌装置，以实现自动开启和关闭，排水和防倒灌的目标。其主要内容，分各主要构件和作用、工作原理两个部分阐述。

1. 各主要构件和作用

各主要构件和作用如下：

(1) L形管道，由水平管道、弯管连接段和漏斗形阀座3个部分组成，如图7.19所示，均可采用聚氯乙烯管分段制作，再采用胶粘接。

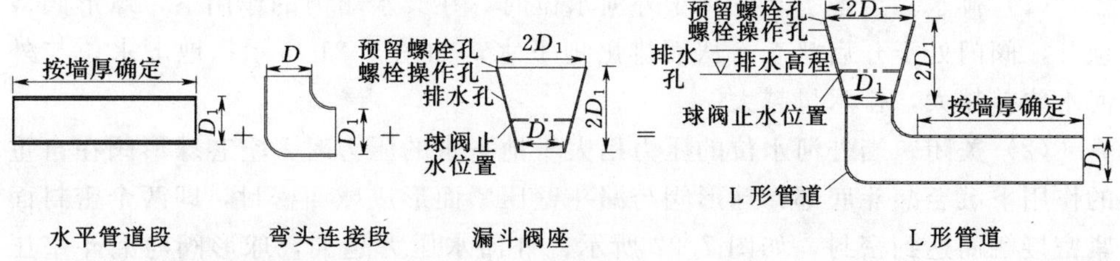

图7.19　L形管道组成示意图

1）水平管道段，埋设于墙内，承接地下水；其长度由墙厚确定，直径 D_1 由排水量确定。

2）弯头连接段是连接水平管道与阀座，为一个过渡段，其尺寸与水平管相匹配，按需要设置。

3）漏斗形阀座为一个中空圆锥形台体，类似于漏斗，下部圆形直径与水平管相同，并与弯管连接，上部圆形直径和台体高均可以取 $2D_1$；漏斗形阀座于球形阀球面密封线以上，管壁上开排水孔，孔面积不小于台体表面积的 50%；漏斗上部圆形口四周对称设置 4 只螺栓孔，其孔下设置操作方孔 150mm×150mm，以便于螺栓安装。

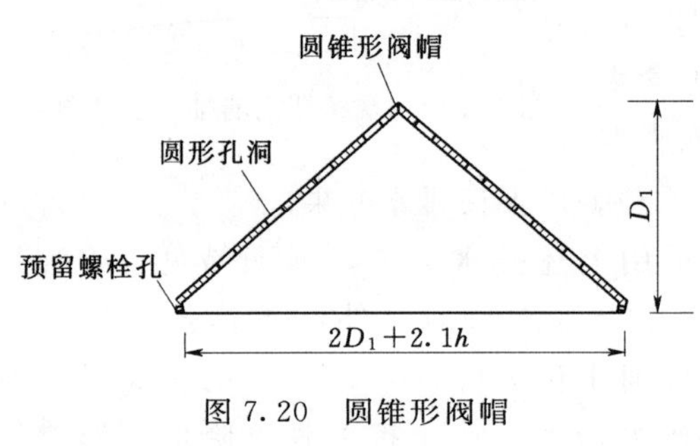

图 7.20　圆锥形阀帽

（2）球形阀，为一个中空的圆形球体，由不锈钢制作，其外径与漏斗阀座相协调，一般可取 $1.42D_1$，中空的直径由球形阀的比重通过计算确定；球形阀的比重要求略大于水的比重，其作用是依靠自重及在水压力的作用下，与漏斗形阀座形成球面密封，从而切断水流倒灌。

（3）圆锥形阀帽，如图 7.20 所示；其作用是防止漂浮物进入管道，防止球形阀逃逸。阀帽下圆形口直径为 $2D_1+2.1h$，即大于漏斗形阀座上口直径加管道壁厚 h，圆锥形阀帽高可以取 $2D_1$；下部设置翻边，于翻边上设置螺栓孔，其孔位与漏斗阀座相对应，且孔径一致。圆锥体可设置少量小孔，以减少阀帽浮力；但孔洞不宜过大，已避免污物落入。

2. 工作原理

球形阀与漏斗状阀座组成逆止阀，其工作原理是利用内外水压力差，完成球形阀的启闭。这种阀门是自动工作的，在一个方向流动的水体压力作用下，球形阀打开；水体反方向流动时，由水体压力和球形阀自重的作用下，形成球面密封从而切断水流。

（1）排水。当地下水位高于外河水位时，在其水压力的作用下，球形阀被顶开，阀门处于开启状态，从而排出地下水，如图 7.21 所示；地下水位与外河水位差越大，排水量越大。

（2）关闭。当外河水位的压力稍大于地下水的压力时，空芯球形阀在自重的作用下沉至漏斗底部，球形阀与漏斗壁压紧而形成球面密封，即两个密封面紧密接触而达到密封，如图 7.22 所示；外河水压力越大，球形阀与漏斗壁压得越紧；切断通道，防止外水倒灌渗入墙后。

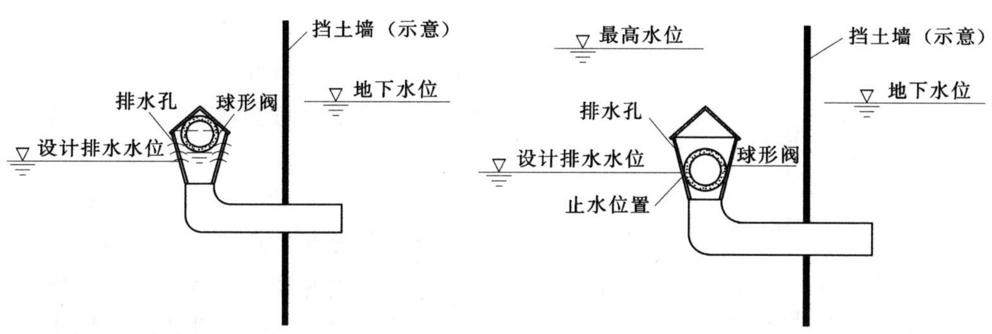

图 7.21 排水状态示意图

图 7.22 止水状态示意图

7.6.3 实施方法和有益效果

1. 实施方法

为了使本实用新型实现的技术手段、创作特征、达成目的与功效易于明白了解，下面结合具体图示，进一步阐述本实用新型。

(1) 按设计尺寸，分 3 个部件制作。即工厂分别制作：L 形管道（水平管道段、弯头连接段、漏斗形阀座）、球形阀和圆锥形阀帽，如图 7.23 所示。

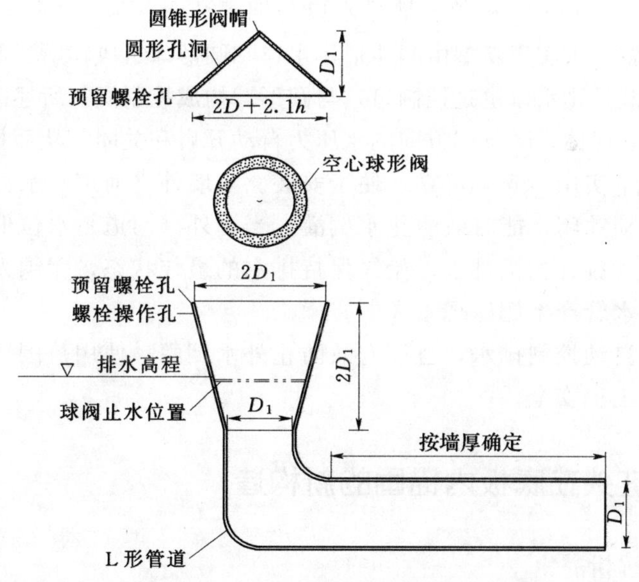

图 7.23 防倒灌装置组成示意图（拆分图）

(2) 人工将球形阀放入漏斗形阀座，随后装上圆锥形阀帽，并做好螺栓连接，从而完成单件组装，如图 7.24 所示。

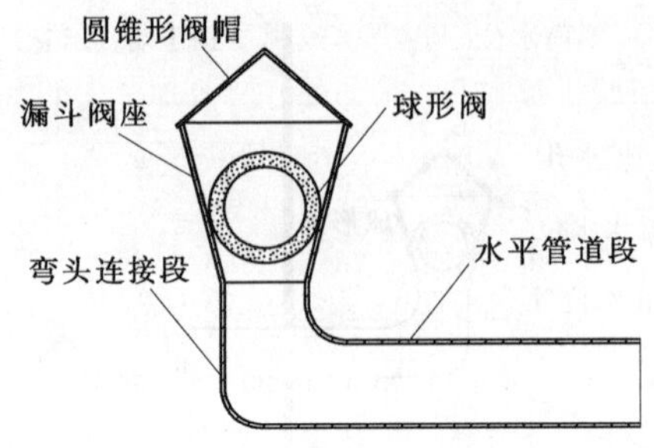

图 7.24　单件防倒灌装置组装图

(3) 挡土墙施工时，按照设计要求，按一定的间距和高程，做好墙上预留孔洞。

(4) 现场将单件防倒灌装置，从墙外穿过预留孔洞，同时，墙后填土侧的管道口布置好反滤材料；墙内管道四周按柔性穿墙嵌入止水材料，避免产生新的渗漏通道。

(5) 单件防倒灌装置穿墙，也可以采用水平段焊接止水环，采用刚性止水，但止水环需设置牢靠，便于施工。

(6) 水平管道段、弯头连接段和漏斗形阀座，三者之间的连接也可采用插接，插接长度应与承口深度一致，插接长度不小于 50mm，并应满足各段的固定要求。

(7) 弯头连接段与水平管道段连接，宜采用插接，以便于维修更换。

(8) 用于河道内的挡土墙，防倒灌装置的制造材料必须满足对所在水源的水质无污染。

(9) 球形阀为密封空心钢球，为增加止水效果，球体外可以加 10mm 厚密封橡胶，橡胶为无毒天然橡胶，球形阀的比重应满足开启水头的要求。

2. 有益效果

本实用新型公开了一种挡土墙排水口防倒灌装置，为挡土墙提供一种墙后排水的安全措施。本实用新型由漏斗形排水口和圆形球组成；所述漏斗形排水口为塑料制品，既是排水口也是控制口，与圆形球构成控制阀；所述圆形球是一个比重适宜的空心球体，随不同方向的水压力自动开启和关闭，从而排水或封闭。

该装置简单实用，安全可靠，便于安装。当墙外（河道）水位超过排水口时，该装置自动关闭，能有效防止水倒灌；当墙外（河道）水位低于墙后水位时，该装置自动打开相机排水；始终保持排水的最佳状态，无须人工操作，避免了传统的排水管产生倒灌现象。

该装置能自动控制排水，且能有效防止外水倒灌；使用范围广，能节省工程投资，确保工程安全。

7.7　一种桩头在底板内锚固的新构造

7.7.1　问题解析

1. 提出问题

目前，有桩基的基础混凝土保护层厚度一般不小于桩头嵌入底板的长度，以便于底板钢筋从桩头通过；桩基为了承担水平荷载，桩头嵌入底板内的长度，

对于大直径桩，一般不小于 100mm；对于中等直径桩不小于 50mm；在桥梁工程的桩基中，桩头嵌入底板内的长度一般为 100～200mm，有的甚至更大。

设计中确定桩头嵌入底板的长度与桩径有关，与桩基承受荷载性质也有关，一般承受水平荷载较大时，嵌入底板的长度要求大些，且桩头与底板宜按固结。当桩基嵌入底板的长度较大时，则加大了底板混凝土保护层厚度，以让受力钢筋从桩头通过；但这样做有两个缺点：①保护层太厚，容易产生裂缝，且基础裂缝验算往往难以通过，需要增大底板的配筋；②桩头在保护层内与底板的固结效果较差，实际约束只能是简支，往往难以满足计算中的固结假定，影响计算结果的准确性。

桩基工程中，传统做法是底板底部受力钢筋均在桩头上部通过，这样底板保护层厚度不小于桩头嵌入底板的长度，如图 7.25（a）所示；从传统的做法中可以看出，桩头只是埋入底板的保护层内，显然难以形成固结，只能是简支。受力分析表明，桩头嵌入底板，相交部位削弱了底板的整体作用，底板对桩头也难以形成握固作用；在水平荷载的作用下，桩头四周的素混凝土保护层极易发生塑形变形，或被压碎，如图 7.25（b）所示，从而降低了桩与基础的连接。

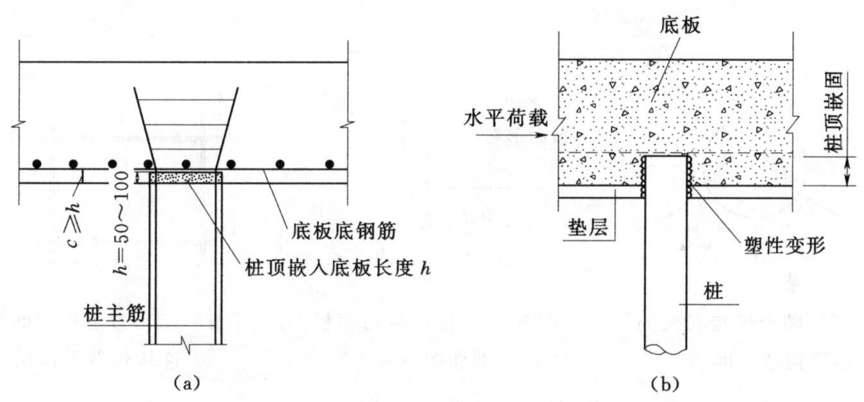

图 7.25　传统做法中桩头与底板的连接

（a）桩头与底板钢筋；（b）桩头周边极易发生塑形变形

以上背景资料表明，传统的做法，为了满足桩头嵌入底板的长度，满足底板钢筋从桩顶通过，导致基础底面混凝土保护层厚度较大，超过底板耐久性设计要求；桩头四周的素混凝土保护层极易发生塑形变形，或被压碎，从而降低了桩与基础的连接，影响工程安全。这种传统的构造做法，未能统筹考虑，顾此失彼，显然不合理，因此，需要创新桩头与底板的连接构造，以保证基础工程的安全。

2. 解决问题的方法

本实用新型为一种新型桩头在底板内锚固的新构造，采用底板受力集中处局部加固方式，对圆形桩采用放射钢筋、环筋对桩头底板进行加固；方形桩采用在桩对边附加直筋；保证了桩头周边混凝土的强度，能有效地扩散应力、传递应力；较好地解决了传统的桩头周边底板混凝土极易塑性变形、压碎的缺陷。

7.7.2 实用新型内容

本实用新型技术目的是提供一种新型桩顶在底板内锚固的新构造，为实现此目的，本实用新型针对传统的桩顶在底板内锚固的构造所产生的问题，有必要在桩头周边采取合理的构造措施，提高底板对桩头的约束，以保证桩基在使用阶段能充分发挥作用。

本实用新型技术所展示桩头与底板构造配筋形式，一般可按孔洞板的构造处理。圆形桩时，在桩头四周设置直径大于12的环筋和L形放射筋，如图7.26、图7.27所示；方形桩时，在桩的对边设置加强钢筋，如图7.28所示。

当桩头嵌入底板的长度不大于保护层厚度时，桩头设附加钢筋，如图7.29(a)所示；当桩头嵌入底板的长度大于保护层厚度时，取保护层厚度为50mm，底板钢筋遇桩头时断开并弯起，桩头周边设附加钢筋，如图7.29(b)所示。

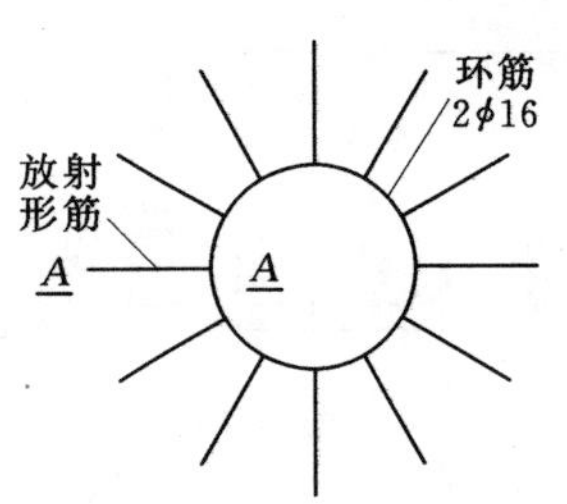

图7.26 圆形桩与底板的连接构造平面图

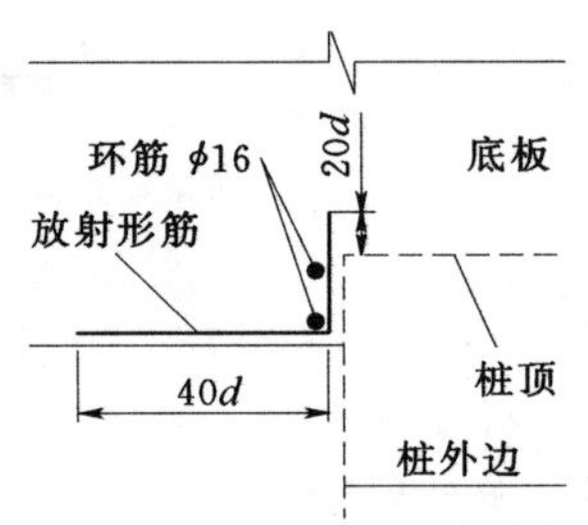

图7.27 圆形桩与底板构造剖面图（A—A）

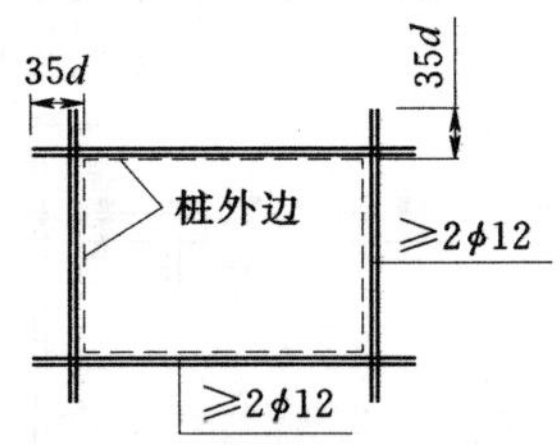

图7.28 方形桩与底板的连接构造平面图

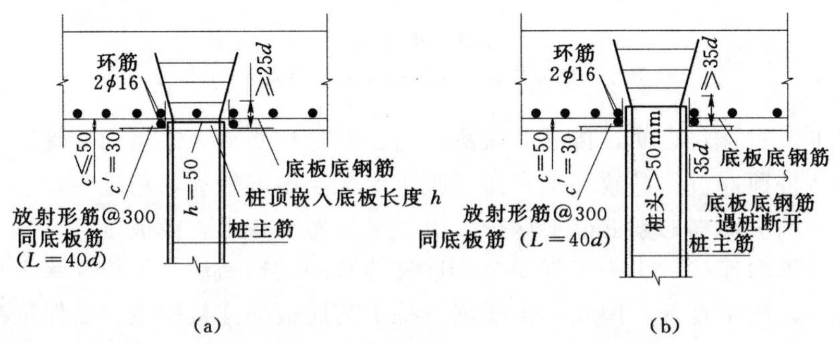

图7.29 创新桩头与底板的连接构造

(a) 构造做法一；(b) 构造做法二

7.7.3 有益效果

本实用新型技术与传统的构造相比，具有以下有益效果：

(1) 创新技术保证了桩头与底板的有效连接，从而提高了基础工程的安全度。

(2) 避免了桩基底板混凝土保护层较厚的缺陷，从而减少了底板的抗裂缝配筋。

(3) 桩头与底板的创新连接，使基础结构计算与实际工程情况得到吻合，提高了结构计算的准确性。

(4) 创新构造为有限约束连接，既能减小桩顶水平位移，又能降低桩顶约束弯矩，节省基础工程投资。

有必要指出，采用上述加强构造配筋，由于桩头嵌入底板的长度有限，因此，底板对桩的实际约束状态还是介于铰接和固结之间。但这种有限约束连接既能减小桩顶水平位移，又能降低桩顶约束弯矩，重新分配桩身弯矩。

7.8 挡土墙外侧花池免浇水装置

7.8.1 背景技术

景观植物错落有致地点缀在城市河道挡土墙临水侧，使钢筋混凝土的防汛墙“变绿”了，水利工程获得了生机，美化了城市市容。但“变绿”的防汛墙好景不长，因缺少雨水，又难以浇水，很快就会枯死，留下残花败叶、些许凄凉，点缀市容的水利景色不复存在。

上述场景在很多城市的生态河道中都能见到，挡土墙邻河侧设置花池无疑能点缀风景，给冰冷的挡土墙一些生机；针对挡土墙外侧花池现状的尴尬，市民热情期盼这一景点能早日回归，挡土墙外侧繁花点点，红花绿草映衬碧波涟漪。

7.8.2 方案构思

城市河道挡土墙临水侧设置的花池虽在水边，但一般都是设在最高设计水位以上，因位置特殊，均存在浇水不便，因此多数都会干枯而影响市容。

本免浇水装置通过管道内置吸附物，利用毛细原理，将河道最低水位下的水，采用微渗流的方式输送至花盆底部土壤中，始终保持着土壤的墒情，滋润着盆中植物。

管道内置吸附物上层为粉土，通过粉土的毛细水作用，将水吸送至盆底种植土中；利用粉土的毛细水吸程，控制吸水多少，并且使花池内潮湿程度能保持基本稳定。

城市河道中的挡土墙，非常需要景观植物的“入驻”，本实用新型解决了这类花池浇水的难题，一种全自动吸水浇花装置，省事省力，因此，有着广阔的应用前景。

7.8.3　实用新型内容

该装置由花池、承插头、橡胶垫圈、吸水管、砂网、海绵、细砂组成，辅助构件有管卡。

1. 构件及作用

挡土墙外侧设置花池多种多样，现浇的比较多，如图 7.30～图 7.32 所示。

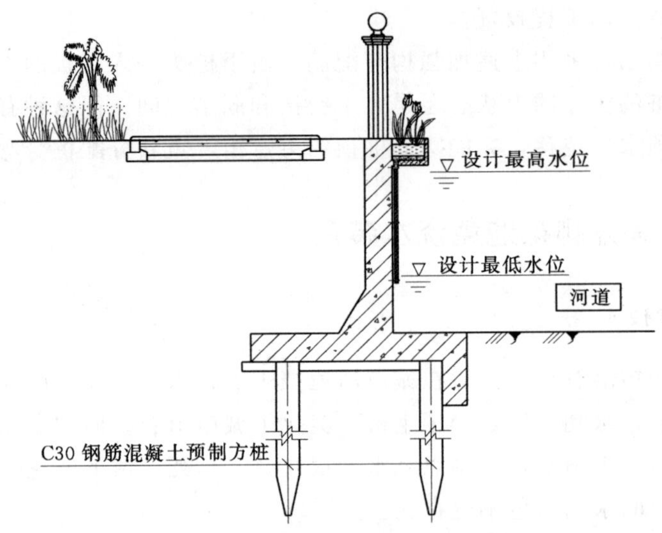

图 7.30　挡土墙外侧花池剖面图一

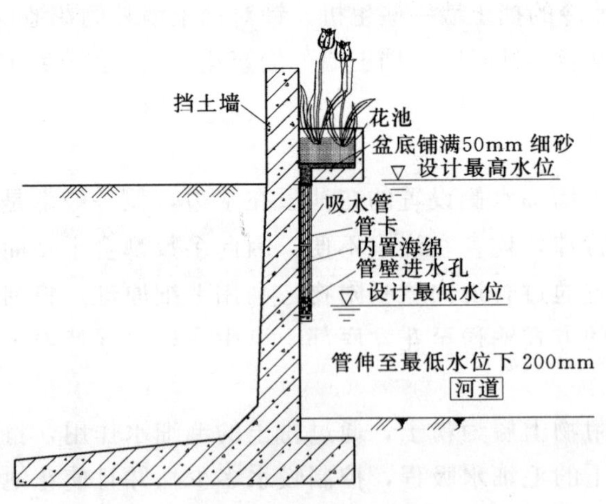

图 7.31　挡土墙外侧花池剖面图二

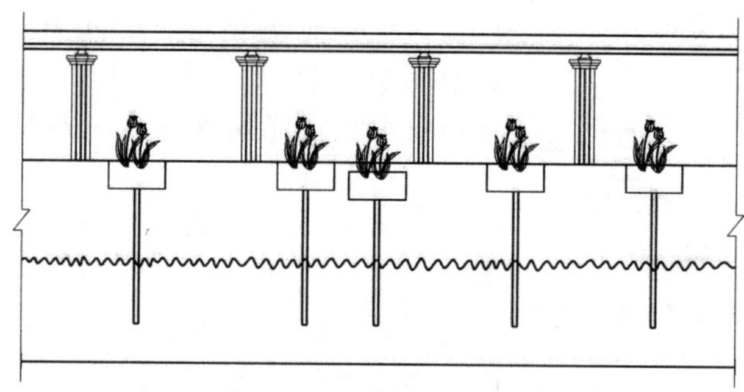

图 7.32 挡土墙外侧花池立面示意图

(1) 花池。花池与挡土墙一并现浇，花池底板预留孔洞；花池盆底满铺50～100mm 厚细砂，与承插头中的细砂连为一体，与海绵形成渗水通道，为花池中的土壤供水，以满足花卉对水的生长需要，这样既可免去浇水又能保证花卉的正常生长。

(2) 承插头。承插头是底板连接 PVC 管的构件，由 PVC 管相同材料制作，下部为直管，上端为直管翻边形成 T 形管，如图 7.33、图 7.34 所示。承插头安装于底板的预留孔，翻边扣于底板预留孔圆周的凹口上，翻边下设置圆环形橡胶止水片，下端插于相接的 PVC 管。花池底板靠挡土墙一侧的中部位置预留孔洞，其直径比承插头管道外径小 2mm，长度可取 500mm。

(3) 橡胶垫圈。垫圈为中空圆环，外径与承插头翻边外径相同，厚度不小于 50mm，如图 7.35 所示。

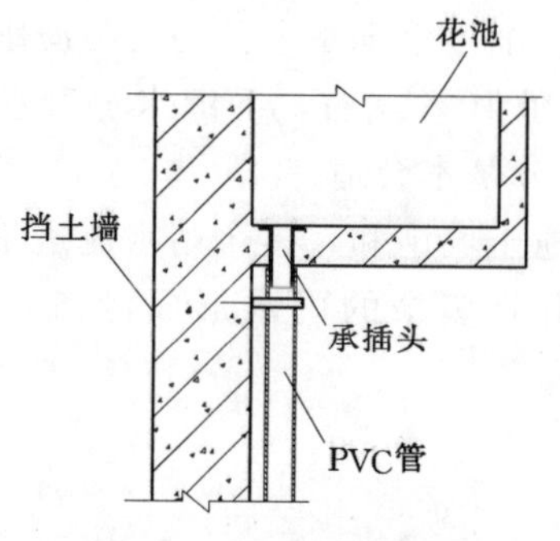

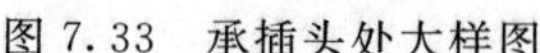

图 7.33 承插头处大样图

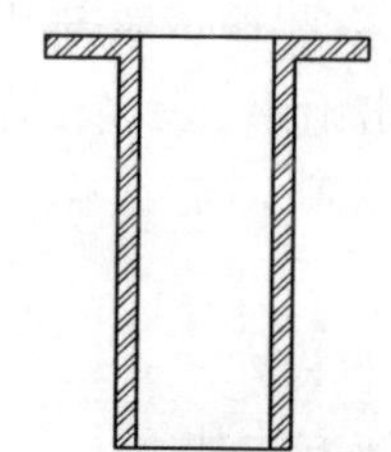

图 7.34 承插头大样图

(4) 吸水管。吸水管为 PVC 管，直径由设计人员根据花池大小确定，吸水管内置海绵，形成一个竖向吸水通道。底端浸没于最低设计水位以下200mm，其长度范围内管壁设孔，孔面积为管壁面积的 40%，以便于进水。

(5) 砂网。管道底板设置不锈钢网，作为拦阻，保证海绵不会沿管滑落。拦阻网和管道底端管壁上的进水孔，保证河水便捷地进入管道。

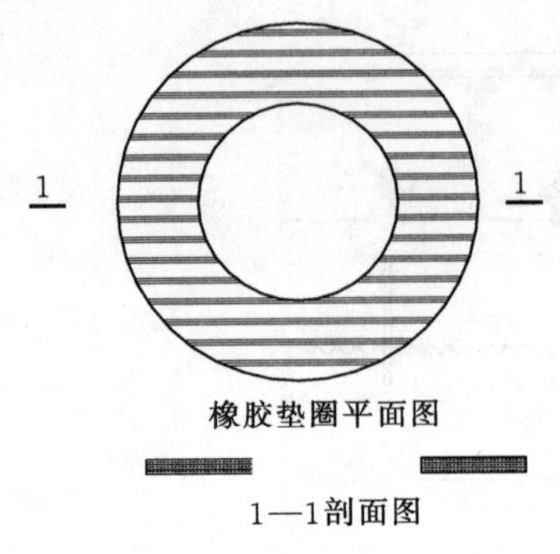

图7.35　橡胶垫圈详图

(6) 海绵。PVC管内充填吸水海绵，吸水管中充填有软质海绵，以便向植物根系渗水。自动吸水装置能实现渗水量与植物根系的吸水量的动态平衡。

(7) 细砂。细砂设置于海绵与土壤之间，主要是利用毛细水所具有的上升高度来控制吸水的量，盆底满铺细砂50cm和承插头中沟通，两者高度之和一般为50cm。

(8) 管卡。采用市场上常规管卡，按照需要将吸水管安装于挡土墙外侧。

2. 机理解析

机理解析如下：

(1) 利用海绵吸水。海绵是吸水管吸水的第一棒，海绵有无数的细小孔隙，而对于海绵来说，水是浸润液体，当海绵碰到水的时候，由于水浸润海绵，小孔里的液面呈下凹状，液体表面类似张紧的橡皮膜，如果液面是弯曲的，它就有变平的趋势。

因此凹液面对下面的液体施以拉力，凸液面对下面的液体施以压力。浸润液体在毛细管中的液面是凹形的，它对下面的液体施加拉力，使液体沿着管壁上升，当向上的拉力跟管内液柱所受的重力相等时，管内的液体才停止上升，形成了毛细现象。于是水就充满了海绵的空隙了。

(2) 细砂吸水与传递。采用细砂作为吸水管道中最后一棒，可以利用细砂的毛细水上升高度控制花池土壤的墒情。细砂毛细水上升高度与海绵含水量有关，对常规海绵，细砂可获得的含水量在10%左右，毛细水上升高度一般为50cm左右；由此输运给花池中土壤的水分基本合适。

(3) 排出雨水。多余的雨水将使花池土壤饱和，多余雨水流进细砂，使细砂随含水量增高，毛细作用力减弱，由此多余的雨水形成渗流从吸水管中排出。

3. 具体实施方法

具体实施方法如下：

(1) 河岸挡土墙施工时，按照设计位置布置的花池一并施工，且花池底板预留圆形洞口，洞口周边留企口。

(2) 工厂制作PVC管，设计最低水位以下管壁打孔，管头安装砂网，管道内填满海绵。

(3) 工厂制作承插头、橡胶垫圈。

(4) 在花池底板上安装橡胶垫圈、承插头。

（5）吸水管与承插头对插连接，随后采用管卡将吸水管安装于挡土墙外侧。

（6）花池底及承插头内充填细砂，总厚度 500mm 左右。

（7）花池内充填种植土，随后种植花草。

7.9 反扣式流道检查孔防水盖板

反扣式流道检查孔防水盖板，用于泵站进、出水流道上检查孔的防水盖板，不同于过去常用的防水盖板，采用反扣式。其特征是防水盖板安装在检查孔的下部，板的一边设置铰链固定于流道顶板上，便于开启或关闭；关闭时向上提起盖板并在洞的上方锁定，板的三边设向上的钩边，检查洞口四周设置止水橡胶条；关闭后，在水压力的作用下盖板压紧橡胶条，从而达到利用水压力止水目的。

7.9.1 背景技术

我国已建大、中型泵站近 6000 余座，规模已居世界第一。例如，南水北调东线第一期工程就有 13 个梯级，35 座泵站，而且都为大型泵站。大中型泵站进、出水流道均设置有检查孔，以方便流道检修；但检查孔需要封堵，过去及现状常用的方法，是在洞孔上方（外侧）用盖板封堵，以施加的外力抵抗流道内的水压力，从而达到止水；但在长时间且波动的水压力顶托和撞击下，效果很不理想，常常出现渗水、盖板破损，有的甚至已严重影响泵站的正常运行。

7.9.2 方案构思

1. 创作思维方法

创造性思维的方法很多，在实际的创造性思维活动中，随时还可以总结，发现其他的方法。但不管是已有的，还是将来总结出的，只能根据实际情况而选择某一种方法，或恰当地综合运用多种方法，而不能事前主观地规定解决某一问题必须用某一种方法，这样是与创造性思维的特性相悖的。所以，对于创造性思维的方法，我们也要创造性地加以运用。

逆向思维法，不是一种培训或自我培训的技法，而仅仅是一种思维方法或发明方法，然而要挖掘人才能力，有必要了解这一方法。因为在实践中使用这一方法，可能取得惊人的效果。

人类的思维具有方向性，存在着正向与反向之差异，由此产生了正向思维与反向思维两种形式。正向思维与反向思维只是相对而言的，一般认为，正向思维是指沿着人们的习惯性思考路线去思考，而反向思维则是指背离人们的习惯路线去思考。

正反向思维起源于事物的方向性，客观世界存在着互为逆向的事物，由于事物的正反向，才产生思维的正反向，两者是密切相关的。人们解决问题时，习惯于按照熟悉的常规的思维路径去思考，即采用正向思维，有时能找到解决问题的方法，收到令人满意的效果。然而，实践中也有很多事例，对某些问题利用正向思维却不易找到正确答案，一旦运用反向思维，常常会取得意想不到的功效。这说明反向思维是摆脱常规思维羁绊的一种具有创造性的思维方式。

反向思维法利用了事物的两面性。因事物具有的两面性，就可以从反方向进行推断，寻找常规的岔道，并沿着岔道继续思考，运用逻辑推理去寻找新的方法和方案。这种方法在科学思维中运用较为普遍。如：有大必有小，有强必有弱，有虚必有实，有吸收必有排斥，有聚合必有分离，有守恒必有不守恒等等。在学习和科研工作中，许多问题都可以从反面去剖析、反证、推理、理解、概括、设想、加深、巩固和扩展对正面知识领域的认识与把握。

事物都是由多方面、多层次构成的一个综合体，事物的发展也都会受到各种各样因素的影响，具有多种发展的可能性。因此，当人们在思考事物和改造事物时，在某一个方向受到阻力，便可在事物自身另寻他径。

但是反向思维不是随意发生的，如果一个人没有进取精神，对事物反应迟钝，观察力差，发现不了问题，那么，即使他想转向，也不知转向何方。所以，反向思维对运用者有较高的要求，首先人们必须有较敏锐的观察问题能力，善于发现问题，从而为思维转向提供思维入口；其次必须具有不厌倦于再做转向思考的毅力和追求尽善尽美的精神，使思维转向成为创造性思维链条中的一个又一个环节，最终使人们的思维和工作获得突破性的成果。

2. 本方案的思维创作

以上所述创作思维的方法，虽然是为了本专利创作做的铺垫，但显然还是比较空洞，我们不需要整天埋头阅读这些方法，从实践到理论对创作方法的理解会更深刻。

上述创作方法告诉我们，从已知事物的相反方向进行思考，是产生发明构思的途径。“事物的相反方向”常常从事物的功能、结构和因果关系等3个方面作反向思维。比如，检查孔盖板传统的都是盖在孔的上面，创新技术方案则是盖在孔的下面。这是利用逆向思维，对结构进行反转型思考的产物。

反向思维不是异想天开，它存在着必要的客观性。进行反向思维，并不是胡思乱想，它有一定的逻辑结构可循，它的运用使人既感到吃惊又合乎情理，这才是正确的打破常规的方法。

新技术创作目标：对水的压力能因势利导，将传统的“对抗”化为“利用”，即将过去常用的对抗水压力方法转换为利用水压力；与现状常用的防水

盖板相比，无须施加外力止水；反扣式盖板，利用水的压力形成止水，防渗能力强，从而克服了现状防水盖板易渗漏、需要提供外力对抗水压的缺陷。具有结构简单实用、防渗漏效果好、便于维护的特点。

检查孔虽然是泵站工程中比较小的构件，但所处位置重要，因此，有必要进行优化。本实用新型的创作思路，是将过去常用的对抗水压力方法转换为利用水压力；与现状常用的防水盖板相比，无须施加外力止水；反扣式盖板，利用水的压力形成止水，防渗能力强，从而克服了现状防水盖板易渗漏、需要提供外力对抗水压的缺陷。

《泵站设计规范》（GBT 50265—2010）规定，进、出水流道均应设置检查孔，其孔径不宜小于 0.7m，以方便流道检修。据此，在大、中型泵站中，流道上设置的检查孔非常多；过去常用的方法是在洞孔上方（外侧）用盖板封堵，如图 7.36（a）所示，以施加的外力抵抗流道内的水压力，从而达到止水目的；但在长时间且波动的水压力顶托和撞击下，效果很不理想，常常出现渗水、漏水和盖板破损，有的甚至已严重影响到泵站的正常运行。

现状设置于进、出水流道顶板的检查孔，使底板局部凹进去与四周不平，水流突变，产生漩涡、气蚀，增大了流道内的水力损失；流道内的水体具有压力，水流对盖板反复撞击，使得盖板破损、洞口混凝土磨损。凹进部分会出现滞水区，恶化流道内流态，且会产生涡带，如图 7.36（b）所示；在进水流道内，水流局部紊乱，严重的可能产生涡带进入水泵，将影响水泵效率和水泵运行。

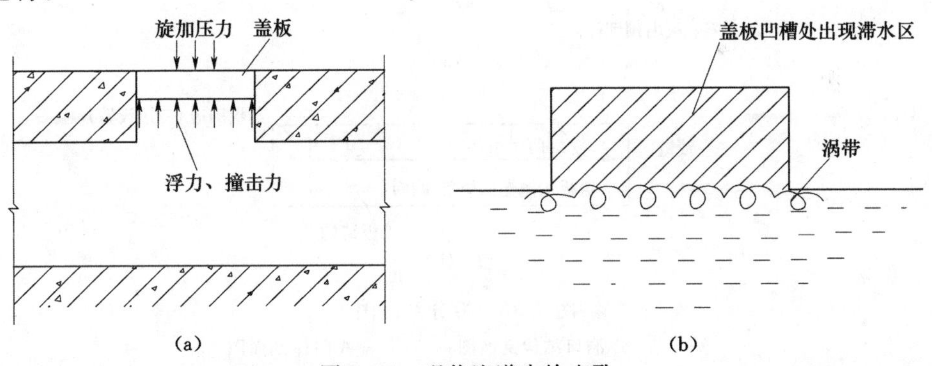

图 7.36 现状流道内检查孔

（a）流道检查孔；（b）检查孔处的流态

7.9.3 实用新型专利内容

1. 构件组成

本实用新型技术提供一种反扣式流道检查孔防水盖板，其系统由两个部分组成，即洞口结构和门体结构，如图 7.37、图 7.38 所示。

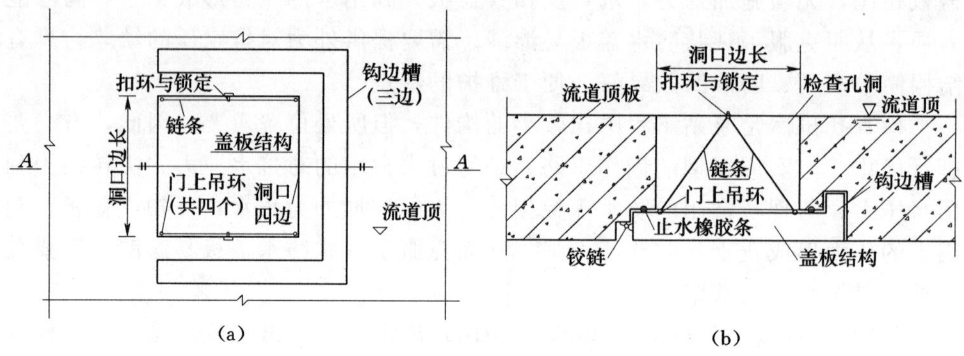

图7.37 整装平面、剖面图

(a) 检查孔仰视平面图；(b) A—A 剖面图

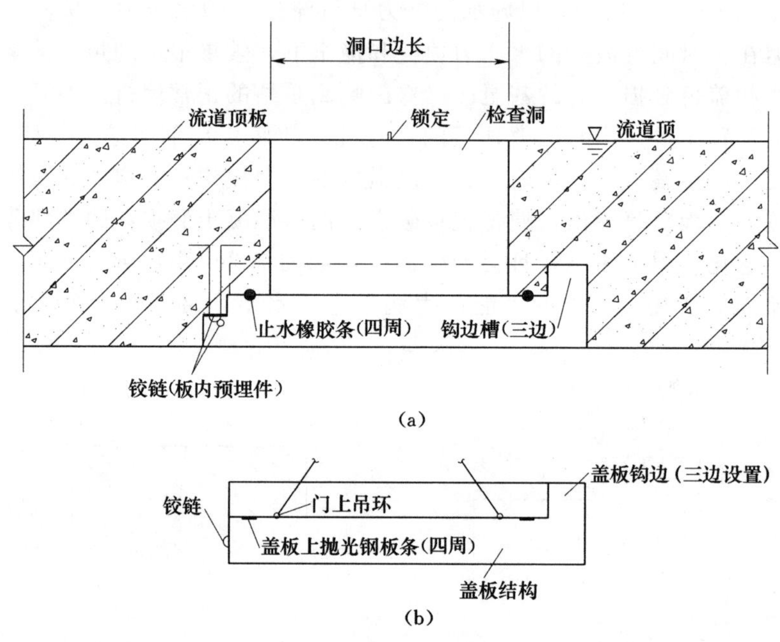

图7.38 拆分剖面图

(a) A—A 洞口结构剖面图；(b) A—A 门体剖面图

所述洞口结构与流道连为一体，门体由工厂制作，现场安装。

所述洞口结构在流道顶板浇筑时，按设计尺寸预留洞口、沟槽、橡胶条沟槽，预埋铁件，为了焊接铰链和锁定装置，严禁凿除或打洞。

所述门体盖板，其材料和尺寸，需根据洞口尺寸、水压强度经过强度计算确定，并需按照闸门的加工精度制作。门体上用于止水的钢条，位置要准确，表面要抛光。

所述盖板材料，由设计人员选择，可以采用塑料制作，重量轻，不易生锈，以塑代钢，不生锈，免维修保养。也可以采用钢结构或钢筋混凝土预制。

所述锁定、链条、吊环等可以采用现有产品。

2. 操作方式

操作方式如下：

（1）盖板关闭。人工提取盖板上的链条，向上提取并挂在锁定杆上，翻转锁定杆锁定，此时，盖板受到一股向上的力，在没有水压力时，已具备密封状态；当流道充满水时，在水压力作用下，压力越大，止水效果越好。

（2）盖板打开。盖板打开是为了流道检修，当流道内水被排干后，首先打开锁定，放下链条，盖板在自重下打开，或稍微给盖板一个向下的推力打开盖板；此时，盖板一端有铰链悬挂于流道结构上，即可从洞口进入流道进行检修。

3. 具体实施方法

下面结合图 7.37、图 7.38 对本实用新型作进一步详细描述：

（1）如图 7.37 所示为本实用型反扣式流道检查孔防水盖板的整体平面图、剖面图，为盖板关闭状态设计图。

（2）如图 7.38 所示为本专利分解设计图，本实用新型由两个部分组成，为洞口结构和门体结构，分别如图 7.38（a）和图 7.38（b）所示。

（3）洞口结构与流道连为一体，流道现浇时，按设计尺寸预留洞口，并预埋铰链、止水橡胶及锁定结构。

（4）门体可以采用混凝土预制，或钢结构由工厂制作，现场安装。

第8章

小型水利设施创新设计

每个事物都是从另外的事物中产生发展而来的。一般的创造都是旧物改造的结果，所改造的主要方面是事物的特性，从而创作出与传统不同的亮点。

小型水利工程设施，使用功能比较单一，种类繁多，作用虽然不同，但创作时可以采用同一机理。例如，利用水的浮力，体现了水利工程设施“因水而生”“因水而美”，在使用中充分利用水的性质，为我所用。

不要急于马上就能取得成果，有时候，你要拿出耐心等一等，创意总是在你不经意的时候，盛装莅临。

心无旁骛，专心于创新的追求，就会忘记许多烦恼，找到许多努力过程中的快乐。哲人说，默默耕耘的人其实是最智慧的人。同样，默默耕耘是一种胸怀，一种领悟，一种水利人的智慧。

本章列举的4个专利是常见的小型水利工程设施，这4个设施使用要求虽然不同，但创作构思都是利用水的浮力，体现了水利工程设施“因水而生”“因水而美”，在创作中充分利用水的性质，为我所用。所述4个水利设施都是浮动式，随水位变化而升降，与传统的同类设施完全不同，展现出一种全新的设计理念。

小型工程也需要创新设计，小型工程更便于创新设计。

所述4个水利设施的创新设计，体现了一般的创造都是旧物改造的结果，所改造的主要方面是事物的特性。通过对拟革新改进的对象作出观察分析，尽量抓住该设施的各种不同的特征或属性，然后确定应加改善的方向及如何实施。

本章所述的几个专利都是利用水的浮力，并采用组合原理进行创作；既有浮力原理的应用，又采用了组合原理。

相关法是人们在进行创造性思维，寻找最佳结论时，由于思路受到其他事物已知特性的启发，便联想到自己正在寻求的思维结论的相似和相关的东西，从而把二者结合起来，达到和实现以此释彼的目的的方法。相关法得以成立，是以事物间存在普遍联系这一客观事实为根据的。由于事物间普遍联系，因而相互作用，相互影响。一事物的解决，往往影响到周围的众多事物。

当然，想象力可以无边无垠，但最终都要回到正在学习的内容或需要解决的问题上来。需要记住的是，无论我们的想象多么荒诞不可理喻，但如果有助于解决问题或者使我们产生绝妙的创意，那么我们就能采取正确的做法。

要把相关方法灵活运用于自己的创造性思维活动中，并非一件易事。它要求我们大力培养洞察事物间相关性的能力，善于抓住事物的本质和问题的关键，善于把自己所思考的内容进行要素分类和分解，提高见此思彼、以此释彼的能力。否则思维单一，仅限于自己眼前的问题上，对周围问题熟视无睹，是不可能获得创造性思维方法的。

8.1 浮动式水文、水质监测亭

一种浮动式水文、水质监测亭，为水文测量、水质监测提供一种可随水位升降的浮动装置。该装置由桩轴、浮箱、浮式交通桥和仪器专用房组成。所述浮箱上设置仪器专用房，所述浮箱采用环形滚珠与圆柱轴相套接，浮箱随水位变化沿着轴上下移动，滚珠将上下滑动摩擦转化为滚动摩擦，从而可以方便地针对不同的水位，在浮箱上面的仪器专用房内完成测量、取样等工作。所述浮式交通桥为一个浮箱，一端与浮箱铰接，另一端设有卡槽沿着设在岸上的轨道滑动。采用浮式交通桥，减少了引桥长度；浮箱随着水位升降，在不同的水位时，始终保持着陆上与浮式水文、水质监测亭的交通。

浮动式水文、水质监测亭，改变了传统水文测亭固定的建筑模式，这一变化，大大提升了监测亭的整体功能和设计理念，可提高仪器专用房的利用率，能实时同步监测，施工方便，节省工程投资。水文、水质监测亭是遍布江河、湖泊、海洋和水库等水域主要的水文设施，用于测量水位、监测水质等，应用较多，有着广阔的应用前景。

8.1.1　背景技术

水文测亭是江河、湖泊、海洋和水库等水域主要的水文设施，用于测量水域的水位、流量、监测水质，在防汛工作以及抗旱工作中，水文测亭发挥了巨大的作用。现状的水文测亭是下部漏空，如同吊脚楼，最低水位处设一平台，以便人员操作；为了防汛安全需要，楼面在最高水位以上0.5～1.0m，有楼梯至下部最低水位平台；楼梯及下部平台长期浸泡在变动的水中，水垢侵蚀，有的甚至长满青苔，阴暗潮湿，工作人员上下极为不便，常常有小事故发生，给水文测量、水质监测工作和人员安全造成很大的影响。同样，陆上连接水文测亭的高架通道，悬空高度大，当遇有大风、大浪时，高架通道上面行走也不安全。

此外，传统的水文测亭上的水位测井，其底部要低于实时水位0.5m，因考虑到最低水位，通常只能按最低水位设置，因此，既影响水文观测精度，更影响水质监测效果。

传统的水文测亭施工复杂，施工时需要设置临时施工围堰，以保证水文测亭下部框架的梁柱、楼梯和平台等结构能正常施工。

上述表明传统的水文测亭，不能随水位变动实时进行水位观测和水质监测，且材料和施工费用大，景观效果差，已难以满足工程使用的要求，窘显技术落后。水文测亭所提供的基本信息是实现水资源优化配置合理利用、防洪科学调度、水环境治理保护及从事众多水事活动所需情况信息的核心内容，其重要的技术支撑作用无可替代。为适应我国经济社会发展和防灾减灾的需要，水文测亭履行的职能越来越多，从水文观测到环境监测、预报和灾害应急，在防灾减灾、水域管理、环境保护和服务地方经济社会发展中，正发挥着越来越重要的作用。时代呼唤水利工程科技进步，水文测亭需要新技术的诞生。

8.1.2 实用新型内容

创新设计要解决的技术问题是针对传统的水文测亭，都是采用吊脚楼形式，工作极为不便，且给水文测量、水质监测工作和人员安全造成很大的影响；水位测井影响水文观测精度，更影响水质监测效果，存在诸多的不足和缺陷；创新技术目的是提供一种新型浮动式水文、水质监测亭装置，以实现安全监测、保证监测质量的目标。所述浮动式水文、水质监测亭采用岛岸式布置。浮动式水文、水质监测亭由桩轴、浮箱、仪器专用房和浮式交通桥组成；其主要内容，分各主要构件和要求、工作原理两个部分阐述。

1. 各主要构件和作用

(1) 桩轴。该轴为竖向轴，可采用圆形预制桩或圆形钢桩，其桩径、桩长及入土深度按计算要求确定；该桩轴以沉桩的方式布置，其作用是作为浮箱的转轴。结合浮箱和仪器专用房布置，可以是两根桩轴或3根桩轴，如图8.1、图8.2所示。

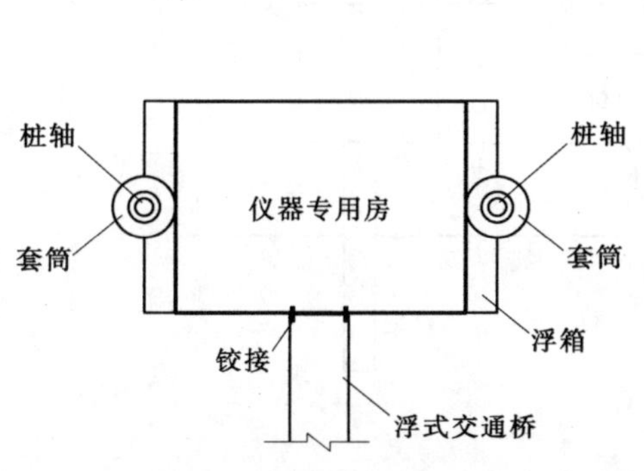

图8.1 两根桩轴平面图

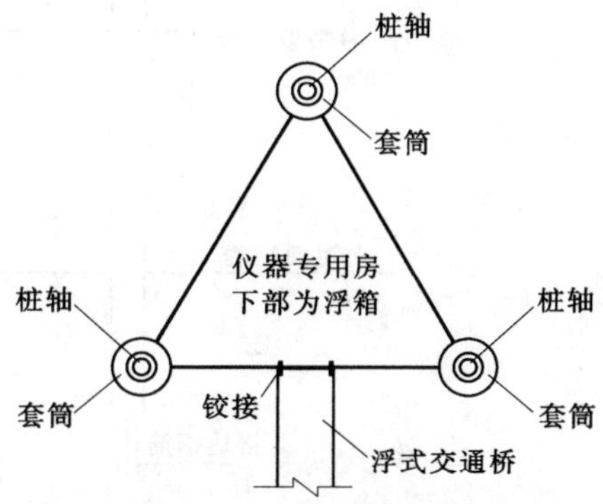

图8.2 3根桩轴平面图

两根桩轴浮式水文测亭立面如图8.3所示。桩轴中至少有一根设置避雷器，其高度按避雷器设置要求确定，桩底端主筋伸出桩端0.8m，随沉桩埋入地下，作为接地钢筋网；桩头主筋伸出桩端0.1m，所有伸出筋与避雷器焊接。

另一根桩轴于上部最高水位高1.0m处，设置水位测距仪，实时自动测量水位；该桩轴外表面标注水位标尺，可供人工实时记录水位；由浮箱顶面的标尺数字，再根据浮箱高出水面的高度换算成水位，即：实时水位高程＝浮箱顶面水位标尺读数－浮箱高出水面的高度。

(2) 避雷器。每个浮动式水文、水质监测亭设置一个避雷器；避雷器设置于最高桩轴的顶端，针式避雷器与桩头钢筋焊接，接地电阻小于1.0Ω。

（3）浮箱。浮箱为一个周边密封的空心体，钢材制作，如图 8.4 所示；浮箱为仪器专用房提供浮力，其一侧与套筒完全焊接连为一体，浮箱随水位变化，从而和套筒一起沿着桩轴上下移动。

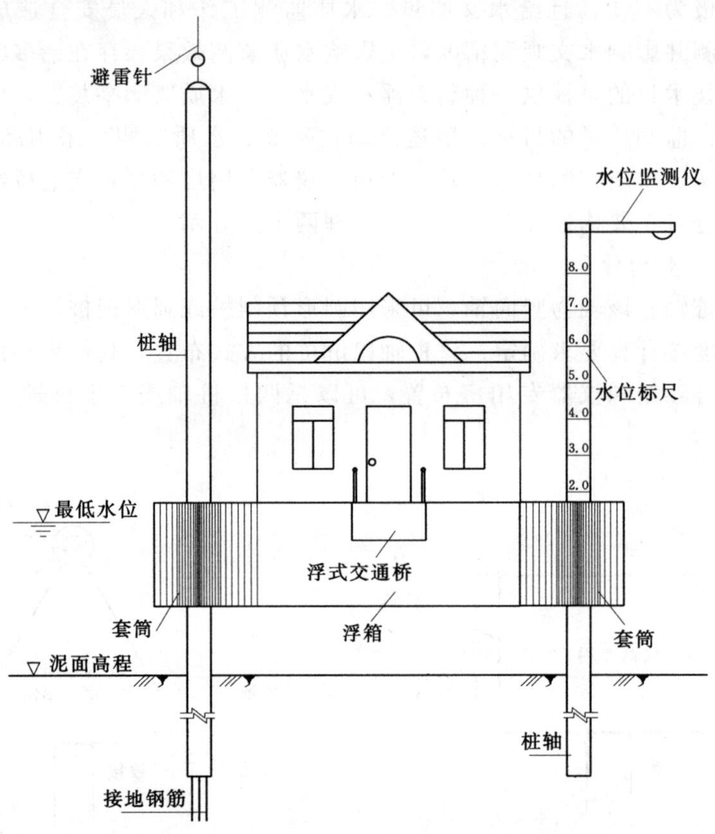

图 8.3　两根桩轴浮式水文测亭最低水面立面图

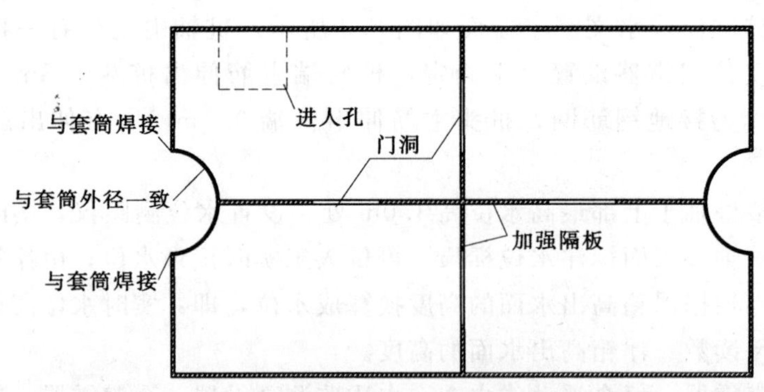

图 8.4　两根桩轴浮箱平面图

浮箱平面形状可与其上的仪器专用房平面一致，或者大于上部的房屋，例如，四周或一边留出露台，供操作人员使用；浮箱顶为仪器专用房的地面，如图 8.5 所示。

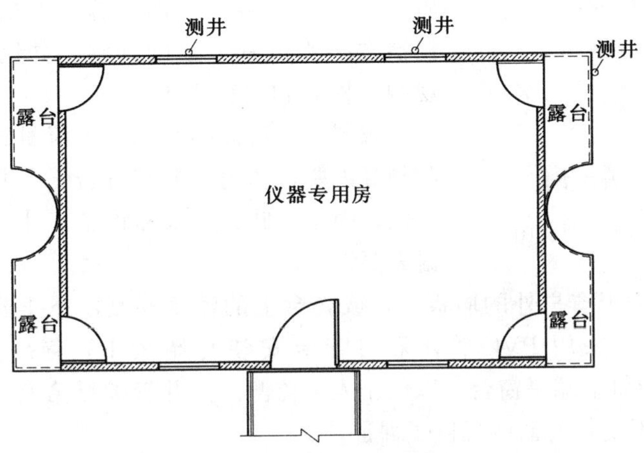

图 8.5　两根桩轴仪器专用房平面图

浮箱顶面于墙板的合适位置处设置一个进人孔 700mm×700mm；进人孔处于浮箱壁上设置钢爬梯至箱底；筒顶高程根据防洪高水位确定，应考虑波浪爬高和安全超高，至少应高出水面 0.5m；浮箱平面尺寸由设置于顶面的房屋尺寸确定，浮箱高度根据所需要的浮力计算确定，计算浮力时应同时计入套筒的浮力，浮箱高度按承担荷载后箱顶高程的要求计算确定；浮箱尚应满足刚度和强度需要，当需要加强时，密封的空箱内可设置若干道加筋板。

当需要大致平衡上部专用仪器房的重量时，浮箱内可以设置配重，可采用预制混凝土块，布置于浮箱内，每块需要有不少于 3 个连接点稳定连接于浮箱底板。

(4) 套筒。与桩轴套接的为套筒，由内筒、外筒、筒底和筒定组成的一个空箱体，其内筒直径为 0.6～0.8m，并应与转轴直径相匹配；桩轴套筒内侧配置多层环形凹槽，内嵌滚珠，将套筒与转轴间的滑动摩擦化为滚动摩擦，以减少浮箱上下移动时的阻力。套筒为深井式的筒体，因此，即使在受力不平衡时，套筒与桩轴之间也不会卡阻。

套筒与浮箱高度相等，两者相交的边与浮箱完全焊接连为一体，套筒和浮箱随水位变化，一起沿着桩轴上下移动。套筒尚应满足刚度和强度需要，当需要加强时，密封的空箱内可设置若干道加筋板，如图 8.6 所示。

(5) 仪器专用房。仪器专用房为单层建筑，由墙板、屋面板和门窗拼装而成；墙板、屋面板可采用轻质板材制作，墙板安装于浮箱顶面，可采用 U 形槽先与浮箱顶面连接，槽底设置橡胶片防水，在 U 形槽内安装墙板，并做好

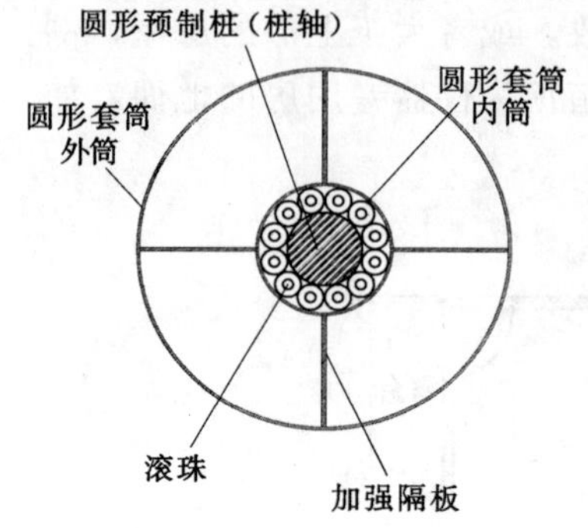

图 8.6　套筒平剖面图

墙板底端与 U 形槽的连接；门、窗和屋面等布置按照常规房屋建筑设计；建筑面积按需要确定，一般以水文观测设施布置要求，并预留水质自动监测仪器和辅助设施占用的面积，设备仪器之间要留有一定的间距，并满足工作人员观测、检修和通行之用。

仪器专用房需满足水位、流量、水质和雨量监测等需要，其内一般布置若干个井筒，数据采集仪、固态存储器等仪器设备。井筒和仪器均根据需要设置。

仪器专用房于窗户外的墙板上，或露台上的浮箱外侧，外挂设置若干测井管，测井管可以采用 PVC 管，采用管卡安装与墙板上；管底入水长度为 0.5～1.0m，管口上端平窗台，以便于人工监测。测井管随浮箱上下移动，始终保持入水深度不变，为监测提供了保证。

仪器专用房可采用矩形平面或三角形平面，矩形平面时，两对边可采用两根桩轴作为支座，三角形平面时，三个角点处可采用 3 根桩轴作为支座。

（6）浮式交通桥。浮式交通桥（简称：浮桥）为浮式空箱结构，作为陆上与浮式水文测亭的交通，宽度根据需要确定，一般为 1.0～1.5m；浮桥面高程与浮箱顶面高程相同；浮桥顶面两侧设置栏杆，箱体一端与浮箱设两个点在顶面铰接；另一端设有 U 形卡槽沿着设在岸上的两根轨道滑动；护岸为直立式，结合护岸设置钢爬梯作为上下与浮桥连接，如图 8.7 所示；浮桥随着水位升降，在不同的水位时，始终保持着陆上与浮式水文测亭的交通。

2. 工作原理

浮动式水文、水质监测亭，按照设计布置于堤防外侧的水域中，该装置由密封的浮箱提供浮力，利用水的浮力升降，无须提供动力；它时刻浮于水面，为水文测量、水质监测提供了适宜的场所。

两根以上的桩轴保证了浮箱的稳定，浮箱为仪器专用房提供浮力，浮箱与套筒连为一体，套筒为浮箱提供了支座，一起随水位上下移动，从而构成了浮动式水文、水质监测亭装置。

浮式交通桥一端与浮箱铰接，另一端设有卡槽沿着设在岸上的轨道滑动；浮式交通桥的浮箱与浮箱一起随着水位升降，始终承担着陆上与浮式水文测亭的交通。

8.1.3　实施方法

为了使本实用新型实现的技术手段、创作特征、达成目的与功效易于明白

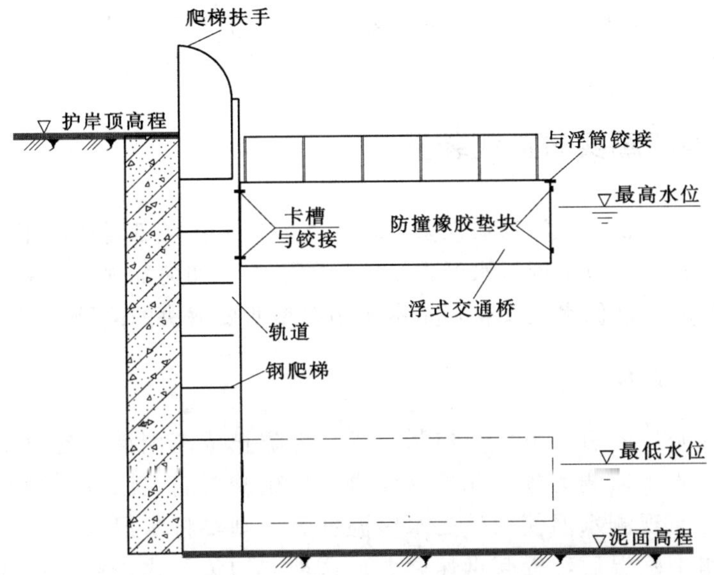

图 8.7　直立式护岸与浮式交通桥连接示意图

了解，下面结合具体图示，进一步阐述本实用新型具体实施方法。

(1) 按设计尺寸，工厂制作浮箱，周边密封的空箱结构，箱顶面预留进人孔；按照仪器专用房的平面，焊接好墙板固定槽。

(2) 按设计尺寸，工厂制作套筒，套筒内侧设置多层滚珠，滚珠放在 U 形槽内，U 形槽焊接于套筒的内壁；滚珠在 U 形槽内可以任意滚动。

(3) 按设计尺寸，工厂制作仪器专用房墙板、屋面板和门窗。

(4) 安装时间尺寸，工厂制作浮式交通桥，即四周密封的钢结构箱体。

(5) 现场按照水文测亭的平面位置，首先水上沉桩，保证桩的垂直度；水文测亭四周水下，根据场地高程需要进行清淤。

(6) 套筒运至现场后，随后将套筒从圆形桩轴的顶端套下，放置于离水面一定距离，然后吊于桩轴上。

(7) 浮箱运至现场后，在船上将浮箱与套筒现场焊接为一体，完成组装，然后放置于水面。

(8) 浮箱就位后，其上面安装仪器专用房墙板、屋面板和门窗。屋内安装仪器，于窗户外的墙板上完成测井管安装，管底入水 0.5～1.0m。

(9) 岸上安装轨道，轨道上安装 U 形卡槽和滚轮。

(10) 浮式交通桥运至现场后，将浮桥放在水中，并做好浮桥与浮箱的铰接，另一端和岸上轨道卡槽铰接。

(11) 一根高桩轴顶端安装避雷器；另一根桩轴上部安装测距仪，并标注水位标尺。

（12）整体安装完毕，浮箱如果受力严重不平衡，可以在浮箱内采用配重予以大致调整。

8.2　一种咸潮实时监测装置

我国海岸线长，入海河口众多，这些入海口大多数都需要利用水闸控制引水。然而，秋冬季节水闸引水经常受咸潮的影响，如何加强对咸潮的监测，防止咸潮的倒灌，确保水质安全，是本实用新型所要解决的问题。

8.2.1　背景技术

河道入海口的引水由水闸控制完成，为防止咸潮倒灌，各引水水闸长期以来一直以人工监测为主。先取水样再采用硝酸银滴定法来检测潮水中的氯化物含量；而观测水温使用的是水银温度表，则要将水温表用绳索系牢，放入表层海水中感温后，提起迅速读数；这种“钓鱼”式检测和取样，检测的水深和时间都不便掌握，因此，检测结果也很难反映实际情况。我国海岸线长，入海口很多，内河大多数都需要引水。例如，在上海市长江口的引水水闸就有 30 多座，如何避开咸水、引入淡水，一直以来都是靠人工取样监测，工作量大、监测质量难以保证。当遇有大风、高潮时，监测员生命尚有危险；遇到突发事件或晚上需要引水，实时监测更是不便。

由于潮汐自身的规律，且受江中的暗沙影响，每次潮汐的潮高、流速、流向都变化莫测，涨潮的时间较长，同一涨潮过程，不同时段的潮水中氯化物含量变化很大，因此，常常发生取到的水样是淡水而引进的实为咸水，其原因是掌握的数据不全面，不能实时监测。其次，硝酸银滴定法化验从取水样到结果测定需要一定的时间，容易造成在化验监测时咸潮短时倒灌，而且多化验工作比较繁琐，在实践过程中造成人为的少检或漏检，造成咸潮倒灌的隐患不能从根本上消除；其次，目前采用的化学监测，需要大量的化验药剂费及化验设备费用，且还会污染环境。

总而言之，目前所采用的咸度监测手段和方法均已落后，亟待技术创新。

8.2.2　实用新型内容

本实用新型技术目的是提供一种实时监测咸度的装置，以实现方便快捷、低碳环保的监测目标。

1. 主要构件和要求

该装置主要由承载体（浮式结构）和检测仪器（电击棒）两部分组成，如图 8.8、图 8.9 所示。

（1）桩轴。以圆形桩作为竖向转轴，可采用圆形预制桩或圆形钢桩，桩径、桩长及桩间距按设计要求确定；该轴以沉桩的方式布置，其作用是作为套筒的支座和转轴。桩轴顶端设置避雷器，其高度按最高潮位的要求确定，桩底端主筋伸出桩端0.8m，随沉桩接入地下，作为接地钢筋；桩头主筋伸出桩端0.1m，所有伸出筋与避雷器焊接。

桩轴外表面标注水位标尺，可供人工实时记录水位；由浮箱顶面的标尺数字，再根据浮箱高出水面的高度换算成水位，即：实时水位高程＝套筒顶面水位标尺读数－套筒高出水面的高度。

（2）避雷器。每个咸度监测装置设置一个避雷器；避雷器设置于桩轴的顶端，针式避雷器与桩头钢筋焊接，接地电阻小于1.0Ω。

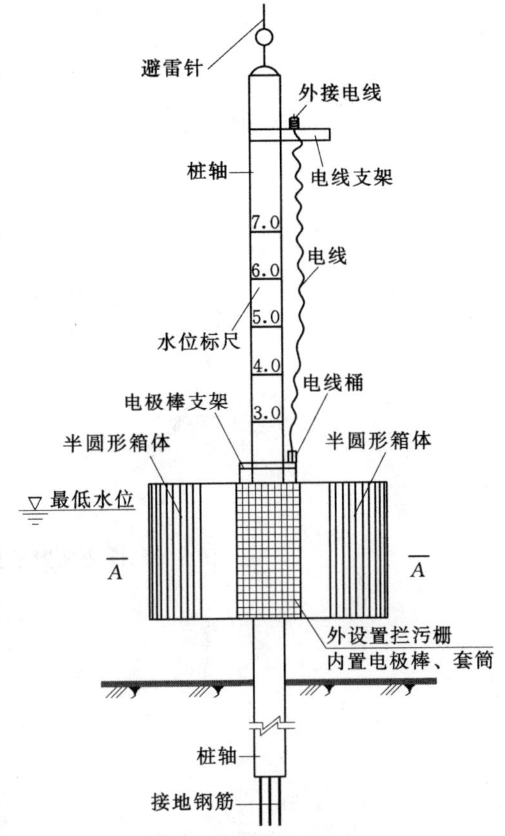

图8.8　检测装置立面图

（3）套筒。如图8.10所示，与桩轴套接的为套筒，由内筒、外筒、筒底和筒顶组成的一个空箱体，其内筒直径为0.3～0.5m，并应与转轴直径相匹配；桩轴套筒内侧配置多层环形U形槽，槽内嵌装滚珠，将套筒与桩轴间的滑动摩擦化为滚动摩擦，以减少消浪装置上下移动时的阻力。套筒的外筒直径一般为1.0m左右，由所需浮力计算确定，其浮力应和滚筒等整个消浪装置一并计算。筒为深井式的筒体。因此，即使在受力不平衡时，套筒与桩轴之间也不会卡阻。

套筒设置槽口安装滚筒的支座，由滚筒的定轴将套筒和滚筒连接于一体；套筒和滚筒随水位变化，一起沿着桩轴上下移动。套筒尚应满足刚度和强度需要，当需要加强时，密封的空箱内可设置若干道加筋板。

（4）箱体。所述箱体为两个半圆形箱体组成，如图8.11所示，两个半圆形箱体与套筒焊接，连接为一体，其间形成两个对称的U形槽；半圆形箱体各自为一个四边密封的空芯体，圆心处为一个半圆形槽口，槽口内径与套筒外径一致，组装时两个箱体分别与套筒固结，焊接连为一体，从而和套筒一起随水位变化，沿着桩轴上下移动。箱体的尺寸根据浮力需要计算确定，计算浮力时

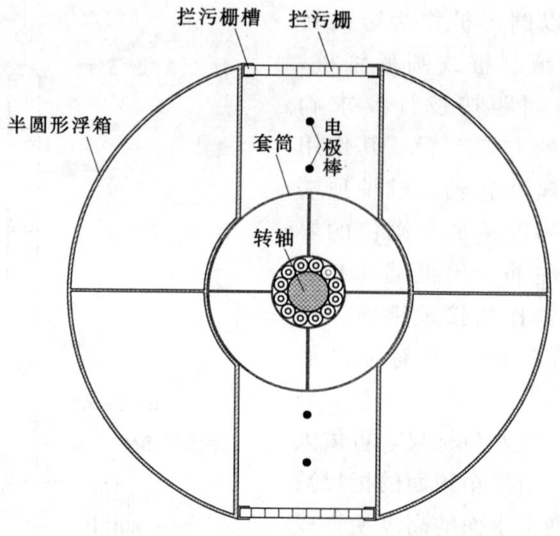

图 8.9　检测装置平面图（A—A 剖面）

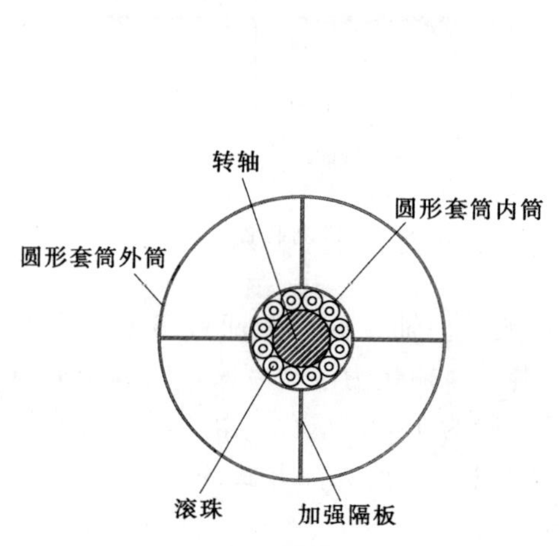

图 8.10　套筒平面图

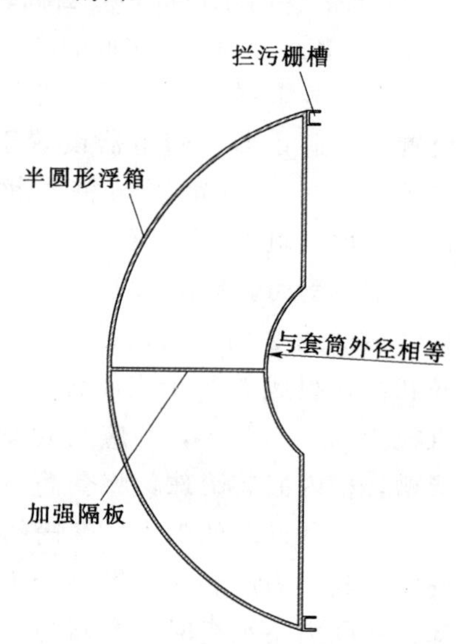

图 8.11　半圆形箱体平面图

应同时计入套筒的浮力；箱体尚应满足刚度和强度需要，密封的箱体内，根据需要可设置若干道加筋板；箱体可以采用塑料或钢材制作。

(5) 拦污栅。所述拦污栅为格栅状，安装于电极棒外侧的拦污栅槽内，活动悬挂式。其作用是防止污物侵犯电极棒，影响电极棒工作。拦污栅网目大小应根据河口污染物确定。

(6) 电极棒。可以采用市场上常规产品。所述电极棒一端固定于支架上，悬挂于潮水中，支架固定于套筒，随套筒上下移动，在不同的潮位时，始终能利用电极对潮水进行实时的电导率检测。

为保护和固定探测电极，电极棒安装于固定的支架上，置于两个浮箱之中，外侧设置拦污栅保护，电极棒根据需要，可以分两个不同的深度设置；因为浮箱吃水深度不变，因此，电极棒入水深度也不变，保证了测量数据的连续性，电极棒在支架上可随时取出，以方便电极棒的清洁维护。

(7) 电击棒支架。由4个立柱对称布置，固结于套筒顶面，随套筒升降，立柱顶端为圆形构件，圆形构件与桩轴为同心圆；该支架用于固定电击棒和电线桶。

(8) 电线桶。一种塑料桶，底板设置排水孔和出线孔，用于电线收放，出线孔电线与电击棒连接。电线支架至最低水位的距离，为电线活动长度；水位变化，浮箱上下移动，电线随水位变化而变化；伸长时，电线上端固定于支架，下端随浮箱下降而展开；收缩时电线由下而上圈缩于电线桶内。

(9) 电线支架。可采用常规电线支架。固定于桩轴上，作为电线支架，控制电线下端长度。

(10) 配套装置。咸潮实时监测装置配套有数据传输网络和数据处理系统，如咸度与电导率的关系等，而这些均不在本实用新型之内，因此，不作详述。

2. 应用原理

咸潮主要是指长江水中氯化物的含量超过了一定的标准，一般为不大于250～500mg/L；而这些氯化物主要来自海水，监测好水闸引水时潮水中氯化物的含量，就能防止咸潮的倒灌。

根据电导率是物体传导电流的能力这一原理，本装置监测潮水中的氯化物含量，是通过电极法测定当时潮水的电导率，然后通过信息化处理来获得氯化物的含量。该装置通过悬挂在支架上的电极棒，始终被置于需要监测的江水中，进行实时检测。水中氯化物溶解越多、水的导电性也就越好，其电导率值也就越大，从而可以间接测定氯离子含量。

该装置结构简单，由套筒和箱体组成浮式结构，为检测仪器提供载体，随水位升降；检测仪器有电击棒和电线等组成，实时监测；该装置实施方便，可长期使用，运行费用低；低碳环保，每年可以免去大量的化验药剂和化验费用，有很好的推广价值。

3. 具体实施方法

为了使本实用新型实现的技术手段、创作特征、达成目的与功效易于明白了解，下面结合具体图示，进一步阐述本实用新型的实施方法。

(1) 按照设计位置，水上沉桩。

(2) 按设计尺寸，分构件制作。即工厂分别制作套筒、浮箱、拦污栅、支架和电线桶。

(3) 将上述构件组装，完成一套咸潮监测装置。

（4）将咸潮监测装置运至现场，吊车或船吊将该装置随套筒套进桩轴，放至水面。

（5）安装避雷器。

8.3　一种浮动式拦阻网

水利工程中所使用的拦阻网，主要用于水域中拦阻船只和拦阻漂浮物。本实用新型公开了浮式自动拦阻网，一种水上拦阻船只、拦阻漂浮物的装置，该装置由两根桩轴、两个套筒、两套恒张力设备、一片拦阻网和传力转换构件组成。所述桩轴为两个圆形立柱，为套筒支座，且为套筒升降的立轴；所述套筒为拦阻网的支座，也是拦阻网自动升降的装置，底部为箱体，上部内置恒张力设备；所述恒张力设备为平面涡卷弹簧，其一端固定而另一端作用有扭矩，在扭矩作用下弹簧材料产生弯曲弹性变形，使弹簧在平面内产生扭转，从而提供恒张力；所述拦阻网由上下两根钢索，中间为柔性索编织的网，钢索由恒张力设备提供张力；所述传力转换构件由定滑轮组成，将钢索与恒张力设备连接并转换力的传递方向。该装置随水位上下移动，拦阻网在恒张力作用下始终处于工作状态，拦阻时弹簧伸长从而消能，完全自动，无需动力、无需人工操作。该装置简单实用，安全可靠，便于安装和更换。

8.3.1　背景技术

目前，水利工程中所采用的拦阻网，主要用于水域中拦阻船只和拦阻漂浮物，实际应用的拦阻设施存在较多的技术问题。

拦阻船只，保护水利设施，同时避免碰撞船只受损。重要的水利工程所处的位置需要考虑船只碰撞时，应在该工程前设置一道防撞装置，在有限的距离内把船拦阻住，防止船只撞击水利工程。例如，苏州河河口的水闸为下卧门，门型新、跨度大，挡水时，黄浦江里的船只有碰撞的危险，需要设置拦阻设施。

目前，传统的拦阻设施是设置警示牌、防撞桩等，前者仅能起到警示作用，起不到实际的拦阻效果；防撞桩能起到一定的拦阻作用，但一旦发生船舶撞击，船舶与防撞桩均必定损伤严重。苏州河河口的水闸防撞设施，目前是采用两个浮箱和连接两浮箱的阻拦索组成，浮箱上安装有用于收紧和释放拦阻索的驱动装置，浮箱由锚链固定于水下。驱动装置布置于浮箱内，需要维护保养，运行时需要人工操作，运行费用高，浮箱飘浮于水中，工作人员上下不变。

拦阻漂浮物，避免影响航道，保护河道景观，便于集中清运。例如，在黄浦江的支河中每年滋生有大量的水葫芦，经常随水流而进入主河道，影响航运和取水，因此，在进入主河道的支河口应予以拦截。目前拦截漂浮物都是采用固定的拦河网，拦阻高度不变，拦阻力不变，实际应用中，常常出现高水位不能拦阻，漂浮物会越网而过，漂浮物聚集量大时，往往又会冲破拦阻网。

8.3.2 实用新型内容

该装置完全自动，无需人工操作，无须提供动力，结构简单，安全可靠，便于安装和更换。

1. 主要构件

基于上述背景技术，本实用新型的目的在于克服现有技术的局限，公开了一种浮式自动拦阻网，一种用于水上拦阻船只、拦阻漂浮物的装置，该装置由 2 根桩轴、2 个套筒、4 套恒张力设备、1 片拦阻网和 4 套传力转换构件组成，如图 8.12 所示。

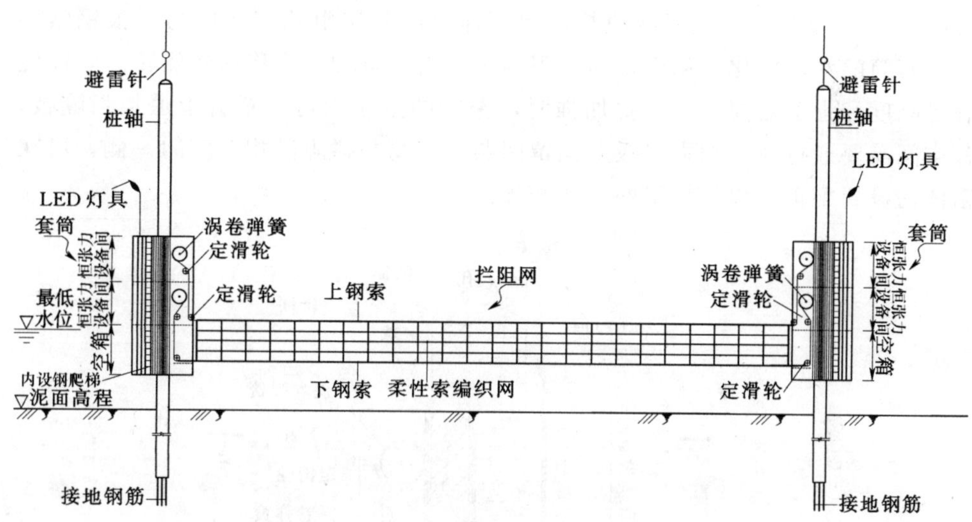

图 8.12 拦阻网立面图（最低水位）

（1）桩轴。以圆形桩作为拦阻网支座（套筒）的竖向转轴，可采用圆形预制桩或圆形钢桩，桩径、桩长及两桩间距按设计要求确定；该轴以沉桩的方式布置，其作用是作为套筒的支座和转轴。两根桩轴支撑一个拦阻网，两桩轴间距根据拦阻的河口宽度确定。

每根桩轴顶端设置避雷器，其高度按最高潮位的要求确定，桩底端主筋伸出桩端 0.8m，随沉桩接入地下，作为接地钢筋；桩头主筋伸出桩端 0.1m，所有伸出筋与避雷器焊接。所述避雷器设置于桩轴的顶端，针式避雷器与桩头钢筋焊接，接地电阻小于 1.0Ω。

（2）套筒。如图 8.13～图 8.15 所示，所述套筒为拦阻网的支座，也是拦阻网自动升降装置，底部为提供浮力的箱体，上部内置恒张力设备。套筒与桩轴套接，由内筒、外筒、筒底和筒顶组成的一个空箱体，其内筒直径为 0.6～0.8m，并应与桩轴直径相匹配；套筒内侧配置两层环形 U 形槽，槽内嵌滚珠，套筒随水位升降或旋转时，滚珠将与桩轴间的滑动摩擦化为滚动摩擦，以减小套筒移动或旋转时的阻力。套筒的外筒直径一般为 1.5～2.0m 左右，由所需浮力计算确定。套筒为深井式的筒体，因此，即使在受力不平衡时，套筒与桩轴之间也不会卡阻。

套筒共设 3 层，底层为箱体，提供浮力，第 2 层、第 3 层为设备层，于水面以上，每层各设置一个平面涡卷弹簧，通过定滑轮分别与拦阻网的上钢索和下钢索连接。钢索与弹簧间设置钢环连接。弹簧穿过楼面板处预留孔洞。

套筒顶面四周设置栏杆、设置照明，设置进人孔、上带盖板，进人孔下设钢爬梯至以下各层。

每个套筒与拦阻网对应处设 1 个槽口，槽口宽度以比弹簧片的宽度大 4mm 为宜，槽口内另设置定滑轮，弹簧通过两只定滑轮转向后与一根钢索连接。套筒随水位变化，从而带动拦阻网一起沿着桩轴上下移动或旋转。套筒应满足刚度和强度需要，当需要加强时，密封的空箱内可设置若干道加强隔板，各空间需要通行时，加强隔板上预留门洞。套筒与拦阻网相对应的一侧，可在箱体内设置配重，以与拦阻网大致平衡。

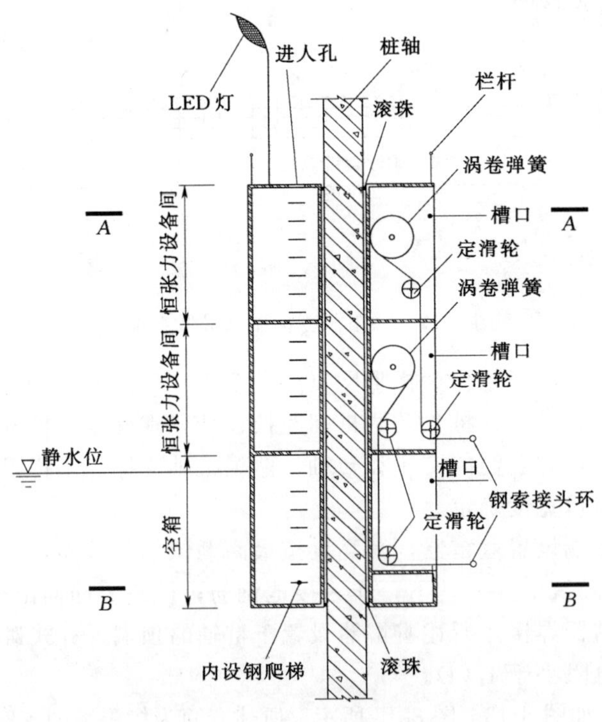

图 8.13　套筒竖向剖面图

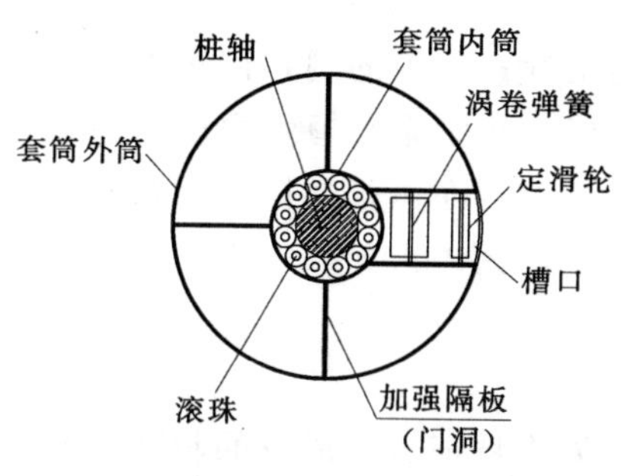

图 8.14 套筒 $A—A$ 剖面图

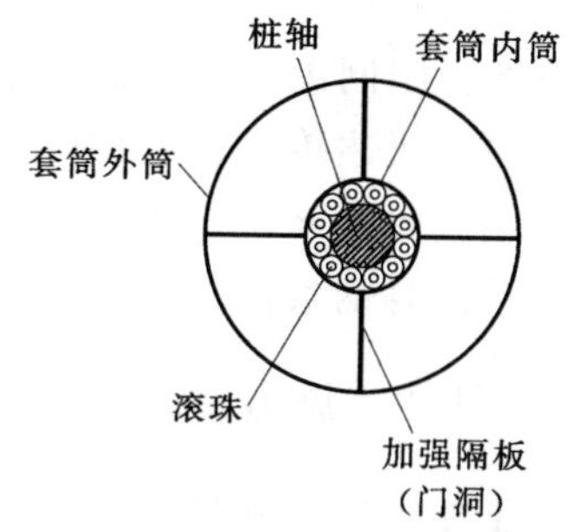

图 8.15 套筒 $B—B$ 剖面图

(3) 恒张力设备。一个拦阻网有恒张力设备为4套，两端各2套，均为平面涡卷弹簧，一个套筒内上、下层分别各布置1套，在套筒空间内竖向布置，其横向轴承支撑于套筒结构，通过定滑轮改变弹簧力的方向，将弹簧分别与钢索的一端连接，为拦阻网提供恒张力。

所述平面涡卷弹簧，其一端固定而另一端作用有扭矩，在扭矩作用下弹簧材料产生弯曲弹性变形，使弹簧在平面内产生扭转，从而提供恒张力。恒张力的大小由拦阻网跨度、允许挠度和撞击力等因素计算确定，一般拦阻网挠度宜小于 $l/300$ (l 为拦阻网跨度)。弹簧的长度由拦阻时的拦阻距离计算确定。

(4) 拦阻网，拦阻网由上下两根钢索，中间为柔性索编织的网，钢索由恒张力设备提供张力。拦阻网可采用尼龙等材料按横、竖编织，网眼大小根据需要确定，拦阻漂浮物时一般网眼较小。

(5) 传力转换构件，所述一组传力转换构件由2个定滑轮组成，其作用是将钢索与恒张力设备（涡卷弹簧）连接并转换力的传递方向；定滑轮的轴承两端固定于套筒槽口内的两边侧壁上。

除以上所述构件外，该装置还应配置自动报警装置，如恒张力报警，拦阻网变形报警等，并与计算机联网，因为这些不在本实用新型之内，因此不作论述。

2. 拦阻原理

浮式自动拦阻网由两根桩轴、两个套筒、两套恒张力设备、一片拦阻网和传力转换构件组成。桩轴为套筒支座，且为套筒升降和旋转的立轴；套筒为拦阻网的支座，也是带动拦阻网升降装置，套筒底部为浮箱，上部内置恒张力设备；恒张力由平面涡卷弹簧提供，当船只碰撞拦阻网时，弹簧伸长，套筒旋转；即外力超过恒定张力时拉伸弹簧，以抵消拦阻的动能，或拦阻的作用力；拦阻结束后，弹簧会自动收缩，套筒反向旋转，钢索在弹簧力的作用下也跟着收缩，从而拦阻网恢复至原位。

恒张力设备为平面涡卷弹簧，其一端固定而另一端作用有扭矩，在扭矩作用下弹簧材料产生弯曲弹性变形，使弹簧在平面内产生扭转，从而提供恒张力；所述拦阻网由上下两根钢索，中间为柔性索编织的网，钢索由恒张力设备提供张力；所述传力转换构件由定滑轮组成，将钢索与恒张力设备连接并转换力的传递方向。该装置随水位上下移动，拦阻网在恒张力作用下始终处于工作状态，拦截时钢索伸长从而消能，完全自动，无需人工操作。

8.3.3　具体实施方法

为了使本实用新型实现的技术手段、创作特征、达成目的与功效易于明白了解，下面结合具体图示，进一步阐述本实用新型。

（1）在需要拦阻的河口处于一条直线上，按设计桩径、桩距、桩长打入两根预制圆形桩。

（2）按照套筒设计尺寸，工厂制作。

（3）加工U形槽，槽内嵌入滚珠；加工进人孔盖板、栏杆、钢爬梯等。

（4）套筒端口内侧上下各设置一道U形槽，U形槽焊接于内套筒的内壁；套筒顶面安装栏杆、照明等。

（5）涡卷弹簧轴承、定滑轮轴承两端，分别支撑于槽口两侧的结构上，完成弹簧和定滑轮安装，从而完成单个套筒。

（6）加工钢索，加工柔性索网。

（7）套筒运至河口，将套筒分别套装于桩轴。

（8）将拦阻网与钢索连接于接头环。

（9）安装避雷器。

8.4　一种浮动式亲水平台

本设计公开了一种浮动式亲水平台，为市民或游人提供一种可随水位升降的休闲装置。本装置由桩轴、套筒、圆亭、浮箱和滑动式人行桥组成。所述桩轴直立设置于需要布置亲水平台的岸边，套筒与之套接，从而随水位变化沿着桩轴上下移动，在不同的水位时，套筒始终浮于水面。浮箱与套筒铰接，以增大平台的活动面积；分段设置避免了套筒面积过大时，其上面的荷载不均匀时所产生的影响。所述滑动式人行桥为梁板结构，一端与岸边的混凝土基座铰接，另一端设有滚轮可沿着套筒面滑动，以适应水位变化。

浮动式亲水平台改变了传统的亲水平台固定建筑模式，这一变化，大大提升了亲水平台的整体功能和设计理念，可提高亲水平台的亲水性，安全可靠，施工方便，节省工程投资。亲水平台在城市河道、湖泊中应用较多，有着广阔的应用前景。

8.4.1 背景技术

随着人们对景观要求的提高，为满足人们亲近大自然的渴望，在城市的河道、湖泊临岸设置亲水平台已经日益常见，这些地方人们活动频繁，因此对亲水性、安全性提出了更高的要求。亲水平台，不仅给市民提供一个休闲的好去处，也为城市水域增添了一道景观。

首先，传统的亲水平台多数均采用高桩梁板结构形式，平台顶面高程一般高于设计水位或常水位，平台高度是固定不变的，因此，往往会因为水位降低时，台面离水平面较远，游人无法亲水；而在高水位时，平台面又往往被水淹没，让人们无法登台赏景，且在水位下降后，平台面上残留污物，一片狼藉；平台因常常浸泡在水中，导致亲水平台不断损坏，给游人使用带来安全隐患。

其次，传统的亲水平台施工复杂，施工时需要设置临时施工围堰，以保证平台下部框架的梁柱等结构能正常施工。

上述表明，传统的亲水平台受水位影响较大，难以发挥真正的亲水性，且存在安全隐患；材料和施工费用大，景观效果差，名不副实，难以满足人们亲水的要求。如何保证平台既不被水淹，又在不同的水位时，都能真正发挥其亲水性，为人们提供一种安全可靠的亲水平台，是本新技术所需要解决的关键点。

专利号为201110443085.7的中国专利，公开了“一种可随水位升降的亲水平台”，包括浮动台基、防腐枕木、防腐木板、不锈钢丝、不锈钢螺纹钉、不锈钢栏杆、膨胀螺丝、不锈钢滑槽、不锈钢卡头和滑槽预埋件。该亲水平台使用PE浮筒，可以根据水位的变化自由上升下降，在任何季节都能满足人们亲水戏水需求。

不难看出，上述“一种可随水位升降的亲水平台”，实际上就是一个能飘浮于水面的筏，其缺点在于游人登上平台后，随人的走动而不断晃动，且当平台上荷载严重不平衡时，容易倾斜以至于翻船，因此存在较大的安全隐患。其次，该平台用于直立护岸时无法与岸上连通，用于各种岸线都存在游人上下平台不方便、不安全。

同样的，本创新设计继续进行这样的研究，从另一个角度做了大胆的尝试，来解决目前的亲水平台实施效果不理想，存在安全隐患，且材料和施工费用大的问题。

8.4.2 实用新型内容

本新技术所要解决的技术问题是针对传统的亲水平台，都是采用固定的结构形式，无法满足人们的亲水性。本实用新型由桩轴、套筒、圆亭、浮箱和滑动式人行桥组成，如图 8.16～图 8.18 所示。其主要内容，分以下各主要构件和要求、工作原理两个部分阐述。

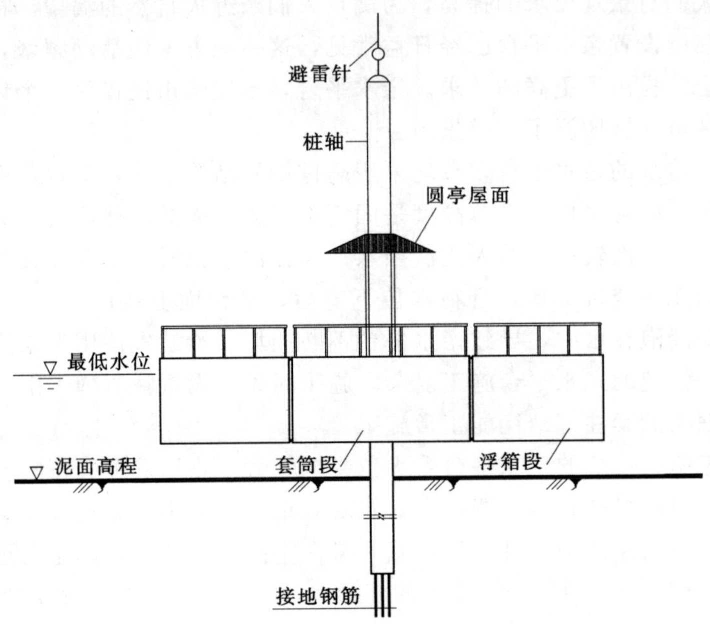

图 8.16　最低水位时亲水平台立面图

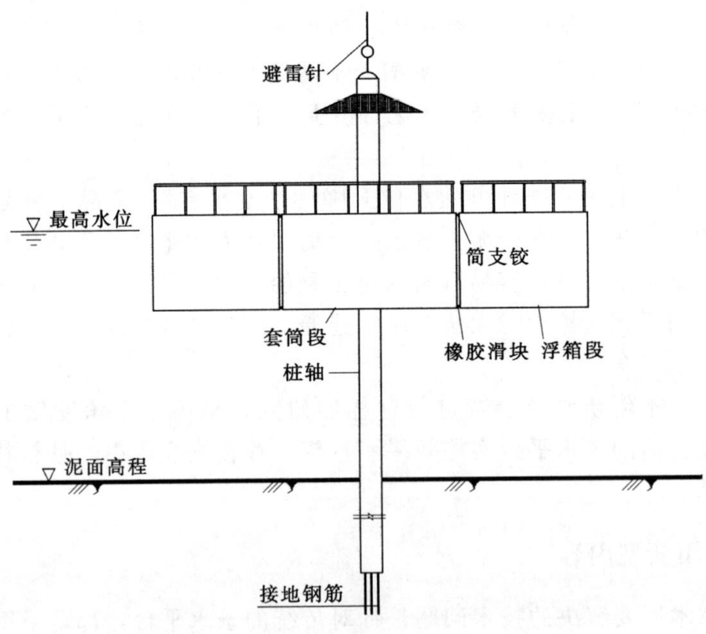

图 8.17　最高水位时亲水平台立面图

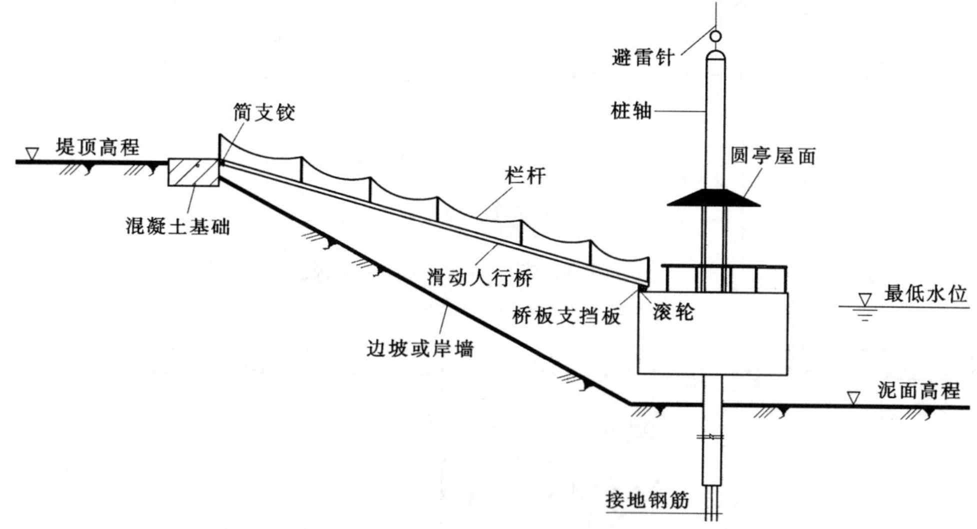

图 8.18 最低水位时亲水平台侧立面图

1. 各主要构件和作用

各主要构件和作用如下：

(1) 桩轴。该轴为竖向轴，可采用圆形预制桩或方形预制桩，其桩径、桩长及入土深度按计算要求确定；该桩轴以沉桩的方式布置，其作用是作为亲水平台（套筒和圆亭）的支座。结合不同形状的平台布置，可以是单根桩轴或两根桩轴。

桩轴中至少有一根设置避雷器，其高度按避雷器设置要求确定，桩底端主筋伸出桩端 0.8m，随沉桩埋入地下，作为接地钢筋网；桩头主筋伸出桩端 0.1m，所有伸出筋与避雷器焊接。

(2) 避雷器。每个亲水平台设置一个避雷器；避雷器设置于最高桩轴的顶端，针式避雷器与桩头钢筋焊接，接地电阻小于 1.0Ω。

(3) 套筒。套筒与浮箱组成亲水平台的主体，如图 8.19 所示。与桩轴套接的为套筒，由内筒、筒底和筒顶组成的一个空箱体，内筒的形状与桩轴一致，其尺寸与桩轴相匹配。桩轴套筒内侧配置不少于两道硬橡胶滑块，以构成套筒与桩轴间的滑动摩擦。套筒的尺寸由所需浮力计算确定，筒为深井式的筒体，因此，即使在受力不平衡时，套筒与桩轴之间也不会卡阻。

套筒随水位变化沿着桩轴上下移动，并带动浮箱一起升降。套筒还应满足刚度和强度需要，当需要加强时，密封的空箱内可设置若干道加筋板。套筒内侧设置圆亭及环形座椅，套筒临岸一侧为滑动式人行桥支座，当需要大致平衡桥的重量时，套筒内可以设置配重，宜采用预制混凝土块，布置于套筒箱体

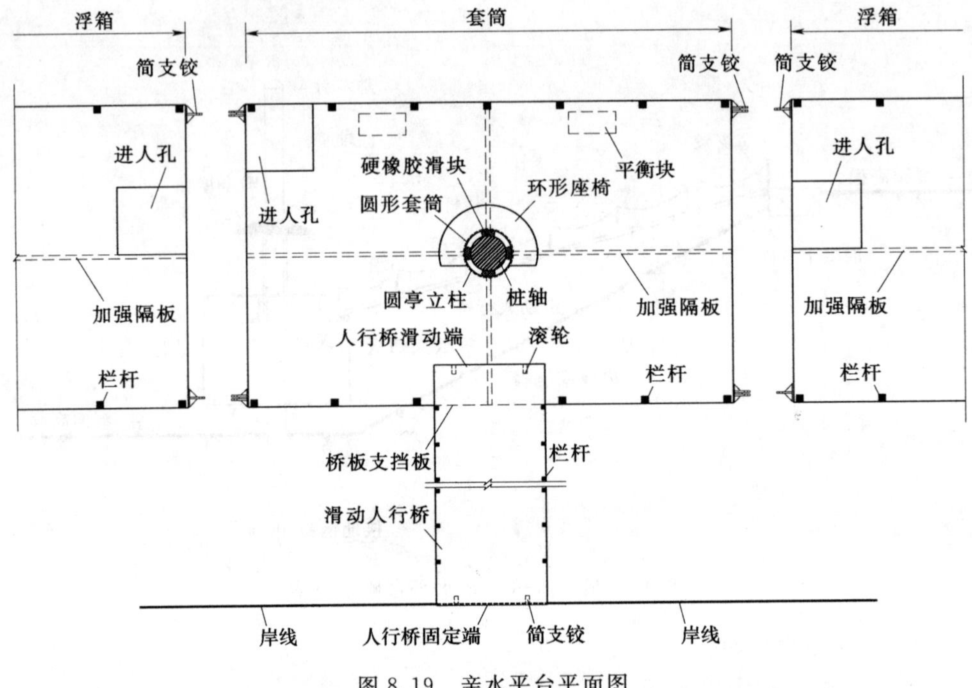

图 8.19　亲水平台平面图

内，每块需要有不少于3个连接点稳定连接于套筒箱体的底板。

套筒顶面于墙板的合适位置处设置一个进人孔 700mm×700mm；进人孔处于套筒箱体壁上设置钢爬梯至箱底。套筒顶面临水侧设置栏杆。

(4) 硬橡胶滑块。均匀且对称布置于套筒内侧，宜以4个滑块布置，滑块材质和尺寸根据需要确定。滑块与桩轴接触面的形状与桩轴外形匹配，滑块安装于不锈钢U形卡槽内，卡槽焊接于套筒内侧。

(5) 圆亭。如图 8.20 所示，该亭与套筒同步升降，为亲水平台上的一个亭，按常规亭设计。亭屋面处设置圆形环置于立柱顶端，圆形环尺寸、内置滑块均与套筒一致。

(6) 圆亭支架。由立柱和梁系组成，其作用是支撑圆亭的环形屋面；立柱由钢材制作，焊接固定于内套筒顶部，与套筒同步升降。

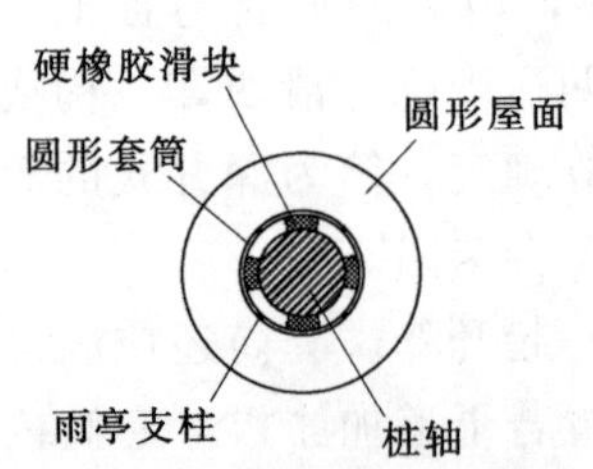

图 8.20　圆亭平剖面图

(7) 环形座椅。该座椅环绕桩轴布置，固定于套筒顶面，按常规座椅设计。

(8) 浮箱。浮箱为一个周边密封的空心箱体，钢材制作或钢筋网混凝土预制。浮箱宽度与套筒一致，顶面一侧设置不少于两个简支铰与套筒铰接。浮箱顶面临水侧按常规要求设置栏杆，浮箱顶面于墙板的合适位置处设置一个进人孔，要求详见套筒进人孔。浮箱顶高程应考虑波浪爬高和安全超高，至少应高出水面0.2m；浮箱平面尺寸由平台要求确定，浮箱高度根据所需要的浮力计算确定，浮箱尚应满足刚度和强度需要，当需要加强时，密封的空箱内可设置若干道加筋板。

两侧浮箱平台与套筒段采用铰接，有效地化解了平台上荷载不平衡造成的力矩和剪力。因与套筒段铰接约束自由飘浮，由套筒带动而随水位升降。浮箱与套筒顶面应在同一高程，浮箱随水位变化，有套筒带动一起沿着桩轴上下移动。

(9) 简支铰。简支铰为承插式，如图8.21所示，其作用是连接套筒和浮箱。该铰的一半为留有螺栓孔的插头，另一半为留有螺栓孔的凹形槽，插头插入凹形槽后，将螺栓穿过螺栓孔并旋紧螺母形成简支铰，如图8.21所示。简支铰的尺寸和数量由计算确定，一般沿套筒与浮箱对接处不少于2个，对称布置。对接处缝过大时，宜按常规做法采用盖板处理。

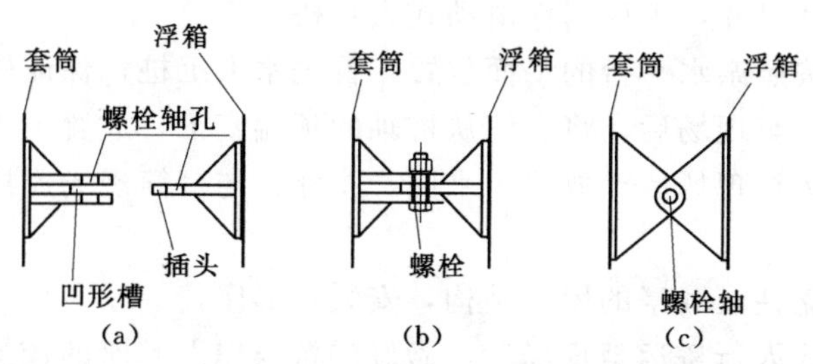

图8.21 简支铰示意图

(a) 分开平面；(b) 组合平面；(c) 组合立面

(10) 硬橡胶滑块。该滑块固定于浮箱底部对接套筒的侧面，厚度比套筒浮箱对接缝小2～3mm，其作用是防止浮箱与套筒直接碰撞，具有减缓撞击作用，布置个数不少于两个。

(11) 滑动式人行桥。滑动式人行桥为梁板式结构，作为陆上与浮式亲水平台的通道，宽度根据需要确定，一般为1.0～1.5m、两边设置栏杆，按照常规桥设计。滑动式人行桥为梁板结构，一端与岸边的混凝土基座铰接，简支铰的构造同第(9)条，另一端设有滚轮可沿着套筒顶面滑动。该桥随着水位升降，在不同的水位时，始终保持着陆上与亲水平台的交通。

2. 工作原理

一种浮动式亲水平台按照设计布置于岸边的水域中，该装置由密封的套筒和浮箱提供浮力，利用水的浮力随水位升降，无须提供动力；它时刻浮于水面，为人们提供了适宜的休闲场所。

单根或两根桩轴保证了平台的稳定，套筒和浮箱为平台提供浮力，浮箱与套筒连为一体，套筒为浮箱提供了支座，一起随水位上下移动，从而构成了浮动式亲水平台。

滑动式人行桥一端与岸边的混凝土基座铰接，另一端设有滚轮可沿着套筒面滑动，与套筒一起随着水位升降，始终承担着陆上与浮动式亲水平台的交通。

8.4.3 具体实施方法

为了使本实用新型实现的技术手段、创作特征、达成目的与功效易于明白了解，下面结合具体图示，进一步阐述本实用新型具体实施方法。

（1）按设计尺寸，工厂制作套筒，套筒内侧设置不少于两层硬橡胶块，U形槽焊接于套筒的内壁，箱顶面预留进人孔。

（2）按设计尺寸，工厂制作套浮箱，周边密封的空心结构，箱顶面预留进人孔。

（3）按设计尺寸，工厂制作滑动式人行桥。

（4）现场按照亲水平台的平面位置，首先水上沉桩，保证桩的垂直度。

（5）套筒运至现场后，将套筒从桩轴的顶端套下，放置于水面。

（6）浮箱运至现场后，放置于水面，将浮箱与套筒现场连接为一体，完成组装。

（7）安装立柱及圆亭的屋面结构，安装环形座椅。

（8）滑动式人行桥运至现场后，做好浮桥与岸上基座的铰接，另一端放置于套筒顶面。

（9）桩轴顶端安装避雷器。

（10）整体安装完毕，套筒如果受力严重不平衡，可以在套筒内采用预制混凝土配重块予以调整。

参 考 文 献

[1] 中华人民共和国专利法［S］. 北京：2014.

[2] 唐唐译. 初学者的冥想书［M］. 天津：天津人民出版社，2014.1.

[3] 唐金忠，潘世虎，孙一博. 网架结构门型大跨度挡潮闸［P］. 中国，201420179070.3，2014.04.14.

[4] 唐金忠，任华春. 柔性门体挡潮闸［P］. 中国，201420182472.9，2014.04.15.

[5] 唐金忠，任春华. 分节浮箱式挡潮闸［P］. 中国，201420288101.9，2014.07.23.

[6] 朱博华，唐金忠. 伸缩式挡水闸门［P］. 中国，201510162531.5，2015.04.08.

[7] 唐金忠，方林中，潘世虎. 人字门反向挡水装置［P］. 中国，201320049802.2，2013.08.07.

[8] 唐金忠，程松明，方林中. 轻便式拱形检修闸门［P］. 中国，203222780U，2013.10.02.

[9] 唐金忠，潘世虎. 一种闸门提升装置［P］. 中国，203866792U，2014.10.08.

[10] 唐金忠，肖志乔，任华春. 一种新型吹填模袋［P］. 中国，201320861251X，2014.06.25.

[11] 唐金忠，王小艳，姜晓均. 滩涂自动促淤装置［P］. 中国，203668879U，2014.06.25.

[12] 王朝晖. 一种拦沙促淤装置及其应用方法［P］. 中国，2015107550276，2015.11.09.

[13] 唐金忠，李国林. 发电消浪一体装置［P］. 中国，204113520U，2015.01.21.

[14] 唐金忠，卢永金，龙翔，等. 一种新型防浪墙［P］. 中国，2013200528155，2013.01.30.

[15] 唐金忠，何刚强，李国林. 消浪空腔［P］. 中国，2013101296840，2013.04.15.

[16] 唐金忠，王军，卢伟华. 一种消浪型护坡构件及消浪护坡［P］. 中国，203755240U，2014.08.06.

[17] 唐金忠，肖志乔，李国林. 浮筒式消浪装置［P］. 中国，204112277U，2015.01.21.

[18] 唐金忠，何刚强. 一种挡土墙排水口防倒灌装置［P］. 中国，203947462U，2014.11.19.

[19] 任华春，唐金忠. 一种滚筒式消浪装置［P］. 中国，2015109089227，2015.12.09.

[20] 唐金忠，邱小杰，时方稳. 一种装配式止水结构［P］. 中国，203654328U，2014.06.18.

[21] 朱博华，唐金忠，陆艳，等. 一种桩头在底板内锚固的构造［P］. 中国，201520349304.9，2015.05.27.

[22] 唐金忠，朱博华. 一种适用于城市中小型河道的调蓄装置［P］. 中国，2015203267692.2015.05.20.

[23] 唐金忠. 城市内涝治理方略［M］. 北京：中国水利水电出版社，2016.

[24] 唐金忠. 一种用于调蓄雨水的地下装置［P］. 中国，201520798888.8，2016.10.16.

[25] 尹娟，唐金忠．小型泵站截流新装置［P］．中国，2015206502124，2015.08.26.

[26] 唐金忠，潘世虎，韩才冬．反扣式流道检查孔防水盖板［P］．中国，203654246U，2014.06.18.

[27] 唐金忠，任华春，孙一博．一种用于调整基底应力的筒支铰连接结构［P］．中国，203866867U，2014.10.08.

[28] 朱博华，朱鹏程，唐金忠．挡土墙外侧花池免浇水装置［P］．中国，2015202670563，2015.04.29.

[29] 王朝晖，史云鹏，施蓓，等．一种用于建筑物防震沉降缝的弹性结构［P］．中国，201520829533.0，2015.10.23.

[30] 朱博华，唐金忠．一种减小拍门撞击力的装置［P］．中国，201520272566.X，2015.04.30.

[31] 缪毅，唐金忠．一种防止外水倒灌的简易逆止阀［P］．中国，2015206639413，2015.08.31.

[32] 尉高洋，唐金忠．浮动式水文监测亭装置［P］．中国，2015206248301，2015.08.19.

[33] 施蓓，王朝晖，陈希青．一种用于监测咸潮的设备［P］．中国，201520780107.2，2015.10.09.

[34] 唐金忠，朱博华．一种新型吹填模袋创新技术［J］．水利规划与建设，2015，(5)．

[35] GB 50290—98 土工合成材料应用技术规范［S］．北京：中国计划出版社，1998.

[36] 上海市水利工程设计研究院．浦东机场外侧滩涂促淤圈围工程可行性研究［R］．上海市水利工程设计研究院，2007.

[37] SL 435—2008 海堤工程设计规范［S］．北京：中国水利水电出版社，2009.

[38] 唐金忠，朱博华．大跨度挡潮闸网架结构门型方案研究［J］．城市道桥与防洪．2015.

[39] SL 435—2008 海堤工程设计规范［S］．北京：中国水利水电出版社，2009.

[40] 唐金忠．水工基础工程设计与分析［M］．北京：中国水利水电出版社，2014.

[41] 上海市水利工程设计研究院．黄浦江河口挡潮闸的设防标准和闸孔规模研究［R］．2011.

[42] SL 265—2001 水闸设计规范［S］．北京：中国水利水电出版社，2001.

[43] JG J94—2008 建筑桩基技术规范［S］．北京：中国建筑工业出版社，2008.

[44] 唐金忠．滩涂促淤工程中的创新技术——自动促淤装置[J]. 上海建设科技，2014.(6).

[45] 上海市水利工程设计研究院．黄浦江河口挡潮闸的设防标准和闸孔规模研究［R］．2011.

[46] GB 50286—2013 堤防工程设计规范［S］．北京：中国计划出版社，2013.

[47] 唐金忠．水工结构设计常见问题解析［M］．北京：中国水利水电出版社．2011.

[48] 辛华荣，顾晓峰，等．常州钟楼防洪控制工程与马斯兰特挡潮闸门型对比浅析［J］．江苏水利，2013（3）．

《水利工程专利创作简论》终于付梓出版，作者既心情愉悦又忐忑不安，读者能有什么样的收获呢？但愿如肖川先生所说：

“……茅塞顿开、豁然开朗，悠悠心会、深得吾心；表现为怦然心动、浮想联翩，百感交集、妙不可言；表现为心灵的共鸣和思维的共振；表现为内心的澄明与视界的敞亮。

亮光在你的背后，生命期待着我们的‘蓦然回首’。当我们以古典的心情对待学习时，春日的鲜花、夏日的小溪、秋天的明月、冬天的残阳，都将以更美好的风姿，走进我们日臻完满的生活。”